普通高等教育"十二五"规划教材

电路分析基础

主　编　宋文龙

副主编　宋佳音　王立晶　朱　莉

主　审　王矛棣

中国林业出版社

内容简介

本书按照教育部高等院校电子信息科学与电气信息类基础课程教学指导分委员会关于《电路分析基础课程基本教学要求》编写，内容包括电路模型和电路定律、电阻电路的分析、正弦交流电路的稳态分析、动态电路的分析以及非正弦周期电流电路。全书共计12章，按照先稳态分析后暂态分析的顺序安排章节次序，使得内容系统化。书中对于易混淆、难理解的概念进行深入浅出的阐述，使读者对于概念的理解深入透彻。在此基础上将电路根据元件类型进行分类，并总结不同类型电路的一般分析方法，使读者能在掌握电路分析的基本定理和基本分析方法的同时，有效地选择简便的方法分析电路。本书内容完整、深入浅出、通俗易懂、可读性强。在例题和习题的选择上，力争具有典型性和代表性，知识点突出，以帮助读者更好地理解并掌握理论知识，同时有助于培养科学思维能力和实际应用能力。

本书适合作为电子、通信、计算机、自动化电气工程等相关专业"电路"课程的教材，同时本书也可供有关科技人员参考。

图书在版编目（CIP）数据

电路分析基础/宋文龙主编. —北京：中国林业出版社，2014.8
普通高等教育"十二五"规划教材
ISBN 978-7-5038-7607-3

Ⅰ.①电… Ⅱ.①宋… Ⅲ.①电路分析—高等学校—教材 Ⅳ.①TM133

中国版本图书馆 CIP 数据核字（2014）第 179072 号

中国林业出版社·教材出版中心

策划编辑：杜 娟　　　　责任编辑：张东晓 杜 娟
电话：83220109　83221489　　传真：83220109

出版发行　中国林业出版社（100009　北京市西城区德内大街刘海胡同7号）
　　　　　E-mail：jiaocaipublic@163.com　电话：（010）83224477
　　　　　http://lycb.forestry.gov.cn
经　　销　新华书店
印　　刷　北京昌平百善印刷厂
版　　次　2014年8月第1版
印　　次　2014年8月第1次印刷
开　　本　787mm×1092mm　1/16
印　　张　18.75
字　　数　433千字
定　　价　36.00元

前　言

电路理论是利用具有单一电磁特性的理想化元件(电阻、电容、电感、电压源、电流源)建立反映实际装置电磁特性的电路模型,并采用电压、电流、功率和能量等参数描述相关的电磁现象。

人们对于电磁现象的认识可以追溯到 18 世纪 20 年代末期,随着格雷、库伦、伏特、安培、欧姆、法拉第、汤姆逊、麦克斯韦、西门子、贝尔等诸多伟大的科学家长达两个世纪的总结与积淀,电路理论于 20 世纪 50 年代末走向成熟,此时的电路理论被称为经典电路理论。随后由于新型电器元件的出现,电路理论在 20 世纪 60 年代发生了重大变革,无论从深度到广度均取得了巨大进展,从而适应了半导体晶体管电路发展为集成电路甚至超大规模集成电路的巨变,因此 20 世纪 60 年代以后的电路理论被称为近代电路理论。

电路理论从其应用角度又可以分为两大基本内容,一是电路分析,二是电路综合。所谓电路分析,是指对于结构和参数均为确知的电路。根据基本定律和定理,应用各种计算方法研究电路中激励与响应之间的关系,建立电路响应的解算方法;所谓电路综合,则是在明确激励与响应之间关系的情况下设计满足这一关系的电路,是电路分析的逆过程。本书属于经典理论范畴,重点论述电路分析的内容。

本书吸收了国内外诸多优秀教材的论述方法,进一步系统地总结了电路分析方法,并结合多年的实践教学经验,对易混淆、难理解的概念进行了深入阐述,便于用已有的知识储备解决新问题、认识新方法,循序渐进,环环相扣,使得读者对于电路理论经典部分能够理解透彻。

本书的内容可以大致划分为线性分析和非线性分析两部分,其中详细介绍了线性电路分析内容,并将其分为稳态电路分析和暂态电路分析。在稳态电路分析中包括直流电路分析和正弦交流电路分析,对于基本定理、定律的论述以及系统分析方法的建立都在直流电路中作了详尽阐述,再通过数学手段建立起直流电路分析与交流电路分析之间的关系,并将系统分析方法从直流电路移植到交流电路中;在暂态电路分析中从最基本的时域分析入手,介绍经典分析方法及其特点,为有效弥补经典方法分析动态电路的缺陷,引入了复频域分析方法。二端网络是对经典电路分析的一个重要拓展,可为进一步学习近代电路理论奠定理论基础。书中标有"※"的整节属加深加宽的内容,供参考用。

本书第 1、2、3、9 章由东北林业大学宋佳音编写,第 5、7、8 章由黑龙江大学王立晶编写,第 4 章由东北林业大学宋文龙编写,第 6、11 章由东北林业大学朱莉编写,第 10、12 章由东北林业大学唐文秀编写。全书由东北林业大学王矛棣任主审,王老师仔细审阅并提出了许多建设性的修改意见,在此致以衷心感谢!

编者虽倾尽努力,但由于水平所限,书中难免出现不足之处,恳请同行专家和广大读者批评指正。

宋文龙

2014 年 5 月

目　　录

第 1 章

电路的基本概念和基本定律

[**本章提要**]

　　本章主要介绍电路模型及电压和电流参考方向的概念，讨论电阻元件、储能元件以及电源元件上的电压与电流之间的约束关系。最后研究了反映元件连接关系的基尔霍夫定律。

1.1 电路和电路模型

1.1.1 电路

电路是电流流通的路径，是为了实现某种工程需要将电路元器件按照一定方式相互连接起来组成的网络结构。电路的基本组成通常包括电源、负载、开关和连接导线。电源和负载是组成电路的主体元件。在电路中提供电能的元件称为电源，又称激励源；电源所提供的电压或电流称为激励。而在电路中接受电能的元件称为负载。开关是实现电路工作状态切换的元件。

电路的基本作用有 2 种：一是电能的传输和转换，二是信号的传递和处理。实现电能的传输和转换最基本的例子就是电力系统，其中提供电能的设备称为电源(如发电机)，消耗电能或将电能转换成光能、机械能以及热能等其他形式能的设备称为负载(如电灯、电动机、电炉)，将连接电源和负载之间的部分称为中间环节(如变压器和输电线)；实现信号的传递和处理的例子是在通信系统和计算机系统中广泛应用的数字脉冲电路，其基本作用不是侧重于能量的传输和转换，而是采用电信号来表示信息，通过数字脉冲电路实现信息的传递和处理。

电路理论所研究的基本内容包括电路分析和电路综合 2 部分。电路分析是在电路的结构和组成电路的元件参数已经确定的条件下，研究电路中的激励和响应之间的关系，建立求解电路中各支路中的电压和电流响应的分析计算方法，这正是本教材所介绍的基本内容。电路分析具有唯一性特点，即有确定的激励源作用于结构和参数均为确定的电路时，在电路中各处的响应均为唯一确定的结果。电路综合的任务是在确定的电路激励源作用下，为了获得确定的电路响应，考虑如何实现电路结构和参数设计。电路综合具有非唯一性的特点，即实现上述目标的电路可以具有多种多样的不同设计方案。电路综合的内容在后续课程模拟电子技术的多级放大器电路设计和功率放大器电路设计中有应用，并在后续课程数字电路中的组合逻辑电路设计和时序逻辑电路设计中也有应用。

1.1.2 电路模型

任何理论对客观世界的描述都离不开模型，电路理论也不例外，电路理论对实际电路的研究是建立在电路模型的基础之上的。通常情况下实际电路十分复杂，它是由实际的电气元器件相互连接而成的。实际电路元件种类繁多，不计其数，且不同的元件在电路中呈现的电磁特性差异很大，不能建立统一的元件特性的定义和描述，这就给电路分析带来很大的不便，因此电路理论的研究并不是以实现电路为对象，而是建立在理想电路模型的基础之上。理论研究的结果表明，任何一种实际电路元件在电源的激励下产生电路响应的过程均可呈现出 3 种基本效应，即热效应，表征电路元件的耗能特性；电场效应，表征电路元件对电场能量的储能特性；磁场效应，表征电路元件对磁场能量的储能特性。因此我们可以从实际电路元件的电磁特性出发，定义具有单一电磁特性的元件作为理想电路元件，其元件特性可通过建立数学模型描述。而任何一种实际电路元件的电磁特性都可以通过理想电路元件的组合来完成全面描述。将实际的电气元器件按照其主要的电磁特性模型化为电阻元件、电感元件、电容元件以及电源元件等理想电路元件的组合，这是实际电气元器件的理想化过程，也称为电路的建模过程。理想化的元器件又称理想元件，是实际电气元器件的科学抽象，具有精确的数学意义和单一的电磁性质，通过其组合可以模拟任何实际电路中的元器件。具有相同的主要电磁特性的实际电路，可以用同一模型表示。用理想元件组成的电路称为实际电路的电路模型，是电路理论研究所采用的基本形式。连接理想元件间的导线均为"理想导线"，即没有能量损耗，且导线中有电流时，导线内外均无电场和磁场。

对于实际电路，在不同的运行条件下可以建立不同的电路模型。下面以实际电感线圈为例，说明实际电路与电路模型之间的关系，如图 1-1 所示。在直流稳定状态下，恒定的电流通过电感线圈时主要产生热效应，呈现耗能特性，因此理想化为电阻模型；在交流低频状态下，交变电流通过电感线圈时除具有热效应外，还具有磁场效应以及微弱的电场效应，提取其主要的电磁特性时可忽略匝间电容，因此将其理想化为电阻与电感串联的模型；在交流高频状态下，电流通过电感线圈中同时具有热效应、磁场效应和电场相应，匝间电容不能忽略，因此将其理想化为电阻与电感串联再并联电容的模型。

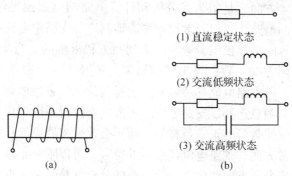

(1) 直流稳定状态

(2) 交流低频状态

(3) 交流高频状态

(a)　　　　　　(b)

图 1-1　电感线圈的实际电路与电路模型

（a）实际电路；（b）电路模型

1.1.3　集总参数电路

集总参数电路是指由集总参数元件构成的电路。所谓集总参数元件，是指元件有关电、磁场的物理现象都由元件来"集总"表征，在元件外部不存在任何电场与磁场。

若电路元件的电流或电压在工作频率所对应的电磁波波长远远大于元件自身的尺寸，则该元件可视为集总参数元件。

理想元件根据对外端子的数目，可分为二端元件、三端元件等。对于二端集总参数元件，必须满足在任何时刻流入一个端子的电流等于从另一端子流出的电流，且2个端子之间的电压为单值量，因此集总参数电路一定满足电荷守恒定律和能量守恒定律。

集总表征能量耗散的参数是电阻，反映带电体电场间的相互作用的参数是电容，反映载流体磁场之间的相互作用的参数是电感。我们这里研究的电阻元件、电感元件以及电容元件均为集总参数元件。

1.2 电流、电压和电功率

1.2.1 电流和电流的参考方向

电流(electric current)定义为单位时间内通过任意横截面的电荷量，因此电流为标量。电流的国际制单位是安培，用大写字母 A 表示，$1A = 1C/s$(库伦/秒)。常用的电流单位还有毫安(mA)和微安(μA)，换算关系为

$$1A = 10^3 mA = 10^6 \mu A$$

电流的方向是指正电荷的移动方向，与电子的移动方向相反，我们通常称这种沿用历史规定的电流方向为电流的实际方向。

所谓电流的参考方向，是指为了分析和计算电路响应而预先任意假定的电流方向。对于结构复杂的电路，我们通常很难准确地判定各支路中电流的实际方向，因此在电路的分析和计算时，是依照参考方向来列写方程求解的。当求得的结果为正时，说明参考方向与实际方向一致；当求得的结果为负时，说明参考方向与实际方向相反。在电路分析中，各支路电流参考方向的选择可遵循任意性原则，即不依赖于支路电流的实际方向而可随意选择，支路电流参考方向选择得不同，仅仅会改变电路分析计算结果中支路电流代数量的正、负符号，而不会改变支路电流代数量的量值，且由选定的支路电流参考方向与支路电流代数量的符号，可以唯一正确地确定支路电流的实际方向。引入电流参考方向的概念，给电路的分析计算带来了很大的方便，因此在电路分析中所采用的电流方向均指参考方向。

电流的参考方向的表示方法如下：

(1)用箭头指明方向，如图 1-2 中(a)、(b)所示，此表示法常用于图示。

(2)用下标标明方向，如图 1-2 中(c)所示，此表示法常用于分析推导，有 $i_{AB} = -i_{BA}$。

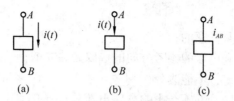

图 1-2　电流的参考方向表示法

1.2.2　电压和电压的参考方向

电势又称电位，是指单位正电荷在电路中该点处所具有的电势能，可见该物理量与正电荷所在位置有关，因此是一个相对量，要确定某点的电势，必须先选定参考点即电势零点。电压(voltage)定义为两点间的电势差，如 A、B 两点间电压即 A、B 两点间的电势差等于将单位正电荷从 A 点移到 B 点时电场力所做的功。电压为标量，电压的国际制单位是伏特，简称伏，用大写字母 V 表示，$1V = 1J/C$(焦耳/库伦)。常用的电压单位还有千伏(kV)和兆伏(MA)，换算关系为

$$1MV = 10^3 kV = 10^6 V$$

所谓电压的方向，是指由高电位端指向低电位端的方向(或由正极性"＋"指向负极性"－")，这是电压的实际方向。

电压的参考方向则是任意假定的。同样依照电压的参考方向列写方程求解，当计算出来的结果为正时，说明参考方向与实际方向一致；当计算结果为负时，说明参考方向与实际方向相反。

电压参考方向的表示方法如下：

(1)用箭头指明方向，如图 1-3 中(a)所示，此表示法常用于图示，表示端口电压。

(2)用正负极性来表示，如图 1-3 中(b)所示，此表示法常用于图示，表示电源电压。

(3)用下标标明方向，如图 1-3 中(c)所示，此表示法常用于分析推导，有 $u_{AB} = -u_{BA}$。

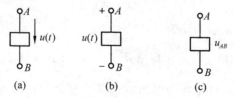

图 1-3　电压的参考方向表示法

对参考方向要注意几点：

(1)必要性：任何关于电路的计算，必须先选取参考方向，它是建立、分析、计算电路响应方程式的基本依据。

（2）说明：

①参考方向的选取是任意的；

②电流的参考方向和电压的参考方向的选取是独立的；

③参考方向一经选定，不能改变；

④参考方向选择不同，并不会影响支路电流或电压的计算结果代数量的绝对值，只会影响其符号的正负；

⑤由参考方向与计算结果代数量的符号，可以唯一确定该支路电流及电压的实际方向，结果为"＋"，说明实际方向和参考方向相同，结果为"－"，说明实际方向和参考方向相反。

当电流和电压参考方向的选择一致时，称为关联参考方向，称为负载惯例；当电流和电压参考方向不一致时，称为非关联参考方向，称为电源惯例，如图 1-4 所示。

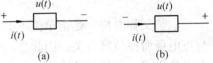

图 1-4　电压和电流的参考方向的关系

（a）关联参考方向；（b）非关联参考方向

1.2.3　能量和电功率

电场力移动电荷所做的功称为电功。电场力对电荷做了多少功，电荷就吸收了多少电能，因此电功和电能的电位均为焦耳，简称焦，用大写字母 J 表示。电功率则表示电场力在单位时间内所做的功，国际制单位为瓦特，简称瓦，用大写字母 W 表示。

下面从电压和电流的定义式出发，推导电功率以及电能的计算公式：

$$u = \frac{\mathrm{d}W}{\mathrm{d}q} \tag{1-1}$$

式（1-1）表示，A、B 两点间电压等于从 A 点到 B 点移动电荷量 $\mathrm{d}q$ 时电场力所做的功 $\mathrm{d}W$，即电荷吸收的能量为 $\mathrm{d}W$。

$$i(t) = \frac{\mathrm{d}q}{\mathrm{d}t} \tag{1-2}$$

式（1-2）表示，电流等于单位时间内流经导体横截面的电荷量。

联立式（1-1）和式（1-2）可得：

$$\mathrm{d}W = ui\mathrm{d}t \tag{1-3}$$

在 t_0 到 t 时刻，电场力所做的功为

$$W = \int_{W(t_0)}^{W(t)} \mathrm{d}W = \int_{q(t_0)}^{q(t)} u\mathrm{d}q = \int_{t_0}^{t} u(\tau)i(\tau)\mathrm{d}\tau = W(t) - W(t_0) \tag{1-4}$$

选用负载惯例关系，即电流与电压取关联参考方向，当 $W(t) > W(t_0)$ 时 $W > 0$，表示电场力做正功，元件吸收能量；当 $W(t) < W(t_0)$ 时 $W < 0$，表示电场力做负功，元件释放能量。

选用电源惯例关系，即电流与电压取非关联参考方向，当 $W(t) > W(t_0)$ 时 $W > 0$，表示元件释放能量；当 $W(t) < W(t_0)$ 时 $W < 0$，表示元件吸收能量。

功率是能量对时间的导数，即

$$P = \frac{\mathrm{d}W}{\mathrm{d}t} = u(\tau)i(\tau)\Bigg|_{\tau=t} \tag{1-5}$$

同理，当选择关联参考方向时，表示元件吸收功率，当选择非关联参考方向时，表示元件发出功率。

【例 1-1】 试求图 1-5 所示元件的功率。

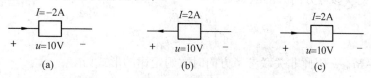

图 1-5　例 1-1 图

解　（1）如图 1-5（a）所示，电压和电流取关联参考方向，则有

$$P = VI = -20\mathrm{W}$$

表示元件吸收功率为 -20W，即发出功率 20W。

（2）如图 1-5（b）所示，电压和电流取非关联参考方向，则有

$$P = VI = 20\mathrm{W}$$

表示元件发出功率 20W，即吸收功率为 -20W。

（3）如图 1-5（c）所示，电压和电流取关联参考方向，则有

$$P = VI = 20\mathrm{W}$$

表示元件吸收功率为 20W，即发出功率 -20W。

1.3　电阻元件

1.3.1　二端电阻元件

电路元件通过两个端子与外部连接时，称为二端元件。电阻元件属于二端元件，这里省略"二端"，简称电阻元件。每种电路元件都是通过端子的 2 种物理量的关系反映一种确定的电磁特性，如电阻元件的电磁特性关系为：电压与电流的函数关系 $u = f(i)$。若电阻的电压与电流的函数关系为线性，则称此电阻为线性电阻；若电压与电流的函数关系为非线性，则称此电阻为非线性电阻。若电阻值随着时间的变化而变化，称为时变电阻；若电阻值与时间无关，则称为非时变电阻或定常电阻。

这里我们讨论的电阻元件是线性时不变电阻。

线性二端非时变电阻元件定义为：在任何时刻 t，电阻两端的电压和电流的关系服从欧姆定律，其伏安特性曲线是一条通过原点并位于 Ⅰ、Ⅲ 象限的直线，如图 1-6 所示。

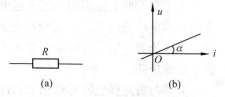

图 1-6　线性二端非时变电阻元件
（a）图形符号图；（b）电阻的伏安特性曲线

当电压和电流为关联参考方向时，欧姆定律可写成

$$u = Ri \qquad (1\text{-}6)$$

式中，R 为电阻值，电阻元件参数，单位欧姆，简称欧，符号为 Ω。常用单位还有千欧（$k\Omega$）和兆欧（$M\Omega$），$1M\Omega = 10^3 k\Omega = 10^6 \Omega$。

推导非关联参考方向时的欧姆定律如下：

$$\begin{cases} u_{AB} = Ri_{AB} \\ i_{AB} = -i_{BA} \end{cases} \qquad (1\text{-}7)$$

得到 $u_{AB} = -Ri_{BA}$，因此非关联参考方向时欧姆定律的形式为

$$u = -Ri$$

令 $i = \dfrac{1}{R}u = Gu$，这里引入了物理量电导，又称电阻元件的电导，用大写字母 G 表示，单位西门子（S）。同理可以得到非关联参考方向时的关系式为

$$i = -Gu$$

1.3.2　电阻元件的功率和能量

由上述对于电阻的定义可知，电阻的伏安特性曲线为一条通过原点的 Ⅰ－Ⅲ象限的直线，则有

$$\frac{u}{i} = \tan\alpha = R \qquad (0° < \alpha < 90°) \qquad (1\text{-}8)$$

由此可知电阻 R 的值恒为正实数。

将功率关系式与关联参考方向的欧姆定律联立：

$$\begin{cases} P(t) = u(t)i(t) \\ u(t) = Ri(t) \\ i(t) = Gu(t) \end{cases} \qquad (1\text{-}9)$$

可得 $P(t) = \dfrac{u^2(t)}{R} = Gu^2(t)$，其功率值非负。

因此可得：$W = \displaystyle\int_{t_0}^{t} P(\tau)\mathrm{d}\tau \geq 0$，说明电阻为耗能元件。

此外，线性电阻元件的电阻值不随所加电压方向不同而变化，称为双向元件。二极管的电阻值则随外加电压的方向不同而变化，具有单向导电性，称为单向元件。

当电阻按照实际电阻值接于通电电路中时，电阻处于导通状态，简称通路；无论电阻两端电压为何值，只要流经电阻的电流为零，则电阻处于未接通状态，简称开路；无论流经电阻元件的电流为何值，只要电阻两端的电压为零，则电阻处于短接状态，简称短路。

开路与短路概念同样适用于元件的组合，反映组合元件两端的电压与电流之间的关系，如图 1-7 所示。

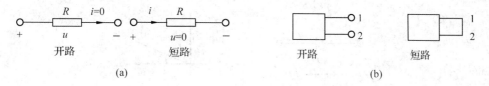

图 1-7　开路与短路状态

(a)电阻；(b)元件

说明：

(1)电阻元件为耗能元件。

(2)电阻为无记忆元件，即在某时刻流经电阻元件的电量仅与该时刻作用于电阻两端的电压有关，而与该时刻之前的电阻两端电压变化的历史情况无关。

(3)开路电阻值为无穷大，短路电阻值为零。

1.4　储能元件

储能元件是指在其工作中无能量的消耗，只实现能量转换的元件。最常见的储能元件是电容和电感，下面我们针对这 2 种元件分别讨论。

1.4.1　电容元件

电容元件是实际电容器的理想化模型，电容器是专门用于储存电荷和电场能量的元件，虽然种类繁多，但就其原理而言，可以表述为：电容器由 2 个距离很近的导体和其间的间隔介质(如云母、绝缘纸、空气等)组成，2 个导体称为 2 个极板。当极板加上电压后，2 个极板上分别聚集等量异号的电荷，并在极板间建立电场，因而具有了电场能量；当电压移去后，电荷继续存在，即电场能量继续存在，因此电容器具有储存电场能量的性质。电容元件就是反映这种电磁特性的电路模型。

电容量(capacitance)指的是在电容器的极板间建立给定电压时在电容器的极板上所具有的电荷储藏量，可见电容元件的特性为电荷与电压的函数关系。线性电容元件的元件特性可表示为

$$C = \frac{q}{u} \tag{1-10}$$

式中各量取国际单位制，电压的单位是伏特(V)，电荷的单位是库仑(C)，电容的单位是法拉(F)。

常用的电容量单位还有微法(μF)和皮法(pF)，具体换算关系为：$1\mu F = 10^{-6} F$，$1pF = 10^{-12} F$。

这里我们讨论二端线性定常电容元件即式(1-10)中的 C 为常数，此后简称电容。电容的图形符号如图 1-8(a)所示；其库伏特性曲线是一条通过原点的 Ⅰ - Ⅲ 象限的直线，如图 1-8(b)所示，可以看出 $C = \frac{q}{u} = \tan\alpha$(常数)。

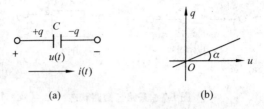

图 1-8 线性定常电容元件

(a)图形符号；(b)库伏特性

对图 1-8(a)，当电压和电流取关联参考方向时有

$$i = \frac{\mathrm{d}q}{\mathrm{d}t} \tag{1-11}$$

$$q = Cu \tag{1-12}$$

两式联立得到：

$$i(t) = C\frac{\mathrm{d}u(t)}{\mathrm{d}t} \tag{1-13}$$

式(1-13)称为电容元件伏—安特性方程的微分式，可以看出，电流与该时刻的电压的变化率成正比，称为具有动态关系，因此电容元件是一个动态元件。当电压变化率大时，则电容电流大；若电压不变，则电容电流为零，相当于开路，所以电容具有通交隔直的作用。

由式(1-13)两边对时间区间$(-\infty , t]$求定积分，可得电容元件特性的积分表达式为

$$\int_{-\infty}^{t} \mathrm{d}u(\tau) = \frac{1}{C}\int_{-\infty}^{t} i(\tau)\mathrm{d}\tau \tag{1-14}$$

式中

$$\int_{-\infty}^{t} i(\tau)\mathrm{d}\tau = \int_{-\infty}^{t_0} i(\tau)\mathrm{d}\tau + \int_{t_0}^{t} i(\tau)\mathrm{d}(\tau) \tag{1-15}$$

而且

$$\int_{-\infty}^{t} \mathrm{d}u(\tau) = u(t) - u(-\infty) = u(t) \tag{1-16}$$

式(1-16)中 $u(-\infty) = 0$，表明在时间计时起点 t_0 时刻之前的任意长时间，电容器处于极板上没有任何电荷积累的自然原始状态。因此有

$$u(t) = \frac{1}{C}\int_{-\infty}^{t_0} i(\tau)\mathrm{d}\tau + \frac{1}{C}\int_{t_0}^{t} i(\tau)\mathrm{d}\tau$$

$$= u(t_0) + \frac{1}{C}\int_{t_0}^{t} i(\tau)\mathrm{d}\tau \tag{1-17}$$

式(1-17)中 $u(t_0) = \frac{1}{C}\int_{-\infty}^{t_0} i(\tau)\mathrm{d}\tau$，是电容器在计时起点 t_0 时刻所具有的初始电压值，该值与计时起点 t_0 之后的时间段内电容电流的变化无关，而与计时起点 t_0 之前任意长时间段内电容电流变化的全过程有关，即与该时间段内电容极板上电荷量积累的全过程有关，或者说 $u(t_0)$ 值记忆了这个历史过程，这也是在式(1-14)中选择积分下限

为 $t = -\infty$ 的原因。

如果选择计时起点 $t_0 = 0$，则

$$u(t) = u(0) + \frac{1}{C}\int_0^t i(\tau)\mathrm{d}\tau \qquad (1\text{-}18)$$

式(1-18)表明，电容元件两端电压值，不仅与 0 到 t 时刻的电流值有关，而且还与电压值 $u(0)$ 有关，这样的性质称为记忆性，因此电容是记忆元件。另外由式(1-18)还可以看出，在 t 时刻的电容电压 $u(t)$ 的值，不是仅取决于在该时刻电容的电流值 $i(t)$，而是与时间区间 $[0, t]$ 内电流的全部变化过程有关，电容电压的变化不具有瞬时突变特性，而是要经历连续变化过程，这个过程反映了电容极板上的电荷量积累建立静电场的过程，是不能瞬时突变的，因此称电容元件为动态元件。

【例 1-2】　已知电容元件的电压为 $u(t) = U_\mathrm{m}\sin\omega t$，试分析电容的功率和能量情况。

解　(1)分析功率情况。电容电流为

$$i(t) = C\frac{\mathrm{d}u(t)}{\mathrm{d}t} = C\omega U_\mathrm{m}\cos\omega t$$

据此画出电容电压与电流波形，并划分出 Ⅰ~Ⅳ 4 个区域，如图 1-9(b)所示。

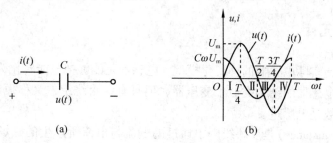

图 1-9　例 1-2 图
(a)电容元件；(b)电压与电流波形

电压和电流取关联参考方向，则 4 个区域功率情况如下。

Ⅰ：$u(t) > 0$，$i(t) > 0 (0 \leqslant t < \frac{T}{4})$；$P(t) = u(t)i(t) > 0$。

表明吸收功率，即电容正向充电。

Ⅱ：$u(t) > 0$，$i(t) < 0 (\frac{T}{4} \leqslant T \leqslant \frac{T}{2})$；$P(t) < 0$。

表明发出功率，即电容正向放电。

Ⅲ：$u(t) < 0$，$i(t) < 0 (\frac{T}{2} \leqslant T \leqslant \frac{3}{4}T)$；$P(t) > 0$。

表明吸收功率，即电容反向充电。

Ⅳ：$u(t) < 0$，$i(t) > 0 (\frac{3}{4}T \leqslant t \leqslant T)$；$P(t) < 0$。

表明发出功率，即电容反向放电。

电容元件能够存储电场能自身并不消耗电能，因此是储能元件；在电容器的工作过程中还可以将存储的能量全部释放，自身并不产生能量，因此是无源元件。

（2）分析能量情况。由功率与能量的关系式

$$P(t) = \frac{\mathrm{d}W}{\mathrm{d}t}$$

得到电容元件从 t_0 到 t 时刻吸收的能量为

$$W = \int_{t_0}^{t} P(\tau)\mathrm{d}\tau = \int_{t_0}^{t} u(\tau)i(\tau)\mathrm{d}\tau = \int_{t_0}^{t} u(\tau) \cdot C\frac{\mathrm{d}u(\tau)}{\mathrm{d}\tau}\mathrm{d}\tau$$

$$= C\int_{t_0}^{t} u(\tau)\mathrm{d}u(\tau) = \frac{1}{2}Cu^2(t) - \frac{1}{2}Cu^2(t_0)$$

根据上式，并结合图 1-9(b)，可以很容易验证电容器在 Ⅰ、Ⅱ、Ⅲ、Ⅳ 时间区间上所发出或吸收的电能量完全相同，说明电容器在其工作过程中既不会产生电能，也不会消耗电能，因此理想电容元件是储能元件。

取 t_0 为计时起点，若 $u(t_0) = 0$，此时电容处于未充电的状态，故认为其电场能量为零，则电容元件在任何时刻 t 所储存的电场能为

$$W(t) = \frac{1}{2}Cu^2(t)$$

1.4.2　电感元件

电感元件是实际电感器的理想化模型，电感器是能够把电能转化为磁场能而存储起来的元件。电感器的结构类似于变压器，但只有一个绕组，又称扼流器、电抗器。电感元件的参数是电感量。

电感量（inductance）是反映线圈中通过的电流与电流所产生的磁场之间关系的物理量。当线圈通过电流后，在线圈中形成磁场，变化的磁场又会产生感应电流来阻碍通过线圈中的电流的变化。

如图 1-10 所示，一个匝数为 N 的线圈，通入电流 $i(t)$ 后所产生的磁通 φ 交链 N 匝线圈，则磁通链 $\psi_L = N\varphi$。这种由流过线圈本身的电流所产生的磁通称为自感磁通，所产生的磁通链称为自感磁通链，它们与电流 $i(t)$ 的方向满足右手螺旋关系。由电磁感应定律知，当磁通链 ψ_L 随时间变化时，在线圈的端子间将产生感应

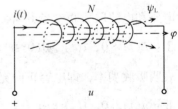

图 1-10　磁通量与感应电压

电压，如果将感应电压的参考方向选择为与磁通链 ψ_L 之间满足右手螺旋关系，即选择流过电感线圈的电流与线圈中感应电压的参考方向为关联参考方向，则在线圈的端子间产生感应电压的大小为

$$u(t) = \frac{\mathrm{d}\psi_L}{\mathrm{d}t} \tag{1-19}$$

式（1-19）所确定的感应电压的真实方向与楞次定律的结果相同。

线性电感元件的 ψ_L—i 特性曲线是一条处于 Ⅰ、Ⅲ 象限经过原点的直线，如图 1-11(b)所示，此时磁通链 ψ_L 与电流 i 之间满足关系式为

$$\psi_L = Li \tag{1-20}$$

式中 L 称为电感量或自感系数，
简称电感。在国际单位制中，
磁通和磁通链的单位是韦伯，简
称韦（Wb）。电流采用安培时，
L 的单位是亨利，简称亨（H）；
比亨利小的单位还有毫亨（mH）
和微亨（μH），换算关系为：
$1mH = 10^{-3}H$，$1\mu H = 10^{-6}H$。

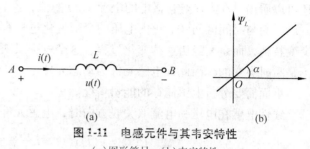

图 1-11　电感元件与其韦安特性

(a)图形符号；(b)韦安特性

　　把 ψ_L—i 关系式代入感应电压关系式，可以得到电感元件的电压和电流关系如下：

$$u(t) = L\frac{\mathrm{d}i(t)}{\mathrm{d}t} \tag{1-21}$$

式中电压和电流为关联参考方向。

　　写成积分关系式为

$$i(t) = \frac{1}{L}\int u(t)\,\mathrm{d}t \tag{1-22}$$

若选择积分的时间区间为 $(-\infty, t]$，写成定积分形式为

$$\int_{-\infty}^{t}\mathrm{d}i(\tau) = \frac{1}{L}\int_{-\infty}^{t}u(\tau)\,\mathrm{d}\tau \tag{1-23}$$

式中

$$\int_{-\infty}^{t}u(\tau)\,\mathrm{d}\tau = \int_{-\infty}^{t_0}u(\tau)\,\mathrm{d}\tau + \int_{t_0}^{t}u(\tau)\,\mathrm{d}(\tau) \tag{1-24}$$

而且

$$\int_{-\infty}^{t}\mathrm{d}i(\tau) = i(t) - i(-\infty) = i(t) \tag{1-25}$$

式（1-25）中 $i(-\infty)=0$，表明在时间计时起点 t_0 时刻之前的任意长时间，电感器处
于线圈中没有电流通过的自然原始状态。因此有

$$i(t) = \frac{1}{L}\int_{-\infty}^{t_0}u(\tau)\,\mathrm{d}\tau + \frac{1}{L}\int_{t_0}^{t}u(\tau)\,\mathrm{d}\tau$$

$$= i(t_0) + \frac{1}{L}\int_{t_0}^{t}u(\tau)\,\mathrm{d}\tau \tag{1-26}$$

式中 $i(t_0) = \frac{1}{L}\int_{-\infty}^{t_0}u(\tau)\,\mathrm{d}\tau$，是电感器在计时起点 t_0 时刻所具有的初始电流值，该值
与计时起点 t_0 之后的时间段内的变化无关，而与计时起点 t_0 之前任意时间段内电压
变化的全过程有关，即与该时间段线圈内磁场建立的全过程有关，或者说 $i(t_0)$ 值记
忆了这个历史过程，这也是在式（1-23）中选择积分下限为 $t = -\infty$ 的原因。

　　如果选择计时起点 $t_0 =0$，则

$$i(t) = i(0) + \frac{1}{L}\int_{0}^{t}u(\tau)\,\mathrm{d}\tau \tag{1-27}$$

式（1-27）表明，通过电感线圈的电流值，不仅与 0 到 t 时刻的电压值有关，而且还与

电流值 $i(0)$ 有关，这样的性质称为记忆性，因此电感是记忆元件。另外由式(1-27)还可以看出，在 t 时刻电感中的电流 $i(t)$ 的值，不仅取决于在该时刻的电感电压值 $u(t)$，而与时间区间 $[0, t]$ 内电压的全部变化过程有关，电感电流的变化不具有瞬时突变特性，而是要经历连续变化过程，这个过程反映了电感线圈中磁场的建立过程并不是瞬时突变的，因此称电感元件为动态元件。

下面简要分析电感储存的能量情况。

线性电感在电压和电流取关联方向时，电感元件吸收的瞬时功率为

$$P(t) = u(t)i(t) = L \frac{\mathrm{d}i(t)}{\mathrm{d}t}i(t) \tag{1-28}$$

设电感元件在 $t = -\infty$ 时无磁场能量，即 $i(-\infty) = 0$，那么从 $-\infty$ 到 t 时刻电感所吸收的磁场能量为

$$W_L(t) = \int_{-\infty}^{t} P(\tau)\mathrm{d}\tau = \int_{-\infty}^{t} i(\tau)L\frac{\mathrm{d}i(\tau)}{\mathrm{d}\tau}\mathrm{d}\tau = \int_{0}^{i(t)} Li(\tau)\mathrm{d}i = \frac{1}{2}Li^2(t) \tag{1-29}$$

分析电感在某一时间段 $[t_1, t_2]$ 内的能量情况：

$$W_L = \int_{i(t_1)}^{i(t_2)} Li\mathrm{d}i = \frac{1}{2}Li^2(t_2) - \frac{1}{2}Li^2(t_1) = W_L(t_2) - W_L(t_1) \tag{1-30}$$

当 $|i|$ 增加时，$W_L > 0$，电感元件吸收能量；当 $|i|$ 减小时，$W_L < 0$，电感元件释放能量。可见电感元件本身并不消耗或产生能量，只是实现能量的转换，实现能量的储存和释放，因此电感元件是储能元件，也是无源元件。

本书中所研究的电感均为线性电感元件。带铁心的电感线圈是典型的非线性电感模型，但当铁磁材料工作在非饱和状态时，通常也当作线性电感元件处理。

1.4.3 电容、电感元件的串联与并联

电容元件或电感元件分别串联或并联接入电路中，其作用可以用一个电容或一个电感来等效替代，这个替代的电容或电感被称为等效电容或等效电感。下面我们分别进行讨论。

1.4.3.1 电容的串联与并联

1. 电容的串联

n 个电容的串联如图 1-12(a) 所示，每个电容具有相同的电流 i，其电压与电流取关联参考方向，根据其电压与电流的积分关系式，其积分区间从计时起点 t_0 到 t 时刻有

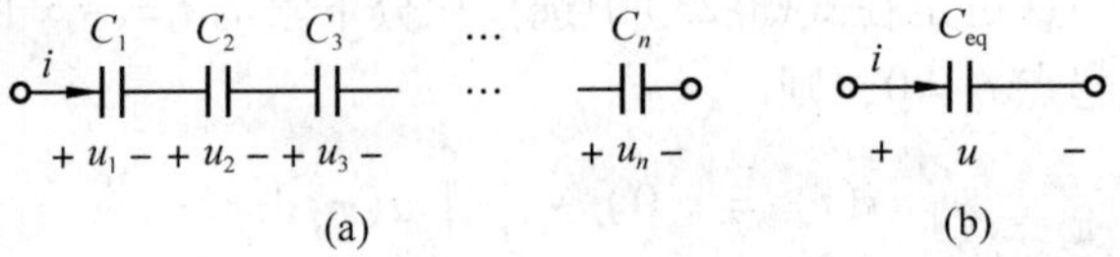

(a)　　　　　　　　　　　(b)

图 1-12　串联电容的等效

$$u_1 = u_1(t_0) + \frac{1}{C_1}\int_{t_0}^{t} i\mathrm{d}\tau$$

$$u_2 = u_2(t_0) + \frac{1}{C_2}\int_{t_0}^{t} i\mathrm{d}\tau$$

$$u_3 = u_3(t_0) + \frac{1}{C_3}\int_{t_0}^{t} i\mathrm{d}\tau$$

$$\vdots$$

$$u_n = u_n(t_0) + \frac{1}{C_n}\int_{t_0}^{t} i\mathrm{d}\tau$$

该串联电路等效为图 1-12(b)。在图 1-12(b)中电压关系满足：

$$
\begin{aligned}
u &= u_1 + u_2 + u_3 + \cdots + u_n \\
&= u_1(t_0) + \frac{1}{C_1}\int_{t_0}^{t} i\mathrm{d}\tau + u_2(t_0) + \frac{1}{C_2}\int_{t_0}^{t} i\mathrm{d}\tau + u_3(t_0) + \frac{1}{C_3}\int_{t_0}^{t} i\mathrm{d}\tau + \cdots + u_n(t_0) + \frac{1}{C_n}\int_{t_0}^{t} i\mathrm{d}\tau \\
&= \left[u_1(t_0) + u_2(t_0) + u_3(t_0) + \cdots + u_n(t_0) \right] + \left(\frac{1}{C_1} + \frac{1}{C_2} + \frac{1}{C_3} + \cdots + \frac{1}{C_n} \right)\int_{t_0}^{t} i\mathrm{d}\tau \\
&= u(t_0) + \frac{1}{C_{\mathrm{eq}}}\int_{t_0}^{t} i\mathrm{d}\tau
\end{aligned}
$$

式中 $u(t_0) = u_1(t_0) + u_2(t_0) + u_3(t_0) + \cdots + u_n(t_0)$，因此串联等效电容 C_{eq} 的值由下式决定：

$$\frac{1}{C_{\mathrm{eq}}} = \frac{1}{C_1} + \frac{1}{C_2} + \frac{1}{C_3} + \cdots + \frac{1}{C_n} \tag{1-31}$$

2. 电容的并联

n 个电容的并联如图 1-13(a) 所示，由于在并联电路中电压相等，结合电容电压与电流关系式有

$$
\begin{aligned}
i &= i_1 + i_2 + i_3 + \cdots + i_n \\
&= C_1 \frac{\mathrm{d}u}{\mathrm{d}t} + C_2 \frac{\mathrm{d}u}{\mathrm{d}t} + C_3 \frac{\mathrm{d}u}{\mathrm{d}t} + \cdots + C_n \frac{\mathrm{d}u}{\mathrm{d}t} \\
&= (C_1 + C_2 + C_3 + \cdots + C_n) \frac{\mathrm{d}u}{\mathrm{d}t} = C_{\mathrm{eq}} \frac{\mathrm{d}u}{\mathrm{d}t}
\end{aligned}
$$

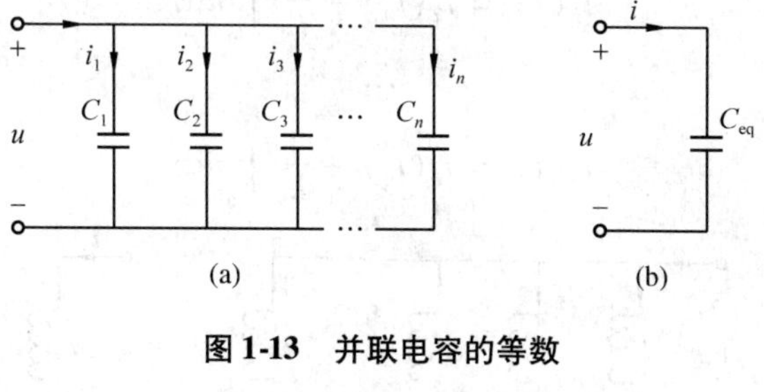

图 1-13 并联电容的等数

故此并联等效电容 C_{eq} 的值由下式决定：

$$C_{\mathrm{eq}} = C_1 + C_2 + C_3 + \cdots + C_n \tag{1-32}$$

1.4.3.2 电感的串联与并联

1. 电感的串联

将 n 个不含有互感耦合效应的独立电感相串联，如图 1-14(a)所示，在计时起点 t_0 时满足

$$i_1(t_0) = i_2(t_0) = i_3(t_0) = \cdots = i_n(t_0)$$

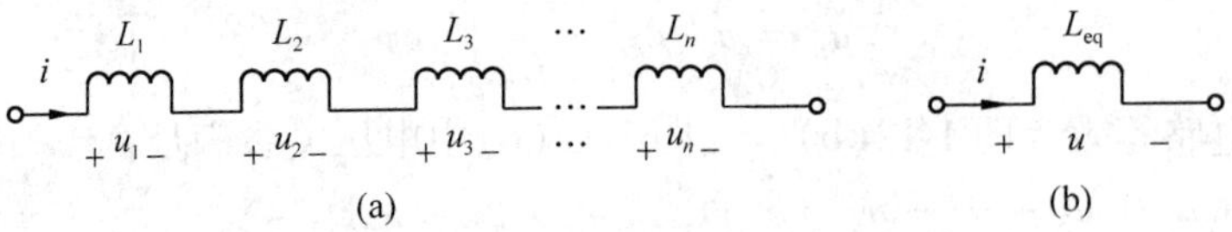

图 1-14 串联电感的等效

该串联电路等效为图 1-14(b)。由于串联电路中电流相等，结合电感电压与电流关系式可得

$$
\begin{aligned}
u &= u_1 + u_2 + u_3 + \cdots + u_n \\
&= L_1 \frac{\mathrm{d}i}{\mathrm{d}t} + L_2 \frac{\mathrm{d}i}{\mathrm{d}t} + L_3 \frac{\mathrm{d}i}{\mathrm{d}t} + \cdots + L_n \frac{\mathrm{d}i}{\mathrm{d}t} \\
&= (L_1 + L_2 + L_3 + \cdots + L_n) \frac{\mathrm{d}i}{\mathrm{d}t} = L_{\mathrm{eq}} \frac{\mathrm{d}i}{\mathrm{d}t}
\end{aligned}
$$

因此串联等效电感 L_{eq} 的值由下式决定：

$$L_{\mathrm{eq}} = L_1 + L_2 + L_3 + \cdots + L_n \tag{1-33}$$

2. 电感的并联

将初始电流分别为 $i_1(t_0)$，$i_2(t_0)$，$i_3(t_0)$，$\cdots$，$i_n(t_0)$ 的 n 个电感并联，如图 1-15(a)所示，其等效电路如图 1-15(b)所示，容易得到：

$$i(t_0) = i_1(t_0) + i_2(t_0) + i_3(t_0) + \cdots + i_n(t_0)$$

$$i_1(t) = i_1(t_0) + \frac{1}{L_1} \int_{t_0}^{t} u \mathrm{d}\tau$$

$$i_2(t) = i_2(t_0) + \frac{1}{L_2} \int_{t_0}^{t} u \mathrm{d}\tau$$

$$\cdots$$

$$i_n(t) = i_n(t_0) + \frac{1}{L_n} \int_{t_0}^{t} u \mathrm{d}\tau$$

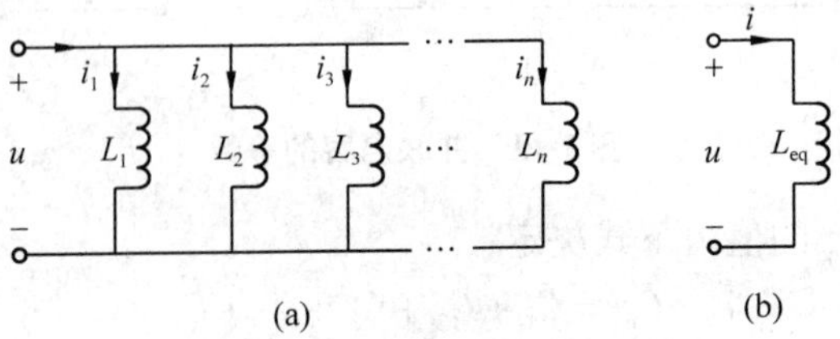

图 1-15 并联电感的等效

在 t 时刻，并联电感中的各电流满足

$$i(t) = i_1(t) + i_2(t) + i_3(t) + \cdots + i_n(t)$$

$$= \left[i_1(t_0) + i_2(t_0) + i_3(t_0) + \cdots + i_n(t_0) \right] + \left(\frac{1}{L_1} + \frac{1}{L_2} + \frac{1}{L_3} + \cdots + \frac{1}{L_n} \right) \int_{t_0}^{t} u(\tau) \mathrm{d}\tau$$

$$= i(t_0) + \frac{1}{L_{eq}} \int_{t_0}^{t} u(\tau) \mathrm{d}\tau$$

因此并联等效电感 L_{eq} 的值由下式决定：

$$\frac{1}{L_{eq}} = \frac{1}{L_1} + \frac{1}{L_2} + \frac{1}{L_3} + \cdots + \frac{1}{L_n} \tag{1-34}$$

1.5　电　源

独立电源简称电源，是电能量或电功率的发生器模型。这类器件的特征是把其他形式的能量转化为电能，作为整个电路工作的能源，即能够在电路中独立地产生激励，使电路产生响应。电源分为电压源和电流源，是实际电源 2 种形式的理想化模型。

1.5.1　电压源

我们可以定义这样的一个二端元件为理想电压源：一个二端元件如果其两端子间能够保持按规定方式变化的电压 $u(t)$，且与所连接的外电路无关时，此元件称为独立电压源。

电压源的表示方法如下：

（1）当电压源的电压随时间按确定的函数规律变化时，用小写字母 $u_s(t)$ 表示，如图 1-16(a) 所示；

（2）当电压源的电压为恒定常值，即不随时间变化，称为直流电压源或称恒压源，用大写字母 U_s 表示，如图 1-16(b) 所示；

（3）若电压源的电压没有明确说明跟随时间按何种函数规律变化，可以使用通用符号，直接用小写的字母 u_s 表示，如图 1-16(c) 所示。

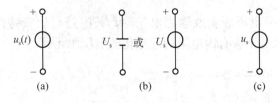

图 1-16　电压源的图形和文字符号

电压源具有如下性质：

（1）电压源两端子之间的电压能够跟随时间按给定规律变化，不会因所连接的外电路的不同而不同，这是独立电压源的固有特性。因此独立电压源能够不依赖于外电路而独立地在电路中产生按给定规律变化的激励。

（2）流经电压源的电流则随它所连接的外电路不同而不同，这表现了电压源的负载特性。

（3）直流电压源又称恒压源，在任何时刻的伏安特性曲线都是平行于横轴的直线。

（4）由于电压源的电流由电压源所连接的外电路决定，所以电压源的工作状态既有可能发出功率，也有可能吸收功率。当电压源的工作状态为吸收功率时，表明电压源所连接的外电路必定是有源电路，电压源吸收了有源外电路所发出的功率。

（5）若电压源的电压为零，则其相当于短路。

上述的独立电压源又称理想电压源，而实际电压源模型则由理想电压源和内电阻串联组合构成。

当理想电压源为恒压源时，所组成的电路如图 1-17（a）所示，其负载 R_L 的电压为

$$u = iR_L \tag{1-35}$$

电流表达式为

$$i = \frac{U_s}{R_L + r_s} \tag{1-36}$$

两式联立可得

$$u = U_s - u_r = U_s - r_s i \tag{1-37}$$

负载电压 u 与电流 i 之间的关系如图 1-17（b）所示。

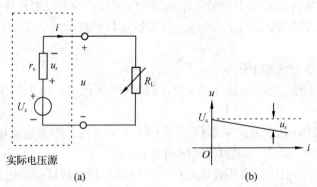

图 1-17　实际电压源电路及其伏安特性

当 $r_s = 0$ 时，实际电压源变成理想电压源，其电路与伏安特性曲线如图 1-18 所示。可见理想电压源是不含有内电阻的理想化的电压源元件。

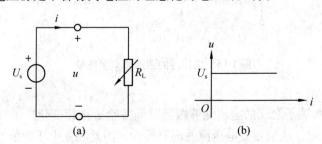

图 1-18　理想电压源电路及其伏安特性

1. 5. 2　电流源

我们可以定义这样的一个二端元件为理想电流源：如果一个二端元件的电流 $i(t)$ 能够保持按规定方式变化，且与所连接的外电路无关时，此元件称为独立电流源。

电流源的表示方法如下：

（1）当电流源的电流随时间按确定的函数规律变化时，用小写字母 $i_s(t)$ 表示，如图 1-19（a）所示；

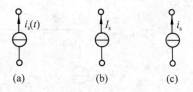

（2）当电流源的电流为恒定常值，即不随时间变化，称为直流电流源或称恒流源，用大写字母 I_s 表示，如图 1-19（b）所示；

图 1-19　电流源的图形和文字符号

（3）若电流源的电流没有明确说明跟随时间按何种函数规律变化，可以使用通用符号，直接用小写的 i_s 表示，如图 1-19（c）所示。

电流源具有如下性质：

（1）电流源的电流能够跟随时间按给定规律变化，不会因所连接的外电路的不同而不同，这是独立电流源的固有特性。因此独立电流源能够不依赖于外电路而独立地在电路中产生按给定规律变化的激励。

（2）电流源两端的电压则随它所连接的外电路不同而不同，这表现了电流源的负载特性。

（3）直流电流源又称恒流源，在任何时刻的伏安特性曲线都是平行于纵轴的直线。

（4）由于电流源的电压由电流源所连接的外电路决定，所以电流源的工作状态既有可能发出功率，也有可能吸收功率。当电流源的工作状态为吸收功率时，表明电流源所连接的外电路必定是有源电路，电流源吸收了有源外电路所发出的功率。

（5）若电流源的电流为零，则其相当于断路。

上述的独立电流源又称理想电流源，而实际电流源模型则由理想电流源和内电阻并联组合构成。

当理想电压源为恒流源时，所组成的电路如图 1-20（a）所示，其负载 R_L 的电流为

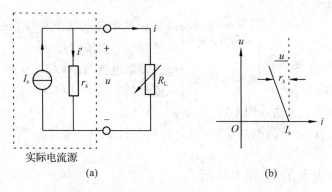

实际电流源

（a）　　　　　　　　（b）

图 1-20　实际电流源电路及其伏安特性

$$i = I_s - i' = I_s - \frac{u}{r_s} \tag{1-38}$$

式中，电流源内阻上的电流 $i' = \dfrac{u}{r_s}$。

当 $r_s \to \infty$ 时，实际电流源变为理想电流源，其电路图及伏安特性曲线如图 1-21 所示。

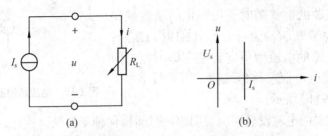

(a)　　　　　　　　　　　　(b)

图 1-21　理想电流源电路及其伏安特性

当电压源的电压 $u_s(t)$ 和电流源的电流 $i_s(t)$ 随时间按正弦规律变化时，称之为正弦电压源或正弦电流源。这样的电源电路我们将在第 4 章里进行介绍。上述电源都被称为"独立"电源，用以区分下面的"受控"电源。

1.5.3　受控源

独立电源的特征是能够提供跟随时间按给定规律变化的电压或电流，以作为电路的输入，这种给定的电压和电流激励不依赖于其所连接的外部电路，而是由独立电源自身的固有特性决定，体现了独立电源在电路中产生激励的独立特性。受控电源与独立电源不同，是非独立电源。所谓非独立电源，是指受控源在电路中所产生的激励不是由自身的固有特性所决定的跟随时间按给定函数规律变化的电压或电流，而是要受到电路中某个电路变量的约束或控制，产生出跟随该电路变量按确定函数关系变化的电压或电流作为激励。简而言之，受控源在电路中产生的激励并不是由受控源自身决定的，而是要受控于外部电路中的某个电路变量。

受控源的分类如下：

$$
\text{受控源}
\begin{cases}
\text{受控电压源}
\begin{cases}
\text{电压控制电压源（VCVS）}\\
\text{电流控制电压源（CCVS）}
\end{cases}\\[2ex]
\text{受控电流源}
\begin{cases}
\text{电压控制电流源（VCCS）}\\
\text{电流控制电流源（CCCS）}
\end{cases}
\end{cases}
$$

受控电压源表示方法如图 1-22 所示。

图 1-22 中，μ、r 称为控制系数，u_1、i_1 称为控制量。若 μ、r 为常数，则称为线性受控电压源。

受控电流源表示方法如图 1-23 所示。

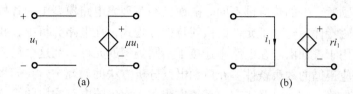

图 1-22　受控电压源

（a）电压控制电压源；（b）电流控制电压源

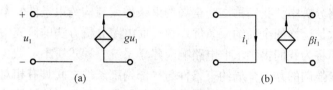

图 1-23　受控电流源

（a）电压控制电流源；（b）电流控制电流源

图 1-23 中，g、β 称为控制参数，u_1、i_1 为控制量。若 g、β 为常数，则称为线性受控电流源。

受控源并非电源的电路模型，而是某些元器件的电路模型，如变压器、晶体管等，如图 1-24 所示。

图 1-24　受控源模型对应的元器件举例

（a）变压器；（b）晶体管

受控源和独立源的区别如下：

独立源能够独立地在电路中起激励作用，使电路中产生电流和电压响应，不依赖于所连接的外电路的属性。而受控源则不同，它的电压或电流受到电路中其他电压或电流响应的控制。当电路中不存在独立源的激励而仅存在受控源时，电路中各处的响应均为零，此时受控源的控制量也为零，即受控源无法不依赖于独立源的激励而独立地在电路中产生激励，因此受控源仍属于无源元件。受控源模型仅仅用于表示电路中的某些响应之间存在着相互约束或控制这一特性。

1.6　基尔霍夫定律

在集总参数电路中，由独立源的激励在电路中各处所产生的响应由 2 个方面的因素决定。第一个因素是组成电路的元件类型。不同类型的元件具有不同的伏安特性，因此对电源激励所产生的响应也不同。前面已经对理想电路模型中的各种类型元件逐一分析了其电磁特性，建立了元件的伏安特性方程式，在电路分析中，我们称之为局部约束条件，用于表征由于在电路中连接了不同类型的元件，在这个局部环节上电压与电流之间所应遵循的约束条件。在后面电路分析方法的研究中，我们将使用到这些局部约束条件去建立求取电路响应的系统方程式。而影响电路响应的第二个因素就是构成电路总体结构的元件之间的连接关系。当电路元件按照一定的连接关系组成电路的总体结构时，每个元件支路中的电压和电流也必须遵循由实际连接关系所决定的约束条件，在电路分析中，我们称之为全局约束条件或结构约束条件。本节将要介绍的基尔霍夫定律就是这样的全局约束条件，在后面电路分析方法的研究中，我们将会看到基尔霍夫定律将为我们提供求取电路响应建立系统方程式所不可缺少的重要理论依据。需要进一步强调的是，全局约束条件与局部约束条件之间具有相对独立性，也就是说，基尔霍夫定律所描述的结构约束条件仅与元件之间的连接结构关系有关，而与每条支路中元件的类型无关。因此在研究基尔霍夫定律的基本内容时，可以采用更加简明的方法来研究电路的结构特性，这就是说，可以对组成电路的各种元件忽略其本身的物理特征(如电阻特性、电感特征、电容特性)，而将每一个元件看成是一个抽象的客体，然后来研究这些抽象客体之间的相互连接结构特性。

对实际电路进行科学抽象，又称为电路的拓扑分析，最终得到一个图，该图是用于分析电路的结构特性的基本工具。在画电路的拓扑关系图时，一般规定元件的电流参考方向和电压参考方向要一致，即取关联参考方向，于是我们可用线路上的箭头来表示，这样标注参考方向的图称为电路的有向图。

下面我们先来介绍电路的拓扑关系图中的几个基本定义，如图 1-25 所示。

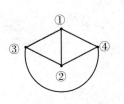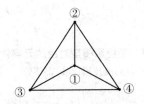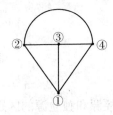

图 1-25　电路拓扑关系图

(1)支路：由一个电路元件或若干元件串联组成的复合元件构成一条支路，可用一条直线段或曲线段表示。一条支路仅关联 2 个节点。

(2)节点：节点是支路的汇节点，3 条或 3 条以上支路的汇节点即为节点，如图 1-25 中标注的①、②、③、④点。

(3)回路：由若干支路组成的闭合路径称为回路。

(4)网孔：网孔的严格定义是与平面电路的概念联系在一起的。网孔是平面电路中的一种特定回路，即在这个回路所限定的区域内没有其他支路连接，这样的网孔称为内网孔；如果在这个特殊回路所限定的区域外没有支路连接，则称为外网孔。

(5)割集：割集又称广义节点，就是电路中被高斯面所切割的支路的集合。如果我们用一个闭合的高斯面把电路的所有节点分成 2 组，使得一组节点在高斯面内，另一组节点在高斯面外，此时高斯面必然要切割一些支路，在这种情况下被切割支路的集合就称为割集。

1. 6. 1 基尔霍夫电流定律(KCL)

基尔霍夫电流定律(Kirchhoff's current law，KCL)具体内容是：在集总参数电路中，任何时刻，通过任意节点或割集的所有支路电流的代数和为零。基尔霍夫电流定律的物理本质是电荷守恒，体现为电流的连续性，即流入节点或割集的电流等于流出该节点或割集的电流。

KCL 的数学表达式为

$$\sum_{k=1}^{N} i_k = 0$$

式中，k 表示节点或割集编号。

图 1-26 所示电路有 4 个节点，有 1，2，3，4，5，6 共 6 条支路，相应支路电流分别用 i_1，i_2，i_3，i_4，i_5，i_6 表示。由虚线表示的高斯面切割的电路部分称为割集，如图 1-26(b)所示。

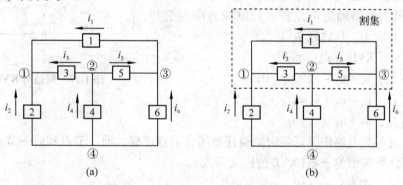

图 1-26 支路、节点、割集与 KCL

下面根据图 1-26 所示电路建立基尔霍夫电路方程，具体步骤如下：

(1)首先任取各支路电流的参考方向，如图 1-26(a)所示；

(2)针对节点确定电流符号，电流流入节点取负，电流流出节点取正，反之亦可；

(3)列写 KCL 方程(这里选用电流流入节点取负，电流流出节点取正)。

节点①：$-i_1 - i_2 - i_3 = 0$；

节点②：$i_3 - i_4 + i_5 = 0 \Rightarrow i_4 = i_3 + i_5$；

节点③：$i_1 - i_5 - i_6 = 0 \Rightarrow i_1 = i_5 + i_6$；

节点④：$i_2 + i_4 + i_6 = 0$。

节点④方程可由节点① + 节点② + 节点③方程得到，因此 4 个方程中只有 3 个是独立的，非独立方程即为由其他方程线性变换后可以得到的方程。

(4)如图 1-26(b)所示做一割集，对于该割集列写 KCL 方程，有

$$-i_2 - i_4 - i_6 = 0$$

该方程与节点④方程相同，从而得证其有效性。

1.6.2 基尔霍夫电压定律(KVL)

基尔霍夫电压定律(Kirchhoff′s voltage law，KVL)具体内容是：在集总参数电路中，对任意的一个回路，在任何时刻，沿该回路的所有支路电压的代数和等于零。

首先选定各支路的电压的参考方向，任意指定一个绕行方向为回路的正方向，当支路电压的参考方向与绕行方向一致时取正，相反时取负。

KVL 的数学表达式为

$$\sum_{k=1}^{N} u_k = 0$$

电路如图 1-27 所示，对其建立 KVL 方程，具体步骤如下：

(1)首先任取各支路的电压参考方向，如图1-27中的 $u_1 \sim u_6$。

(2)标注所选回路的绕行方向，如 L_1，L_2，L_3。

(3)针对回路确定电压符号，电压方向与绕行方向一致时取正，反之取负。

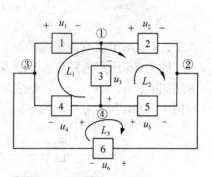

图 1-27　回路与 KVL

(4)列写 KVL 方程：

回路 L_1：$u_1 + u_2 - u_5 + u_4 = 0$；

回路 L_2：$u_2 - u_5 + u_3 = 0$；

回路 L_3：$u_5 + u_6 - u_4 = 0$。

在集总参数电路中，任何时刻沿任意闭合节点序列，前一节点和后一节点之间的全部电压代数和恒等于零(KVL 的广义形式)。

在回路 L_1 中有：$u_1 + u_2 - u_5 + u_4 = 0$

回路 L_1 的 KVL 方程分解成广义形式(按节点标注)有

$$u_{32} + u_{24} + u_{43} = 0，即 \ u_{32} - u_5 + u_4 = 0$$

$$u_{23} + u_{31} + u_{12} = 0，即 \ -u_{32} + u_1 + u_2 = 0$$

电路中两节点之间的电压是单值的，即无论沿哪条路径，节点的电压值仍是相同的，所以基尔霍夫电压定律 KVL 实际上是电压与路径无关这一性质的反映。

说明：

(1)KCL、KVL 所表示的都是由电路的结构特性所决定的约束条件。

(2)基尔霍夫定律与电路元件本身的性质无关，因此对线性电路、非线性电路、定常电路、时变电路均适用。

(3)基尔霍夫定律只适用于集总参数电路。

(4)KCL 反映电流的连续性，其物理本质是电荷守恒定律；KVL 反映电路中任意 2 点间电位的升高和降低相等，其物理本质是电势能守恒。

【例 1-3】　电路如图 1-28 所示，已知 CCVS 的电压 $u_d = 4i_1$，$u_s = 7V$，$i_1 = 1A$，

$R_1 = R_2 = 2\Omega$，求电压 u_3 和电流 i_2。

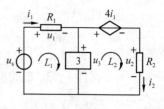

图 1-28　例 1-3 图

解　（1）求取电压 u_3。针对回路 L_1 列写 KVL 方程：

$$u_1 + u_3 - u_s = 0$$

得 $u_3 = u_s - u_1$，代入已知条件有 $u_1 = i_1 R_1 = 2V$，$u_s = 7V$，求得 $u_3 = 5V$。

（2）求电流 i_2。针对回路 L_2 列写 KVL 方程：

$$4i_1 + u_2 - u_3 = 0$$

根据 $u_2 = R_2 i_2$，得：

$$i_2 = \frac{u_3 - 4i_1}{R_2} = \frac{5 - 4}{2}A = 0.5A$$

【例 1-4】　电路如图 1-29 所示，已知 $I_2 = 1A$，$I_7 = 2A$，$U_{13} = -3V$，$U_{24} = 5V$，$U_{34} = 2V$，求元件 1 吸收的功率。

解　（1）求取元件 1 的电流 I_1。针对虚线构成的闭合面（割集）列写 KCL 方程：

$$I_1 + I_2 + I_7 = 0$$

得到 $I_1 = -I_2 - I_7 = -3A$。

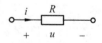

图 1-29　例 1-4 图

（2）求取元件 1 的电压 U_{12}。针对广义回路 ①③④① 列写 KVL 方程：

$$U_{13} + U_{34} + U_{41} = 0$$

得到 $U_{41} = -U_{13} - U_{34} = 1V$。

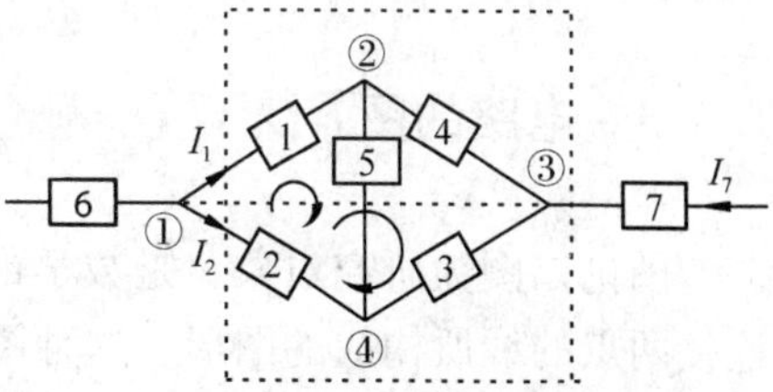

针对广义回路 ①②④① 列写 KVL 方程：

$$U_{12} + U_{24} + U_{41} = 0$$

得到 $U_{12} = -U_{24} - U_{41} = -6V$。

元件 1 上的电压和电流取关联参考方向，因此其吸收的功率为

$$P = U_{12} \times I_1 = -6 \times (-3)W = 18W$$

【例 1-5】　电路如图 1-30 所示，已知 $R = 12\Omega$，通过电阻的电流 $i = 10e^{-6t}(A)$，求：（1）电阻端电压 u；（2）电阻吸收功率 P；（3）电阻吸收的总能量 W。

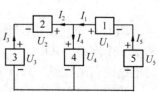

图 1-30　例 1-5 图

解　（1）$u = Ri = 12 \times 10e^{-6t} = 120e^{-6t}V$；

（2）$P = ui = 120e^{-6t} \times 10e^{-6t} = 1200e^{-12t}W$；

（3）$W = \int_0^\infty Pdt = \int_0^\infty 1200e^{-12t}dt = 1200\left(-\frac{1}{12}e^{-12t}\Big|_0^\infty\right) = 100J$。

【例 1-6】　电路如图 1-31 所示，已知 $I_1 = 4A$，$I_3 = -2A$，$U_1 = 1V$，$U_2 = -1V$，$U_3 = 3V$，求各元件的功率，并判断是吸收还是发出功率。

解　由 KCL 得

$$I_2 = -I_3 = 2A$$

$$I_5 = I_1 = 4A$$

图 1-31　例 1-6 图

$$I_4 = I_1 - I_2 = 2\text{A}$$

由 KVL 得

$$U_4 = U_2 + U_3 = 2\text{V}$$

$$U_5 = -U_1 + U_4 = 1\text{V}$$

由于元件 1、3、5 的电压与电流取非关联参考方向，因此为发出功率，其值为

$$P_1 = U_1 \times I_1 = 4\text{W}$$

$$P_3 = U_3 \times I_3 = -6\text{W}$$

$$P_5 = U_5 \times I_5 = 4\text{W}$$

由于元件 2、4 的电压与电流取关联参考方向，因此为吸收功率，其值为

$$P_2 = U_2 \times I_2 = -2\text{W}$$

$$P_4 = U_4 \times I_4 = 4\text{W}$$

可以看出 $P_发 = P_吸$。

1.6.3　电路的图

图论以图为研究对象，是数学的一个分支。图论中的"图"是由若干给定的点及连接两点的线所构成的图形，这种图形通常用来描述某些事物之间的某种特定关系，用点代表事物，用连接两点的连线表示相应两个事物之间具有给定的连接关系。而电路的"图"则将连接点称为节点，用以表示连接关系，将连接节点的线称为支路，表示实体即电路元件。这样一来，一个电路就可以抽象成一个由某些支路借助于节点相互连接而组成的总体，我们给这个总体一个专门的名称——电路的线图或简称为电路的图。

下面将图 1-32(a)所示电路用电路的图来表示。

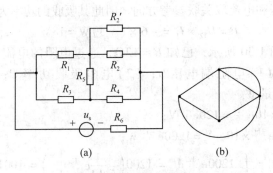

(a)　　　　　　　　　　(b)

图 1-32　电路和电路的图

图 1-32(a)所示电路的图按照图论的角度，用支路代替实体，认为每个二端元件构成一个支路，共由 4 个节点 7 条支路构成。根据前面介绍的支路和节点的定义，可将电路的图画成图 1-32(b)。

我们若将支路赋予支路方向，这样的电路的图称为"有向图"，未赋予支路方向的图则称为"无向图"。在电路中通常指定支路中的电流参考方向作为支路方向，电

压与电流一般取关联参考方向，如图 1-33 所示。

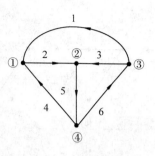

图 1-33 有向图

在一个图中，每一个节点都可以根据 KCL 列写有关节点的电流方程，例如图 1-33 所示的有向图，共有 4 个节点 ①、②、③、④，由于每一支路都与两个节点相连，若我们针对每个节点列写方程，则每一支路电流都必然在 KCL 方程组中出现 2 次，一次为正，一次为负（支路电流从一个节点流入，必然从另一节点流出）。若把所有的 KCL 方程相加，必然得到等号两边为零的结果，即所列写的 KCL 方程是线性相关的，存在着不独立方程。同样，一个图的回路数很多，每一个回路都可以根据 KVL 列写有关支路电压的方程，例如图 1-33 所示的有向图，共有 7 个回路 {2，5，4}，{3，6，5}，{2，3，1}，{2，3，6，4}，{4，5，3，1}，{5，6，1，2}，{4，6，1}。无论支路的电压和循行方向怎样指定，在不同回路中重复出现的支路电压变量，可以通过对该回路所列写的 KVL 方程的相加或相减消去，而所得到的新方程式恰好是由两原回路合并在一起同时消去重复出现的支路变量而构成的新回路上的 KVL 方程式，因此对这样 3 个回路所列写的 KVL 方程是线性相关的，并不是全部独立的。下面介绍如何利用"树"的概念来寻找一个图的独立节点和独立回路，从而得到独立的 KCL 方程和 KVL 方程。

我们首先来介绍几个重要的基本概念。

(1) 子图：若图 G_1 的全部节点和支路都属于图 G，则称 G_1 为 G 的子图，图 G 可以存在若干个子图，且图 G 本身就是图 G 的最大一个子图，它包含了图 G 的全部节点和支路。

(2) 连通图：任意两个节点之间至少存在一条路径的图称为连通图。

(3) 路径：由若干支路相连接构成的通路。

(4) 树：包含图的全部节点且不包含任何回路的连通子图。

根据树的定义，图 G 的树 T 是图 G 的一个子图，T 所包含的支路称为树支，图 G 中除去树支外的其余支路称为连支。可以证明任意一个具有 n 个节点的连通图，它的任何一个树的树支数为 $n-1$。根据树的定义可知树是连通的，即树不存在任何分离的部分，且在树中不包含任何回路，因此我们可以在 n 个节点的每两个节点之间加入一条支路来构成这样的连通图。加入 1 条支路可以关联 2 个节点，加入 2 条支路可以关联 3 个节点……依此类推可知，要关联 n 个节点需要且仅需要的树支数为 $n-1$。图 1-33 中电路的图所对应的一些树如图 1-34 所示。可以看出，同一个电路的图存在不同的树，而且一定存在树支从任意一个节点出发关联其他的 $n-1$ 个节点的树，如图 1-34(e) 所示。这样我们围绕每个节点做割集，所有的割集均为单节点的割集，即 n 个节点 n 个割集，并且在这 n 个割集中存在 $n-1$ 个单树支割集，针对这 $n-1$ 个单树支割集列写 KCL 方程时，由于单树支的存在使得其支路电流不会在其他割集的 KCL 方程中出现，因此这 $n-1$ 个 KCL 方程是全部独立的，从而能够确定 $n-1$ 个单树支割集中的节点是相互独立的，即对于具有 n 个节点的电路可以列写 $n-1$ 个独立的 KCL 方程。

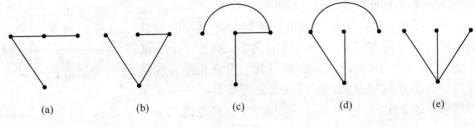

图1-34 树

由于连通图 G 的树 T 不包含任何回路，因此对于任意的一个树，加入一个连支后就能够形成一个回路，并且此回路除了所加连支外均由树支组成，这样的回路称为单连支回路或基本回路。可以看出基本回路仅含有一个连支，由不同连支构成的基本回路显然是相互独立的，回路数就等于连支数，因此根据基本回路列出的 KVL 方程组是独立方程组。对于一个含有 n 个节点 b 条支路的电路，由于树支数为 $n-1$，因此连支数 $l=b-n+1$，这就是一个图的独立回路数目。

如果一个图在平面上不交叉，则称该图为平面图，否则为非平面图。对于一个平面图可以引入网孔的概念，网孔所限定的区域内不再有支路，全部的网孔是一组独立回路，所以网孔数即为独立回路数。

习 题

题 1-1. 试判定题 1-1 图所示元器件的电压 u 与电流 i 的参考方向是否关联，并分析当 $u>0$，$i<0$ 时，元件实际发出还是吸收功率。

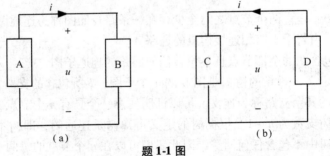

题 1-1 图

题 1-2. 在题 1-2 图中，元件的电压和电流的参考方向已标明，试求出元件两端的电压 U 的值。

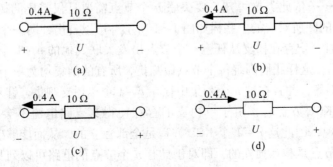

题 1-2 图

题 1－3. 分析题 1-3 图中的电压源、电流源及电阻元件的功率情况，并指出哪些元件吸收功率，哪些元件发出功率。

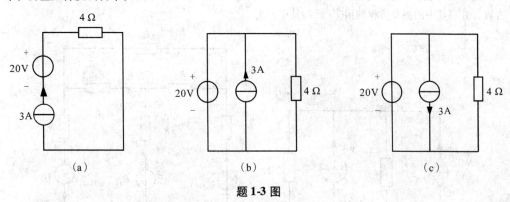

题 1-3 图

题 1－4. 电容元件及电感元件的电压、电流参考方向如题 1-4 图所示，已知 $u_C(0)=0$, $i_L(0)=0$，请分别写出各元件的电压及电流的约束方程。

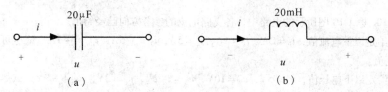

题 1-4 图

题 1－5. 求题 1-5 图所示的 ab 端的等效电容及等效电感。

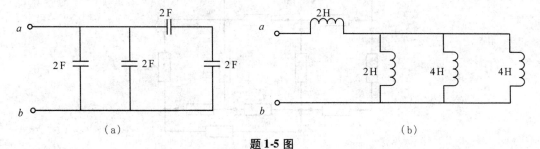

题 1-5 图

题 1－6. 电路如题 1-6 图所示，其中电阻 $R=4\Omega$, $L=1H$, $C=0.1F$, $u_C(0)=0V$。输入电路分别为：(1)$i=5A$；(2)$i=4\cos(2t+60°)A$；(3)$i=e^{-t}A$。

试求当 $t>0$ 时的 u_R, u_L 和 u_C。

题 1－7. 电路如题 1-7 图所示，试计算电压 U 及受控源发出的功率。

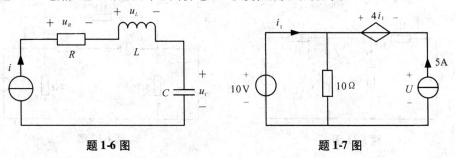

题 1-6 图   题 1-7 图

题1-8. 电路如题1-8图所示，试计算独立电流源以及受控电流源发出的功率。

题1-9. 电路如题1-9图所示，各个支路的电流参考方向已经给出，试列写所有的KCL和KVL方程，并将其中的独立方程列出来(任写其中一组)。

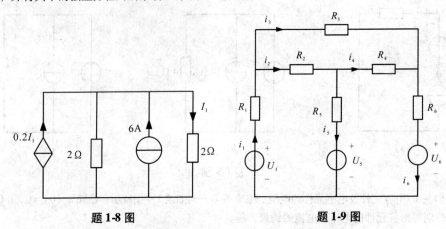

题1-8图　　　　　　　　　　　题1-9图

题1-10. 题1-10图所示的电路中，各支路电流的参考方向已经给出。

(1)若给定以下电流值，$i_1 = 2A$, $i_3 = 1A$, $i_4 = 5A$, $i_7 = -5A$, $i_{10} = -3A$, 试尽可能多地求出未知支路电流。

(2)若给定以下电压值，$u_1 = 5V$, $u_2 = 10V$, $u_4 = -2V$, $u_6 = 2V$, $u_7 = -2V$, 试尽可能多地求出未知支路电压。

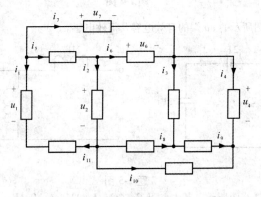

题1-10图

题1-11. 电路如题1-11图所示，试利用KCL、KVL求解电路中的电流i。

题1-12. 电路如题1-12图所示，试求当$I = 4A$时，电流I_1, I_2以及电压U。

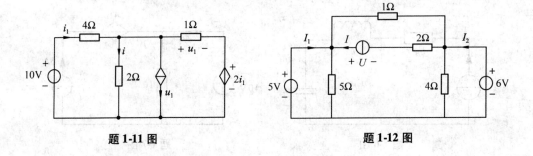

题1-11图　　　　　　　　　　　题1-12图

第 2 章

直流线性电阻电路的分析

[本章提要]

本章主要介绍电阻电路等效变换的概念、电阻的串并联、电阻的丫连接和△连接的等效变换、含源电阻电路的等效变换以及输入电阻的求解。重点讲述线性电阻电路的一般分析方法。

2.1　电阻电路的等效变换

2.2　电阻电路的一般分析

2.3　含理想运算放大器的电阻电路分析

2.1   电阻电路的等效变换

本章研究的电阻电路是线性时不变电阻电路，所谓线性时不变电阻电路，是指仅由独立电源、线性时不变电阻元件及线性受控源组成的电路。当电路中存在非线性电阻元件或时变电阻元件时，这样的电路则分别称为非线性电阻电路或时变电阻电路，其分析计算方法与线性时不变电阻电路有所不同。

2.1.1   电路等效变换的概念

若电路中的某一部分用其他电路代替，替代后的端口伏安特性与替换前的伏安特性相同，这种替代称为电路的等效变换。

如图 2-1 所示，将电路划分为 2 部分，由 2 个二端网络构成，将 N_A 用结构和参数不同的 N_B 代替，使得 $i_A = i_B$，$u_A = u_B$，则称 N_A 与 N_B 进行了等效变换。经过这样的变换后，二端网络 N_1 内部各处的响应不受任何影响，而 N_A 与 N_B 内部的结构和参数值是不同的，响应也是不同的。因此这样等效变换是对外等效，对内不等效。也就是说对保持原结构和参数不变的网络部分，其内部各处的响应也将保持不变，而对于结构和参数发生改变的网络部分，其内部各处的响应也将发生改变。

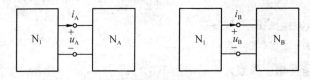

图 2-1   电路的等效变换

当我们只关心 N_1 内部的电压与电流关系时，可将复杂的 N_A 电路用简单的 N_B 电路等效代替，从而简化计算。

2.1.2   电阻的串联与并联

1. 电阻的串联

若将图 2-2 所示串联电阻 R_1，R_2，$\cdots$，R_n 在电路中所起的作用用一个电阻 R_{eq} 来代替，从上述等效变换的概念可知，应满足条件 $u = u'$，$i = i'$。

如图 2-2 所示，有

$$u = iR_1 + iR_2 + \cdots + iR_n = i(R_1 + R_2 + \cdots + R_n) = i\sum_{k=1}^{n} R_k$$

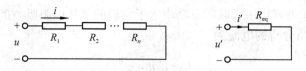

图 2-2　电阻的串联等效

$$u' = i'R_{\text{eq}}$$

由外部等效条件 $u = u'$，$i = i'$，得

$$R_{\text{eq}} = \sum_{k=1}^{n} R_k \tag{2-1}$$

同时考虑电阻所吸收的功率，有

$$P = P_1 + P_2 + \cdots P_n = i^2 R_1 + i^2 R_2 + \cdots + i^2 R_n = i^2(R_1 + R_2 + \cdots R_n) = i^2 R_{\text{eq}}$$

由上式可知，n 个串联电阻吸收的总功率等于它们的等效电阻吸收的功率，等效电阻大于任一串联电阻，即 $R_{\text{eq}} > R_k$。

串联电阻中每个电阻分得的电压为

$$u_k = R_k i = R_k \cdot \frac{u}{R_{\text{eq}}} = \frac{R_k}{R_{\text{eq}}} u$$

2. 电阻的并联

若将图 2-3 所示并联电阻 R_1，R_2，$\cdots$，R_n 在电路中所起的作用用一个电阻 R_{eq} 来代替，从上述等效变换的概念可知，应满足条件 $u = u'$，$i = i'$。

如图 2-3 所示，由 KCL 得

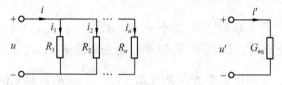

图 2-3　电阻的并联等效

$$i = i_1 + i_2 + \cdots + i_n = \frac{u}{R_1} + \frac{u}{R_2} \cdots + \frac{u}{R_n} = u\left(\frac{1}{R_1} + \frac{1}{R_2} + \cdots + \frac{1}{R_n}\right)$$

$$= u(G_1 + G_2 + \cdots + G_n)$$

$$G_{\text{eq}} = \frac{i'}{u'}$$

由外部等效条件 $u = u'$，$i = i'$，得

$$G_{\text{eq}} = G_1 + G_2 + \cdots + G_n = \sum_{k=1}^{n} G_k \tag{2-2}$$

等效电导大于任何一个并联电阻对应的电导。由电阻与电导之间的关系可知，并联等效电阻小于任意一个并联电阻，即 $R_{\text{eq}} < R_k$。

同时考虑电导所吸收的功率有

$$P = P_1 + P_2 + \cdots + P_n = u^2 G_1 + u^2 G_2 + \cdots + u^2 G_n = u^2(G_1 + G_2 + \cdots + G_n) = u^2 G_{\text{eq}}$$

由上式可知，n 个并联电阻吸收的总功率等于它们的等效电阻吸收的功率。

每个电阻上所分得的电流为

$$i_k = G_k u = \frac{G_k}{G_{eq}} i$$

【例 2-1】 电阻分压器电路如图 2-4(a)所示，求 U_0。

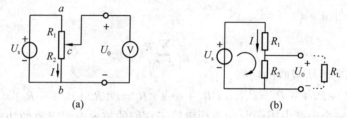

图 2-4　电阻分压器电路

解　图 2-4(a)的等效电路如图 2-4(b)所示，则由 KVL 有

$$U_s = IR_1 + IR_2 = I(R_1 + R_2) = IR$$

$$I = \frac{U_s}{R}$$

得

$$U_0 = R_2 I = \frac{R_2 U_s}{R}$$

因此 $\dfrac{U_0}{U_s} = \dfrac{R_2}{R}$ 称为分压器的分压比。

当可调电阻器 c 点上移时，R_1 减小 R_2 增加，总的电阻 R 不变，可知 U_0 增加；当可调电阻器 c 点下移时，R_1 增加 R_2 减小，总的电阻 R 不变，可知 U_0 减小。

若加上负载 R_L，则输出电阻 $R' = R_2 \parallel R_L = \dfrac{R_2 R_L}{R_2 + R_L} \neq R_2$；输出电压 $U_0 = \dfrac{R'}{R_1 + R'} U_s$，

$\dfrac{U_0}{U_s} \neq \dfrac{R_2}{R}$。

上式说明将分压器连接负载后，会使分压器的分压比与空载时相比发生改变，称之为负载效应。

若使得 $R' = \dfrac{R_2 R_L}{R_2 + R_L} \approx R_2$，则要求 $R_L \gg R_2$，可减小负载效应。

【例 2-2】 求图 2-5(a)所示电路中 A、B 两点间的等效电阻 R_{AB}。

解　图 2-5(a)的等效电路如图 2-5(b)所示，则有

$$R_{AB} = (R_1 + R_2) \parallel R_3 = \frac{(R_1 + R_2) \cdot R_3}{R_1 + R_2 + R_3} = \frac{R_1 \cdot R_3 + R_2 \cdot R_3}{R_1 + R_2 + R_3}$$

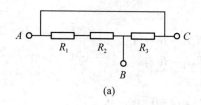 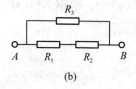

(a) 　　　　　　　　(b)

图 2-5　例 2-2 图

2.1.3　电阻的 Y 连接、△ 连接及其等效变换

1. 电阻的 Y 连接和 △ 连接

电阻的 Y 连接又称星形连接，结构特点是对内只有一个三支路的公共连接点，称为中性点，对外有 3 个端点，中性点不和外部连接，如图 2-6(a) 所示。

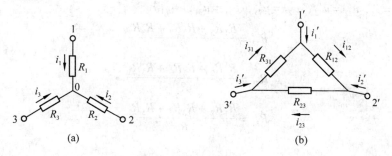

(a) 　　　　　　　　(b)

图 2-6　电阻的连接

电阻的 △ 连接又称 δ 连接，结构特点是 3 个支路的端点首尾相连，形成封闭的 △ 形，在 △ 形的顶点处由端点对外连接，如图 2-6(b) 所示。

2. 电阻的 Y 连接与 △ 连接的等效变换

如图 2-6 所示，若使得电阻的 Y 连接与 △ 连接进行等效变换，即将(a)变换成(b)，则由等效变换的概念可知，必须满足对应端子间有相同的电压和相同的电流，即 $i_1 = i_1'$，$i_2 = i_2'$，$i_3 = i_3'$，同时有 $u_{12} = u_{12}'$，$u_{23} = u_{23}'$，$u_{31} = u_{31}'$。

在图 2-6(b) 中有

$$i_{12} = \frac{u_{12}'}{R_{12}}, \ i_{23} = \frac{u_{23}'}{R_{23}}, \ i_{31} = \frac{u_{31}'}{R_{31}}$$

根据 KCL 有

$$-i_1' - i_{31} + i_{12} = 0 \Rightarrow i_1' = i_{12} - i_{31} = \frac{u_{12}'}{R_{12}} - \frac{u_{31}'}{R_{31}} \tag{2-3}$$

$$-i_2' - i_{12} + i_{23} = 0 \Rightarrow i_2' = i_{23} - i_{12} = \frac{u_{23}'}{R_{23}} - \frac{u_{12}'}{R_{12}} \tag{2-4}$$

$$-i_3' - i_{23} + i_{31} = 0 \Rightarrow i_3' = i_{31} - i_{23} = \frac{u_{31}'}{R_{31}} - \frac{u_{23}'}{R_{23}} \tag{2-5}$$

在图 2-6(a)中，根据 KVL 有

$$u_{12} = R_1 i_1 - R_2 i_2 \tag{2-6}$$

$$u_{23} = R_2 i_2 - R_3 i_3 \tag{2-7}$$

根据 KCL 有

$$i_1 + i_2 + i_3 = 0 \tag{2-8}$$

由式(2-6)~式(2-8)联立求解可得

$$i_1 = \frac{R_3 u_{12}}{R_1 R_2 + R_2 R_3 + R_3 R_1} - \frac{R_2 u_{31}}{R_1 R_2 + R_2 R_3 + R_3 R_1} \tag{2-9}$$

$$i_2 = \frac{R_1 u_{23}}{R_1 R_2 + R_2 R_3 + R_3 R_1} - \frac{R_3 u_{12}}{R_1 R_2 + R_2 R_3 + R_3 R_1} \tag{2-10}$$

$$i_3 = \frac{R_2 u_{31}}{R_1 R_2 + R_2 R_3 + R_3 R_1} - \frac{R_1 u_{23}}{R_1 R_2 + R_2 R_3 + R_3 R_1} \tag{2-11}$$

比较式(2-3)与式(2-9)，式(2-4)与式(2-10)和式(2-5)与式(2-11)，由 $i_1 = i_1'$，$i_2 = i_2'$，$i_3 = i_3'$，$u_{12} = u_{12}'$，$u_{23} = u_{23}'$，$u_{31} = u_{31}'$，可得

$$R_{12} = \frac{R_1 R_2 + R_2 R_3 + R_3 R_1}{R_3} \tag{2-12}$$

$$R_{23} = \frac{R_1 R_2 + R_2 R_3 + R_3 R_1}{R_1} \tag{2-13}$$

$$R_{31} = \frac{R_1 R_2 + R_2 R_3 + R_3 R_1}{R_2} \tag{2-14}$$

即

$$R_{12} = R_1 + R_2 + \frac{R_1 R_2}{R_3} \tag{2-15}$$

$$R_{23} = R_2 + R_3 + \frac{R_2 R_3}{R_1} \tag{2-16}$$

$$R_{31} = R_1 + R_3 + \frac{R_1 R_3}{R_2} \tag{2-17}$$

这就是根据 Y 连接的电阻确定 △ 连接电阻的公式。

同时可得

$$R_{12} + R_{23} + R_{31} = \frac{(R_1 R_2 + R_2 R_3 + R_3 R_1)^2}{R_1 R_2 R_3}$$

代入 $R_1 R_2 + R_2 R_3 + R_3 R_1 = R_{12} R_3 = R_{23} R_1 = R_{31} R_2$，可以得到

$$R_1 = \frac{R_{12} R_{31}}{R_{12} + R_{23} + R_{31}} \tag{2-18}$$

$$R_2 = \frac{R_{12} R_{23}}{R_{12} + R_{23} + R_{31}} \tag{2-19}$$

$$R_3 = \frac{R_{31} R_{23}}{R_{12} + R_{23} + R_{31}} \tag{2-20}$$

这就是根据 △ 连接的电阻确定 Y 连接电阻的公式。

为了方便记忆，将上述互换过程规律归纳如下：

$$\triangle \text{连接电阻} = \frac{\curlyvee\text{形电阻两两乘积之和}}{\curlyvee\text{形不相邻电阻}}$$

$$\curlyvee \text{连接电阻} = \frac{\triangle\text{形相邻电阻的乘积}}{\triangle\text{形电阻之和}}$$

可见，若 $R_1 = R_2 = R_3 = R_\curlyvee$，则 $R_\triangle = R_{12} = R_{23} = R_{31} = 3R_\curlyvee$；若 $R_{12} = R_{23} = R_{31} = R_\triangle$，则 $R_\curlyvee = R_1 = R_2 = R_3 = \frac{1}{3}R_\triangle$。满足上述条件的 $\curlyvee$ 形电阻网络或 $\triangle$ 形电阻网络称为对称 $\curlyvee$ 形网络或对称 $\triangle$ 形网络。

【例 2-3】 求图 2-7(a)所示电路的等效电阻 R_{ab}。

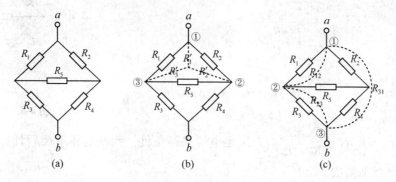

图 2-7 例 2-3 图

解 图 2-7(a)称为桥式结构(非简单的串并联)，其中 R_1、R_2、R_3、R_4 称为桥臂电阻，R_5 称为桥的中间支路电阻。

(1)方案 1。采用 $\triangle \to \curlyvee$ 变换：将图 2-7(b)中由 R_1、R_2、R_5 构成的 $\triangle$ 形电阻网络等效变换为由虚线表示的 $\curlyvee$ 形电阻网络 R_1'、R_2'、R_3'。

$$R_1' = \frac{R_1 R_2}{R_1 + R_2 + R_5}, \quad R_2' = \frac{R_2 R_5}{R_1 + R_2 + R_5}, \quad R_3' = \frac{R_5 R_1}{R_1 + R_2 + R_5}$$

$$R_{ab} = R_1' + (R_3' + R_3) \parallel (R_2' + R_4)$$

(2)方案 2。采用 $\curlyvee \to \triangle$ 变换：将图 2-7(c)中由 R_2、R_4、R_5 构成的 $\curlyvee$ 形电阻网络等效变换为由虚线表示的 $\triangle$ 形电阻网络 R_{12}、R_{23}、R_{31}。

$$R_{12} = R_2 + R_5 + \frac{R_2 R_5}{R_4}$$

$$R_{23} = R_5 + R_4 + \frac{R_5 R_4}{R_2}$$

$$R_{13} = R_2 + R_4 + \frac{R_2 R_4}{R_5}$$

$$R_{ab} = R_{31} \parallel \left[(R_1 \parallel R_{12}) + (R_3 \parallel R_{23}) \right]$$

本例为一次等效变换后即可化为简单电阻的串并联来求解。根据以上分析，我们可以得出结论：桥式电路可经过一次 $\curlyvee - \triangle$ 变换转化为可用电阻串联、并联关系计算其等效电阻的电路结构。

【例 2-4】 试求取图 2-8 所示桥式结构电路满足电桥平衡即 $I_5 = 0$ 时，电阻所应满足的条件。

解 由图 2-8 可知，当电路满足电桥平衡条件 $I_5 = 0$ 时，R_5 开路，可断开。则有

$$u_{ac} = \frac{u_{ab}R_1}{R_1 + R_3} \qquad u_{ad} = \frac{u_{ab}R_2}{R_2 + R_4}$$

由 $I_5 = 0$，得知 c、d 是等电位，则有 $u_{ac} = u_{ad}$，即

$$\frac{u_{ab}R_1}{R_1 + R_3} = \frac{u_{ab}R_2}{R_2 + R_4}$$

化简得到

$$\frac{1}{1 + \dfrac{R_3}{R_1}} = \frac{1}{1 + \dfrac{R_4}{R_2}}$$

即

$$\frac{R_1}{R_3} = \frac{R_2}{R_4}$$

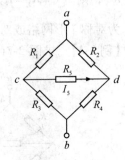

图 2-8 例 2-4 图

因此当 $R_1 R_4 = R_2 R_3$ 或 $\dfrac{R_1}{R_3} = \dfrac{R_2}{R_4}$ 时，满足电桥平衡条件。判断电桥平衡后计算 R_{ab} 的方法，称为电桥平衡法。

由 $I_5 = 0$ 时 R_5 开路，可得

$$R_{ab} = (R_1 + R_3) \parallel (R_2 + R_4)$$

由 $I_5 = 0$ 时 c、d 为等位点可短接，可得

$$R_{ab} = R_1 \parallel R_2 + R_3 \parallel R_4$$

这是因为在等电位点之间接入的元件两端的电压为零，流经该元件的电流也为零，所以既可以看作开路，又可以看作短路。可以证明，由上述 2 种情况所求得的 R_{ad} 值是完全相等的。

【例 2-5】 电路如图 2-9 所示，已知 $R_1 = 1\Omega$，$R_2 = 3\Omega$，$R_3 = 5\Omega$，$R_4 = 2\Omega$，$R_5 = 6\Omega$，$R_6 = 10\Omega$，用等电位法计算电阻 R_{ab}。

解 由已知条件可以确定 $\dfrac{R_4}{R_1} = \dfrac{R_5}{R_2} = \dfrac{R_6}{R_3} = 2$，首先假设 R_7、R_8 开路，则有

$$u_{ac} = \frac{u_{ab}R_1}{R_1 + R_4} = \frac{u_{ab}}{1 + \dfrac{R_4}{R_1}}$$

$$u_{ad} = \frac{u_{ab}R_2}{R_2 + R_5} = \frac{u_{ab}}{1 + \dfrac{R_5}{R_2}}$$

$$u_{ae} = \frac{u_{ab}R_3}{R_3 + R_6} = \frac{u_{ab}}{1 + \dfrac{R_6}{R_3}}$$

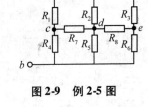

图 2-9 例 2-5 图

由此可见 c、d、e 是等电位点。然后将 R_7、R_8 连接在 2 个等位点之间，其电流为零，这里作开路处理，得到：

$$R_{ab} = (R_1 + R_4) \parallel (R_2 + R_5) \parallel (R_3 + R_6)$$

用等位点法计算网络的有效电阻，常可简化分析计算，其难点是等位点的判定。这里介绍一种特定的网络中判定等位点的方法，即平衡对称网络法。

若沿网络端口连线的中垂线可将网络分成两部分完全相同的网络，则称该网络为平衡对称网络。平衡对称网络的性质是：与端口连线的中垂线相交的点是等电位点，如图 2-10（a）中的 c、d、e 点。

若沿网络端口的连线可将网络分成左右两部分完全相同的网络，则称该网络为传递对称网络。传递对称网络的性质是：与端口连线相交的支路中的电流为零，可作断开处理，如图 2-10（b）所示的支路 cd。

【例2-6】　电路如图 2-10 所示，图中电阻值均为 1Ω，分别用平衡对称网络法和传递对称网络法求 R_{ab}。

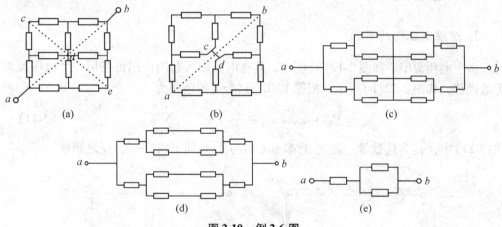

(a)　　　　　　　　(b)　　　　　　　　(c)

(d)　　　　　　　　(e)

图 2-10　例 2-6 图

解　（1）用平衡对称网络法求取，如图 2-10（a）所示。因为 c、d、e 为等位点，可作短接处理，故等效电路如图 2-10（c）所示。

$$R_{ab} = 2 \times \left[\frac{1}{2} \times (1 + 0.5)\right]\Omega = 1.5\Omega$$

（2）用传递对称网络法求取，如图 2-10（b）所示。根据传递对称网络的性质，可将 c、d 支路断开，等效电路如图 2-10（d）所示。

$$R_{ab} = \frac{1}{2} \times \left[1 + \frac{1}{2} \times (1 + 1) + 1\right]\Omega = 1.5\Omega$$

例 2-6 中的电阻网络既是平衡对称网络，同时也是传递对称网络，可以证明该网络的等效电阻可以通过其四分之一网络的等效电阻来计算，如图 2-10（e）所示。

$$R_{ab} = \left(1 + \frac{1}{2}\right)\Omega = 1.5\Omega$$

【例2-7】　无限长链形网络如图 2-11 所示，求 R_{ab}。

解　在图 2-11 中，虚线右侧的电阻网络仍为无限长链形网络，故可设其等效电阻为

R_{ab}。则有

$$R_{ab} = R_s + \frac{R_p R_{ab}}{R_p + R_{ab}}$$

整理后得到：

$$R_{ab}^2 - R_s R_{ab} - R_s R_p = 0$$

解得

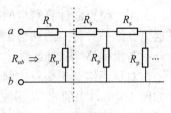

$$R_{ab} = \frac{1}{2}(R_s \pm \sqrt{R_s^2 + 4R_s R_p})$$

由于 R_s，R_p 均为正值，所以 $R_{ab} > 0$。

图 2-11   例 2-7 图

2.1.4   含源电阻电路的等效变换

2.1.4.1   电源的连接方式

1. 理想电压源的串联

多个电压源串联如图 2-12(a)所示，其在电路中所起的作用可以用一个电压源来等效代替，如图 2-12(b)所示。根据 KVL，这个等效电压为

$$u_s = u_{s1} + u_{s2} + u_{s3} + \cdots + u_{sn} = \sum_{k=1}^{n} u_{sk} \tag{2-21}$$

式(2-21)中，u_{sk} 为代数量，若 u_{sk} 的参考方向与 u_s 相同则取"＋"，反之则取"－"。

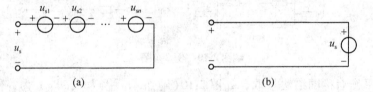

(a)   (b)

图 2-12   电压源的串联

理想电压源与任何元件或元件组合并联，均可等效为理想电压源，所以在研究电源对外的作用时，并联的支路或元件都可以直接去掉。特别值得注意的是不等值的理想电压源不能够并联。

2. 理想电流源的并联

多个电流源并联如图 2-13(a)所示，其在电路中所起的作用可以用一个电流源来等效代替，如图 2-12(b)所示。在图示参考方向时，这个等效电流为

$$i_s = i_{s1} + i_{s2} + i_{s3} + \cdots + i_{sn} = \sum_{k=1}^{n} i_{sk} \tag{2-22}$$

式(2-22)中，i_{sk} 为代数量，若 i_{sk} 的参考方向与 i_s 相同则取"＋"，反之则取"－"。

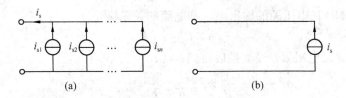

图 2-13 电流源的并联

理想电流源与任何元件或元件组合的串联，均可等效为该理想电流源。不等值的理想电流源不能串联使用。

2.1.4.2 实际电源模型的等效变换

理想电压源是从实际电源抽象出来的一种模型，无论流过的电流为多少，在其两端总能保持规定的电压。电压源具有 2 个基本的性质：第一，端电压固定不变或为时间 t 的确定函数 $u_s(t)$，而与外电路无关；第二，电压源自身电压是确定的，而流过它的电流是由电压源所连接的外电路决定的。理想电压源在现实世界中是不存在的，实际电压源总是存在内电阻的，其输出电压随着流经电源的电流的增大而减小，因此可以用理想电

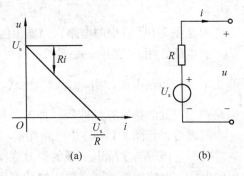

图 2-14 实际电压源的伏安特性和电路模型
(a)伏安特性；(b)电路模型

压源和电阻的串联组合来作为实际电压源的模型，如图 2-14(b)所示。

理想电流源也是从实际电源抽象出来的一种模型，不管外部电路如何，其输出电流总能保持定值或为确定的时间函数，其端电压由外电路决定。电流源具有 2 个基本的性质：第一，电流源的输出电流可保持按给定规律变化，而与所连接的外电路无关；第二，电流源的输出电压由所连接的外电路决定。

实际电流源总是存在内电阻的，因此可以用理想电流源和电导的并联组合来作为实际电流源的电路模型，如图 2-15(b)所示。

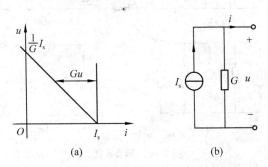

图 2-15 实际电流源的伏安特性和电路模型
(a)伏安特性；(b)电路模型

由图 2-14(b)，电压源的输出电压和电流的关系满足

$$u = U_s - i \cdot R \tag{2-23}$$

等式两边同时除以电阻 R，经变换后得到：

$$i = \frac{U_s}{R} - \frac{u}{R} \tag{2-24}$$

由图 2-15(b)，电流源的输出电压和电流的关系满足

$$i = I_s - u \cdot G \tag{2-25}$$

若使得电压源与电流源输出的电压和电流相等，即实现图 2-14(b)和图 2-15(b)所示电路的等效变换，则需满足

$$\frac{U_s}{R} = I_s, \quad \frac{1}{R} = G$$

对于图 2-14(b)中的电路，当输出的电流 $i = 0$ 时，输出端口处于开路，其电压称为开路电压，用 u_{oc} 表示，由式(2-23)可得 $u_{oc} = U_s$；而当输出端短路即 $u = 0$ 时，则输出电流为短路电流，用 i_{sc} 表示，由式(2-23)可得 $i_{sc} = \dfrac{U_s}{R}$。据此可画出图 2-14(b)中电路两端口处的伏安特性曲线，如图 2-14(a)所示。

同理可得到图 2-15(b)中电路在端口处的伏安特性曲线，如图 2-15(a)所示。

实际电压源与实际电流源的等效变换，这种等效满足的是电源对外等效，不仅输出的电压、电流相等，而且输出的功率也相同，但对内并不等效。这种等效变换可以简化电路的计算，在应用中要注意电压源、电流源和电阻的串并联关系。

【例 2-8】 求如图 2-16(a)所示电路中的电流 I。

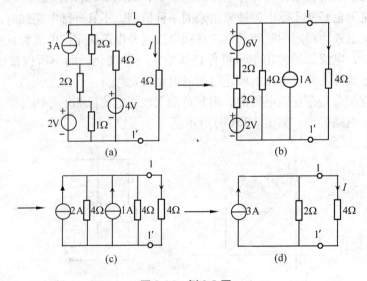

图 2-16 例 2-8 图

解 按图 2-16 中多次进行电流源等效变换，由图(d)可得

$$I = \frac{2}{2+4} \times 3\text{A} = 1\text{A}$$

　　综上所述，理想电压源与理想电流源之间不具备等效变换条件，两者在任何情况下均不等效。

　　下面介绍通过电源转移的方式构造等效变换条件，即构造理想电压源与电阻串联和理想电流源与电阻并联的形式，从而实现能够利用电压源与电流源等效变换的方法分析电路，例如图 2-17(a)所示电路。理想电压源 u_s 没有与其串联的电阻，因此不能进行电压源与电流源等效变换，但是将电压源 u_s 左移如图 2-17(b)所示或右移如图 2-17(c)所示，则具备了等效变换条件，此变换过程称为电压源的转移。

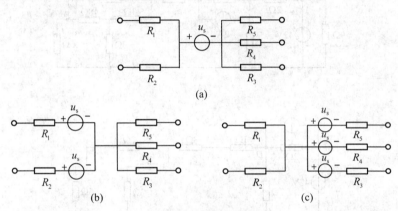

图 2-17　电压源电路

(a)原电路；(b)电压源的左移等效；(c)电压源的右移等效

　　同理，可以通过电流源的转移构造等效条件，如图 2-18(a)所示。理想电流 i_s 没有与其并联的电阻。这里采用电流源左移如图 2-18(b)所示和电流源的右移如图 2-18(c)所示，构造由理想电流源与电阻的并联形式，使其具备电压源与电流源等效变换的条件。

　　我们将电压源的转移和电流源的转移构造新的等效变换条件分析电路的方法称为移源法。

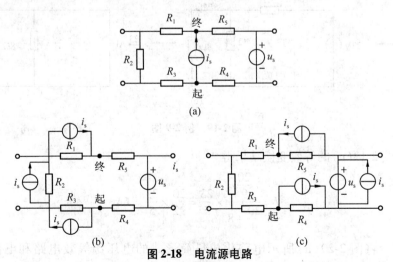

图 2-18　电流源电路

(a)原电路；(b)电流源的左移；(c)电流源的右移

【例2-9】 电路如图2-19(a)所示,利用等效变换法求电流 I。

解 在图(a)中根据等效变换法将与42V电源并联的9Ω电阻去除,同时与2A电源串联的7Ω电阻去除;根据电流源转移的方法将连接于 E、C 之间及 C、D 之间的2A电流源转移至 E、D 之间;右侧电阻连接成平衡电桥,将18Ω电阻作开路处理得到图2-19(b);进一步等效变换过程如图2-19(c)所示。

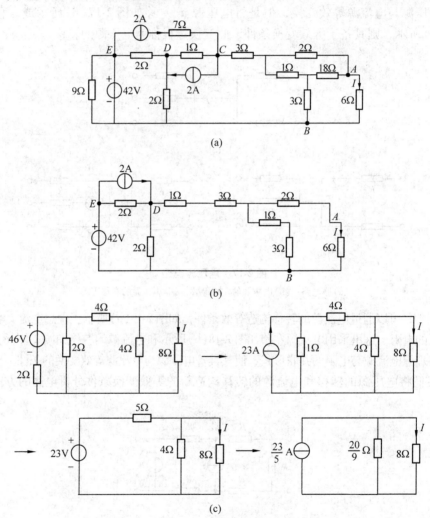

(a)

(b)

(c)

图2-19　例2-9图

根据图2-19(c)的等效变换结果得

$$I = \frac{\frac{20}{9}}{\frac{20}{9}+8} \times \frac{23}{5} = \frac{20}{92} \times \frac{23}{5} = 1\,\text{A}$$

【例2-10】 将图2-20(a)所示电路化成最简形式的电压源等效电路和电流源等效电路。

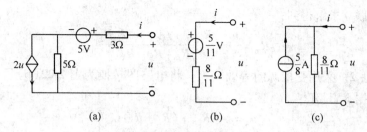

图 2-20 例 2-10 图

解 由 KVL 有

$$u = 3i + 5 + 5(i - 2u)$$

整理后得

$$u = \frac{5}{11} + \frac{8}{11}i \ \text{或} \ i = -\frac{5}{8} + \frac{11}{8}u$$

根据表达式可以得到化简后的 2 种等效电路图，分别如图 2-18(b)、(c)所示。

2.1.5 输入电阻

输入电阻是不含独立源的一端口电阻网络的等效电阻，如图 2-21 所示，可用该网络端口（"端口"并非"端子"，详见第 11 章论述）电压和端电流之比值计算，用 R_{in} 表示，即有 $R_{in} = \dfrac{u}{i}$。

图 2-21 一端口电阻网络

【例 2-11】 求图 2-22(a)所示的 $1 - 1'$ 端口的输入电阻。

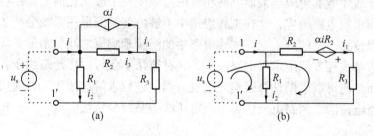

图 2-22 例 2-11 图

解 采用外施激励法。

(1)方法 1。假设端口外加电压源 u_s，在电压源 u_s 的作用下端口电流为 i，电路如图 2-22(a)所示，根据 KVL 有

$$u_s = R_2 i_3 + R_3 i_1$$
$$u_s = R_1 i_2$$

根据 KCL 有

$$i_1 = \alpha i + i_3$$
$$i = \alpha i + i_3 + i_2 = i_1 + i_2$$

将上式联立求解得到：

$$R_{in} = \frac{u_s}{i} = \frac{R_1 R_3 + (1 - \alpha) R_1 R_2}{R_1 + R_2 + R_3}$$

（2）方法2。采用受控源的等效变换，将电路图转换为图2-22（b）所示，选择图示回路，根据 KVL 有

$$u_s = -\alpha R_2 i + (R_2 + R_3) i_1$$
$$u_s = R_1 i_2$$
$$i = i_1 + i_2$$

整理后有

$$u_s \left(1 + \frac{R_2 R_3}{R_1} \right) = i (R_2 + R_3 - \alpha R_2)$$

求解得到：

$$R_{in} = \frac{u_s}{i} = \frac{R_2 + R_3 - \alpha R_2}{\dfrac{R_1 + R_2 + R_3}{R_1}} = \frac{R_1 R_3 + (1 - \alpha) R_1 R_2}{R_1 + R_2 + R_3}$$

由本例可知，采用电源等效变换的方法可以简化计算。

2.2 电阻电路的一般分析

2.1 节介绍的电阻电路的等效变换方法适用于简单电路的分析求解，而对于工程实际中的复杂电路，通常采用系统分析法来研究。这是因为采用等效变换法来求取电路响应时，没有一个一般性的方法步骤可以遵循，而是要根据所给定的特定的电路结构和元件性质才能确定应当采取哪些相应的等效变换手段来化简电路结构、求取等效参数，进而求取电路响应，这在工程应用中不够方便。而采用系统分析法来求取电路响应，可以按照一定的规则建立描述电路中的激励和响应之间关系的系统方程式，并通过联立求解线性方程组求得电路响应，这种方法不仅可以广泛适用于各种结构类型的电路，而且还可以借助计算机建立系统方程并进行求解，便于工程应用。本节将重点介绍支路电流法、回路电流法、节点电压法等系统分析法。

2.2.1 支路电流法

支路电路法的思想是以电路中的各支路电流作为一组独立的电路变量，直接根据网络约束 KCL、KVL，建立描述电路过程的线性方程组来联立求解。

根据前面对独立节点和独立回路的分析知道，对于一个具有 n 个节点 b 条支路的电路，可以列写 $n-1$ 个独立的 KCL 方程，列写 $b-n+1$ 个独立的 KVL 方程，联立后恰好为 b 个方程，而这里以支路电流为变量，方程数恰好等于变量数，因此变量可求解。值得注意的是这里的 KVL 是列写关于支路电压的方程，需要利用元件的电压、电流、电阻的关系（即 VCR 关系）将支路电压方程变为支路电流方程。

下面分析图 2-23（a）所示电路。将电压源和电阻的串联作为一条支路处理，其节点数 $n=4$，支路数 $b=6$。电路的图如 2-21（b）所示，选择 3 个网孔列写 KVL 方程，循行方向如图所示，选择节点①②③列写 KCL 方程。已知电压源电压 u_{s1}、u_{s3}、u_{s5}、u_{s6} 和电阻 $R_1 \sim R_6$，求各支路电流 $i_1 \sim i_6$。

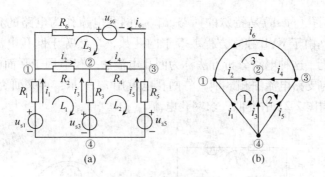

图 2-23 支路电流法

步骤 1：建立 KCL 方程。预先任选各支路电流参考方向，流入节点取负，流出节点取正。

节点①：$-i_1 - i_6 + i_2 = 0$

节点②：$-i_2 - i_3 - i_4 = 0$

节点③：$i_4 - i_5 + i_6 = 0$

步骤 2：建立 KVL 方程。支路电压与支路电流选择关联参考方向，若某支路电压的参考方向与其所在回路的循行方向一致，则该支路电压在 KVL 方程中取正，反之取负。

回路 1：$u_1 + u_2 - u_3 = 0$

回路 2：$u_3 - u_4 - u_5 = 0$

回路 3：$-u_6 + u_4 - u_2 = 0$

步骤 3：用确定的支路 VCR 关系，将步骤 2 中 KVL 方程的电压关系表示成支路电流关系。

$$i_1 R_1 - u_{s1} + i_2 R_2 - i_3 R_3 + u_{s3} = 0$$
$$i_3 R_3 - u_{s3} - i_4 R_4 - i_5 R_5 + u_{s5} = 0$$
$$-i_6 R_6 + u_{s6} + i_4 R_4 - i_2 R_2 = 0$$

联立步骤 1 和步骤 3 中的 6 个方程，即可求解出直流电流 $i_1 \sim i_6$，同时也可以根据步骤 2 再进一步求出各支路电压 $u_1 \sim u_6$。可见支路电路法的特点是直观、明了，但是当电路中的支路数 b 较大时，则方程组阶数较高，不利于求解，这个特点使得支路电流法在工程中的应用受到了限制。

如果所分析的电路中存在电流源和电阻并联的情况，可以通过电压源和电流源等效变换的方法进行处理。如果电路在某一支路中仅含有电流源而没有与其并联的电阻，则称该支路为无伴电流源支路，这时将无法写出支路电压与电流之间的关系式，因此不能直接用支路电流法加以分析，需要借助其他的分析方法，我们将在后面内容的分析中作详细介绍。

2.2.2　回路电流法

2.2.2.1　网孔电流法

我们知道网孔(mesh)是特殊的回路,仅以网孔电流作为电路的独立变量,列写 KVL 方程求解,由于 KVL 独立方程数等于网孔数,自然等于网孔电流数,因此足以解出各网孔电流。这种电路分析方法称为网孔电流法,仅适用于平面电路的分析。

这里为了与支路电流法相区别,将网孔电流用 i_m 表示,再来研究图 2-24 所示电路,已知条件同图 2-21 中类似,求网孔电流 i_{m1} , i_{m2} , i_{m3} 。

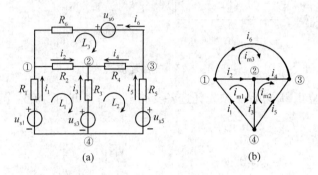

图 2-24　网孔电流法

注意网孔电流是假想出来的仅沿网孔连续流动的电流,而各支路电流是由相关的网孔电流流经该支路时叠加生成的。因此容易写出支路电流与网孔电流之间的关系如下:

$$i_1 = i_{m1} , \ i_2 = i_{m1} - i_{m3} , \ i_3 = i_{m2} - i_{m1} , \ i_4 = i_{m3} - i_{m2} , \ i_5 = -i_{m2} , \ i_6 = -i_{m3}$$

由节点建立 KCL 方程得

$$节点① : \ -i_1 - i_6 + i_2 = 0$$
$$节点② : \ -i_2 - i_3 - i_4 = 0$$
$$节点③ : \ i_4 - i_5 + i_6 = 0$$

代入网孔电流后,均使得等式成为 $0 = 0$ 的恒等式,因此能够得知网孔电流自然满足 KCL 约束条件。在建立以网孔电流为独立电路变量的系统方程时,可以省略 $n-1$ 个独立节点的 KCL 方程,而只需要列写 $l = b - n + 1$ 个独立网孔回路上的 KVL 方程来作为求取独立变量的系统方程。与支路电流法相比较,采用网孔电流法时可使线性方程组内的方程个数减少 $n-1$ 个,因此更便于方程组的求解。

以网孔电流建立 KVL 方程有

$$i_{m1}R_1 + (i_{m1} - i_{m3})R_2 + (i_{m1} - i_{m2})R_3 + u_{s3} - u_{s1} = 0$$
$$(i_{m2} - i_{m1})R_3 - (i_{m3} - i_{m2})R_4 + i_{m2}R_5 + u_{s5} - u_{s3} = 0$$
$$i_{m3}R_6 + u_{s6} + (i_{m3} - i_{m2})R_4 - (i_{m1} - i_{m3})R_2 = 0$$

整理后得到网孔电流方程:

$$i_{m1}(R_1 + R_2 + R_3) - i_{m2}R_3 - i_{m3}R_2 = u_{s1} - u_{s3}$$
$$-i_{m1}R_3 + i_{m2}(R_3 + R_4 + R_5) - i_{m3}R_4 = u_{s3} - u_{s5}$$
$$-i_{m1}R_2 - i_{m2}R_4 + i_{m3}(R_2 + R_4 + R_6) = -u_{s6}$$

将方程写成矩阵形式为

$$
\begin{bmatrix}
(R_1 + R_2 + R_3) & -R_3 & -R_2 \\
-R_3 & (R_3 + R_4 + R_5) & -R_4 \\
-R_2 & -R_4 & (R_2 + R_4 + R_6)
\end{bmatrix}
\cdot
\begin{bmatrix}
i_{m1} \\ i_{m2} \\ i_{m3}
\end{bmatrix}
=
\begin{bmatrix}
u_{s1} - u_{s3} \\ u_{s3} - u_{s5} \\ -u_{s6}
\end{bmatrix}
$$

$$(2\text{-}26)$$

可见系数阵为对称阵。将对角线上的元素分别用 R_{11}，R_{22}，R_{33} 表示，称为网孔的自阻，即为网孔内各支路中的所有电阻之和，由于将网孔电流方向确定为回路的循行方向列写 KVL 方程，因此网孔自阻恒为正。将 $R_{12} = R_{21} = -R_3$，$R_{13} = R_{31} = -R_2$，$R_{23} = R_{32} = -R_4$ 称为相邻网孔互阻，即两个网孔的共有支路中的电阻，下标数字表示网孔编号，当两个相邻网孔电流在共有电阻上的参考方向一致时取正，反之取负。本例中互阻取负。将等号右侧定义为网孔内所有电压源的代数和，分别用 $u_{s11}\,u_{s22}\,u_{s33}$ 表示，本例中有 $u_{s11} = u_{s1} - u_{s3}$，$u_{s22} = u_{s3} - u_{s5}$，$u_{s33} = -u_{s6}$，原则是当电压源与网孔电流为关联参考方向时取负，为非关联参考方向时取正。

上述方程可以理解为：网孔电流在本网孔内产生的电压与其他网孔电流在本网孔内产生的电压之和等于网孔内所有电压源的代数和，其本质是基尔霍夫电压定律。

本方法可以推广到具有 n 个网孔的平面电路，网孔电流方程的一般形式为

$$
\begin{cases}
R_{11}i_{m1} + R_{12}i_{m2} + R_{13}i_{m3} + \cdots + R_{1n}i_{mn} = u_{s11} \\
R_{21}i_{m1} + R_{22}i_{m2} + R_{23}i_{m3} + \cdots + R_{2n}i_{mn} = u_{s22} \\
\qquad\qquad\vdots \\
R_{n1}i_{m1} + R_{n2}i_{m2} + R_{n3}i_{m3} + \cdots + R_{nn}i_{mn} = u_{snn}
\end{cases}
\qquad (2\text{-}27)
$$

2.2.2.2 基本电路的回路电流法

回路电流与网孔电流一样也是假想出来的，而支路电流是由相关回路电流流经该支路时叠加产生的电流。容易找到回路电流与支路电流的关系，同理可以证明回路电流满足 KCL 约束条件，不同的是回路的选择不受网孔的约束，而更具有一般性。

回路电流法是以一组独立的回路电流作为基本电路变量，则回路电流对各节点的 KCL 方程自然满足。对于 n 个节点 b 条支路的电路可省去 $n-1$ 个 KCL 方程，只需对网络建立 $b - n + 1$ 个 KVL 方程，方程数等于独立回路数，自然等于回路电流数，因此可以求解。网孔电流法仅适用于平面电路，而回路电流法不仅适用于平面电路，同时还适用于非平面电路。

这里的基本电路，是指回路中不含无伴电流源和受控源。对于这样的电路我们通常选取网孔作为独立回路，这样列写的回路电流方程与网孔电流方程相同，只是基本变量由网孔电流 i_m 变为回路电流 i_L，因此对于具有 n 个独立回路的电路，回路电流方程的一般形式为

$$\begin{cases} R_{11}i_{L1} + R_{12}i_{L2} + R_{13}i_{L3} + \cdots + R_{1n}i_{Ln} = u_{s11} \\ R_{21}i_{L1} + R_{22}i_{L2} + R_{23}i_{L3} + \cdots + R_{2n}i_{Ln} = u_{s22} \\ \qquad\qquad\qquad \vdots \\ R_{n1}i_{L1} + R_{n2}i_{L2} + R_{n3}i_{L3} + \cdots + R_{nn}i_{Ln} = u_{snn} \end{cases} \tag{2-28}$$

用 R_{11}，R_{22}，R_{33}，$\cdots$，R_{nn} 表示回路自阻，即为回路内全部支路中的电阻之和，由于将回路电流方向确定为回路的循行方向列写 KVL 方程，因此回路自阻恒为正。将 $R_{ij} = R_{ji}(i=1，2，\cdots，n，j=1，2，\cdots，n，i \neq j)$ 称为回路互阻，即两个相邻回路共有支路中的电阻，下标数字表示回路编号，当两个回路电流在共有电阻上的参考方向一致时取正，反之取负。用 u_{s11}，u_{s22}，u_{s33}，$\cdots$，u_{snn} 表示回路内所有电压源的代数和，电压源的正负确定原则是当电压源电压的参考方向与回路电流为关联参考方向时取负，为非关联参考方向时取正。

2.2.2.3 含无伴电流源支路的回路电流法

如果在所分析的电路中存在电流源和电阻相并联的支路，则可以用电源等效变换的方法将其变换成电压源和电阻串联支路，这类问题可以用基本电路的回路电流法进行处理。但如果电路中存在着无伴电流源支路，因为无伴电流源支路的支路电压是由电流源支路所连接的外部支路决定，属于未确定量，因此无法直接建立 KVL 方程，如图 2-25 所示。这类问题通常不选取

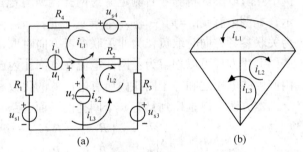

图 2-25 回路电路法的引入参变量法

网孔作为独立回路，处理办法有 2 种：一是引入参变量法，二是避开法。下面分别用这 2 种方法来分析图 2-25 所示电路。

1. 引入参变量法

回路选取如图 2-25 所示，回路电流方向确定，已知电压源电压 u_{s1}，u_{s3}，u_{s4}，电流源电流 i_{s1}，i_{s2} 和电阻 R_1，R_2，R_3，R_4，求各回路电流 i_{L1}，i_{L2}，i_{L3}。

引入参变量法的思想是引入新增变量，此例即无伴电流源支路的支路电压 u_1 和 u_2，来作为新增变量或称参考变量，与独立回路电流变量相区别。利用引入的新增变量可以对 $l = b - n + 1$ 个独立回路列写 KVL 方程，但在该组方程中，除包含有 $l = b - n + 1$ 个独立回路电流变量外还增加了 2 个参考变量，需要增补 2 个独立方程才能求解，增补方程是将无伴电流源支路的电流用回路电流变量线性表示。因为增补方程的本质是 KCL，可以保证增补方程与上述 KVL 方程是线性无关的，或者说是独立的。

用引入参变量法求解的回路电流方程为

$$(R_2 + R_4)i_{L1} + R_2 i_{L2} - R_2 i_{L3} = u_1 + u_{s4}$$

$$R_2 i_{L1} + (R_2 + R_3) i_{L2} - (R_2 + R_3) i_{L3} = u_2 - u_{s3}$$
$$-R_2 i_{L1} - (R_2 + R_3) i_{L2} + (R_1 + R_2 + R_3) i_{L3} = u_{s3} - u_{s1} - u_1$$

增补方程为

$$i_{s1} = i_{L1} - i_{L3}$$
$$i_{s2} = i_{L2}$$

引入参变量法的优点，是引入无伴电流源的端电压作为变量可以直接选择网孔作为独立回路，列写回路电流方程，思路明了清晰，容易掌握。但增加了变量，需要增加方程才能计算求解，使得计算量增加。

2. 避开法

在用引入参变量法列写增补方程的过程中发现，当有且仅有一个回路电流经过无伴电流源时，回路电流就等于无伴电流源电流，这就启发我们可以采用避开法来列写回路电流方程。

避开法列写回路电流方程的思想是适当选择回路，使得无伴电流源支路中仅有一个回路电流流过，则该回路电流等于电流源的电流，那么该回路上的回路电流方程可用一个简化的方程来替代。同理若避开 n 个独立电流源，则可得到 n 个简化的方程式。

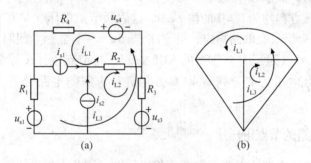

图 2-26　回路电路法的避开法

应用避开法求解电路，回路选取如图 2-26 所示，列写回路电流方程为

$$i_{L1} = i_{s1}$$
$$i_{L2} = i_{s2}$$
$$R_4 i_{L1} - R_3 i_{L2} + (R_1 + R_3 + R_4) i_{L3} = u_{s3} + u_{s4} - u_{s1}$$

可见避开法可以大大简化计算，但需要分析确定独立回路。

2.2.2.4　含受控源支路的回路电流法

受控源在列写回路电流方程时与独立源处理方式相同，但由于受控源存在控制量，通常是支路电流或电压量，为未知量，因此需要针对该控制量列写增补方程，找到控制量与回路电流之间的关系，即将受控源的控制量用回路电流变量线性地表示，作为增补方程式。

【例 2-12】　电路如图 2-27 所示，已知电流源 i_{s1}，电压源 u_{s4}、u_{s5}，以及受控电流源 $r i_2$ 和电阻 $R_1 \sim R_5$，列出回路电流方程。

解　采用避开法，独立回路选取如图 2-27 所示，电路中的独立电流源和受控电流源均不能通过电源等效变换变成电压源的形式。回路电流方程为

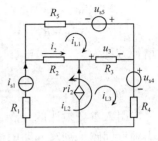

$$(R_2 + R_3 + R_5)i_{L1} + (R_2 + R_3)i_{L2} - R_3 i_{L3} = u_{s5}$$

$$i_{L2} = -i_{s1}$$

$$i_{L3} = ri_2$$

增补方程为

$$i_2 = -i_{L1} - i_{L2}$$

图 2-27　例 2-12 图

2.2.3　节点电压法

若电路中共有 $k+1$ 个节点，先选择任意一个节点作为参考节点并标注为"0"，其他节点用①②③…ⓚ 来标注，称为独立节点，独立节点与参考节点之间的电压分别标注为 u_{n1}, u_{n2}, $\cdots$, u_{nk}，这 k 个电压称为节点电压，节点电压的参考方向选取原则是从独立节点指向参考节点。由于每条支路都连接 2 个节点，因此支路电压可以用节点电压线性表示，如果以节点电压为变量对 $l = b - n + 1$ 个独立回路列写 KVL 方程，可以验证，该方程均为 0 = 0 的恒等式，这表明节点电压变量在独立回路上自然满足 KVL 方程。为了求取电路响应，可省略 $l = b - n + 1$ 个独立回路上的 KVL 方程。对于 $k+1$ 个节点可以列写 k 个独立的 KCL 方程，与节点电压变量数相等，可以求解。将这种以节点电压为变量列写 KCL 方程进行求解的电路分析方法称为节点电压法。

2.2.3.1　基本电路的节点电压法

这里所指的基本电路不含受控源和无伴电压源，因为无伴电压源支路中的电流是未确定量，且不能通过电源的等效变换方法表示成电流源与电阻的并联组合而直接列写 KCL 方程，需要单独按特殊方法处理。

下面用节点电压法分析图 2-28 所示电路，节点标注和电压电流的参考方向如图所示，列写 KCL 方程得到：

$$节点①：i_1 + i_2 + i_4 = i_{s1}$$

$$节点②：i_3 + i_5 - i_2 - i_4 = 0$$

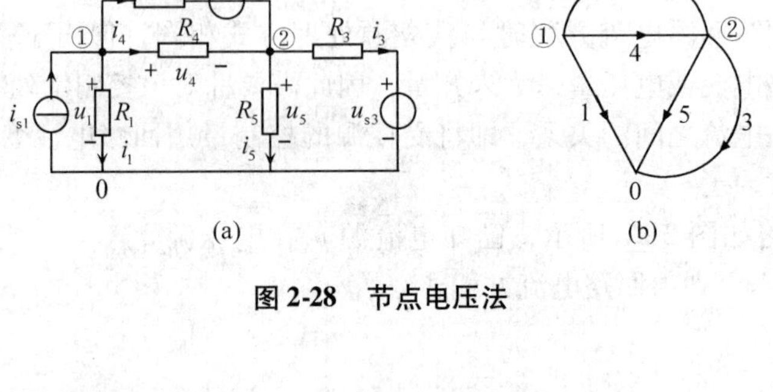

(a)

(b)

图 2-28　节点电压法

应用 VCR 关系，将电流量表示成电压关系得

$$\frac{u_{n1}}{R_1} + \frac{u_{n1} - u_{n2} + u_{s2}}{R_2} + \frac{u_{n1} - u_{n2}}{R_4} = i_{s1}$$

$$\frac{u_{n2} - u_{s3}}{R_3} + \frac{u_{n2}}{R_5} - \frac{u_{n1} - u_{n2}}{R_4} - \frac{u_{n1} - u_{n2} + u_{s2}}{R_2} = 0$$

整理得

$$\left(\frac{1}{R_1} + \frac{1}{R_2} + \frac{1}{R_4}\right)u_{n1} - \left(\frac{1}{R_2} + \frac{1}{R_4}\right)u_{n2} = i_{s1} - \frac{u_{s2}}{R_2}$$

$$-\left(\frac{1}{R_2} + \frac{1}{R_4}\right)u_{n1} + \left(\frac{1}{R_2} + \frac{1}{R_3} + \frac{1}{R_4} + \frac{1}{R_5}\right)u_{n2} = \frac{u_{s2}}{R_2} + \frac{u_{s3}}{R_3}$$

写成矩阵的形式为

$$\begin{bmatrix} \left(\dfrac{1}{R_1} + \dfrac{1}{R_2} + \dfrac{1}{R_4}\right) & -\left(\dfrac{1}{R_2} + \dfrac{1}{R_4}\right) \\ -\left(\dfrac{1}{R_2} + \dfrac{1}{R_4}\right) & \left(\dfrac{1}{R_2} + \dfrac{1}{R_3} + \dfrac{1}{R_4} + \dfrac{1}{R_5}\right) \end{bmatrix} \cdot \begin{bmatrix} u_{n1} \\ u_{n2} \end{bmatrix} = \begin{bmatrix} i_{s1} - \dfrac{u_{s2}}{R_2} \\ \dfrac{u_{s2}}{R_2} + \dfrac{u_{s3}}{R_3} \end{bmatrix} \qquad (2\text{-}29)$$

式(2-29)为以节点电压为变量的节点电压方程的矩阵形式，可以看出系数阵为对称阵。将对角线上的元素分别用 G_{11}、G_{22} 表示，根据图 2-28 可以看出它们分别是与节点①和节点②直接连接支路中的电导之和，称为该节点的自电导，自电导恒为正。令 $G_{12} = G_{21} = -\left(\dfrac{1}{R_2} + \dfrac{1}{R_4}\right)$，为相邻节点间支路中的电导之和，称为两相邻节点的互电导，互电导恒为负。式(2-29)的等号右侧分别表示流入节点①和节点②的等效电流源的代数和，这里包括电压源和电阻串联等效变换成电流源的电流；分别用 i_{s11} 和 i_{s22} 表示电流源的电流，流入节点取正，流出取负。则上述节点电压方程可以简写成

$$G_{11}u_{n1} + G_{12}u_{n2} = i_{s11}$$
$$G_{21}u_{n1} + G_{22}u_{n2} = i_{s22}$$

不难推广到具有 $k+1$ 个节点的电路，其节点电压方程的一般形式为

$$\begin{cases} G_{11}u_{n1} + G_{12}u_{n2} + G_{13}u_{n3} + \cdots + G_{1k}u_{nk} = i_{s11} \\ G_{21}u_{n1} + G_{22}u_{n2} + G_{23}u_{n3} + \cdots + G_{2k}u_{nk} = i_{s22} \\ \qquad\qquad\qquad\vdots \\ G_{k1}u_{n1} + G_{k2}u_{n2} + G_{k3}u_{n3} + \cdots + G_{kk}u_{nk} = i_{skk} \end{cases} \qquad (2\text{-}30)$$

2.2.3.2　含无伴电压源的节点电压法

节点电压方程的本质是列写 KCL 方程，等号两侧均为电流量，等号右侧为支路电流源流入节点的电流代数和。当支路中存在无伴电压源时，则不能通过电源的等效变换写成电流形式，因此不能直接代入式(2-30)进行分析求解，下面针对这类问题进行分析。

1. 仅含有一个无伴电压源

电路如图 2-29 所示，节点选择以及电流的参考方向如图所示。

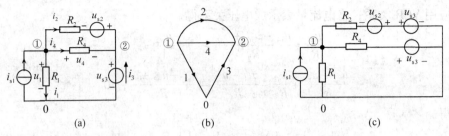

图 2-29   含有一个无伴电压源的节点电压法

（1）引入参变量法。引入参变量法的思想是由于无伴电压源支路的电流为未确定量，不能直接建立 KCL 方程，为此新增变量 i_3 用以表示电压源 u_{s3} 支路上的电流，新增加了变量则对应的方程数也需要增加，增补方程是用节点电压线性地表示无伴电压源支路的电压。这样列写的增补方程本质上是广义回路上的 KVL 方程。可以保证与独立节点上的 KCL 方程线性无关，或者说是相互独立的。

引入参变量法的节点电压方程为

$$\text{节点①：}\left(\frac{1}{R_1}+\frac{1}{R_2}+\frac{1}{R_4}\right)u_{n1}-\left(\frac{1}{R_2}+\frac{1}{R_4}\right)u_{n2}=i_{s1}-\frac{u_{s2}}{R_2}$$

$$\text{节点②：}-\left(\frac{1}{R_2}+\frac{1}{R_4}\right)u_{n1}+\left(\frac{1}{R_2}+\frac{1}{R_4}\right)u_{n2}=\frac{u_{s2}}{R_2}+i_3$$

增补方程为

$$u_{n2}=u_{s3}$$

用引入参变量法列写方程思路简单，但是在增加变量的同时需要增补方程，因此增加了电路解方程的计算量。

（2）避开法。通过列写增补方程发现，若选择无伴电压源的负极性端作为参考节点，则电压源正极性端所对应的节点电压等于无伴电压源电压，因此不必列写无伴电压源支路所连接的独立节点的节点电压方程，而是可采用简化方程代替。

避开法的节点电压方程为

$$\text{节点①：}\left(\frac{1}{R_1}+\frac{1}{R_2}+\frac{1}{R_4}\right)u_{n1}-\left(\frac{1}{R_2}+\frac{1}{R_4}\right)u_{n2}=i_{s1}-\frac{u_{s2}}{R_2}$$

$$\text{节点②：}u_{n2}=u_{s3}$$

用避开法可以简化计算量，比较适合仅含有一个无伴电压源的电路分析。

（3）移源法。移源法的思想是通过转移无伴电压源将电路变为基本电路，然后再根据基本电路的节点电压方法进行分析。该方法并不常用，对于分析节点数较少的电路比较有效。

应用移源法后电路如图 2-29（c）所示，仅存在一个节点，列写节点电压方程为

$$\left(\frac{1}{R_1}+\frac{1}{R_2}+\frac{1}{R_4}\right)u_{n1}=i_{s1}+\frac{u_{s3}-u_{s2}}{R_2}+\frac{u_{s3}}{R_4}$$

由图 2-29（a）有

$$u_{n2}=u_{s3}$$

2. 含有多个无伴电压源的节点电压法

含有多个无伴电压源的电路如图 2-30 所示，选择其中一个无伴电压源的负极性端作为参考节点，另一个无伴电压源无法有效应用避开法进行回避，因此选择增加电流变量 i_m。

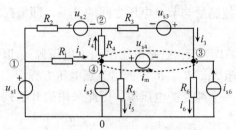

图 2-30　含有多个无伴电压源的节点电压法

（1）引入参变量法。

节点①：$u_{s1} = u_{n1}$

节点②：$-\dfrac{1}{R_2}u_{n1} + \left(\dfrac{1}{R_2} + \dfrac{1}{R_3} + \dfrac{1}{R_4}\right)u_{n2} - \dfrac{1}{R_3}u_{n3} - \dfrac{1}{R_4}u_{n4} = -\dfrac{u_{s2}}{R_2} - \dfrac{u_{s3}}{R_3}$

节点③：$-\dfrac{1}{R_3}u_{n2} + \left(\dfrac{1}{R_3} + \dfrac{1}{R_6}\right)u_{n3} = i_{s6} + i_m + \dfrac{u_{s3}}{R_3}$

节点④：$-\dfrac{1}{R_1}u_{n1} - \dfrac{1}{R_4}u_{n2} + \left(\dfrac{1}{R_1} + \dfrac{1}{R_4} + \dfrac{1}{R_5}\right)u_{n4} = i_{s5} - i_m$

增补方程：$u_{s4} = u_{n4} - u_{n3}$

（2）广义节点法。应用广义节点法列写 KCL 方程时，广义节点通常选择包含无伴电压源所在支路的闭合平面，如图 2-30 中虚线所示。流入广义节点的电流之和等于流出广义节点的电流之和，由于广义节点的存在减少了节点电压方程，因此需要新增方程，该增补方程为用节点电压线性地表示无伴电压源电压。

节点①：$u_{n1} = u_{s1}$

节点②：$-\dfrac{1}{R_2}u_{n1} + \left(\dfrac{1}{R_2} + \dfrac{1}{R_3} + \dfrac{1}{R_4}\right)u_{n2} - \dfrac{1}{R_3}u_{n3} - \dfrac{1}{R_4}u_{n4} = -\dfrac{u_{s2}}{R_2} - \dfrac{u_{s3}}{R_3}$

广义节点：$i_4 - i_1 - i_{s5} + i_5 - i_3 + i_6 - i_{s6} = 0$

广义节点的方程用节点电压表示有

$$\dfrac{u_{n4} - u_{n2}}{R_4} - \dfrac{u_{n1} - u_{n4}}{R_1} - i_{s5} + \dfrac{u_{n4}}{R_5} - \dfrac{u_{n2} - u_{n3} + u_{s3}}{R_3} + \dfrac{u_{n3}}{R_6} - i_{s6} = 0$$

增补方程为

$$u_{s4} = u_{n4} - u_{n3}$$

需要说明的是，采用广义节点法列写节点电压方程时，对于广义节点所列写的 KCL 方程不能按照自电导、互电导、等效电流源的概念得到节点电压方程的标准形式，而应对广义节点列写出 KCL 方程，再将元件约束方程代入上式作变量代换，经过整理后得到, 因此方程式的列写要比独立节点上的节点电压方程困难一些。

2.2.3.3 含有受控源的节点电压法

当电路中存在受控源支路时, 在列写节点电压方程时与独立源处理方式相同, 但由于受控源存在控制量, 通常是支路电流或电压量, 为未知量, 因此需要针对该控制量列写增补方程, 找到控制量与节点电压之间的关系, 即将控制量用节点电压变量线性地表示出来。

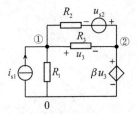

【例 2-13】 电路如图 2-31 所示, 已知电流源 i_{s1}, 电压源 u_{s2} 以及受控电压源 βu_3 和电阻 R_1、R_2、R_3, 列出节点电压方程。

解 由于电路中仅存在一个纯受控电压源, 因此采用避开法列写节点电压方程得

$$节点①: \left(\frac{1}{R_1} + \frac{1}{R_2} + \frac{1}{R_3}\right)u_{n1} - \left(\frac{1}{R_2} + \frac{1}{R_3}\right)u_{n2} = i_{s1} - \frac{u_{s2}}{R_2}$$

$$节点②: u_{n2} = \beta u_3$$

$$增补方程: u_3 = u_{n1} - u_{n2}$$

图 2-31 例 2-13 图

【例 2-14】 电路如图 2-32 所示, 已知电流源 i_{s1}, 电压源 u_{s2} 以及受控电流源 βu_4 和电阻 $R_1 \sim R_4$, 列出节点电压方程。

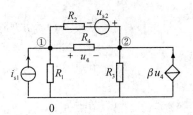

解 本题含有受控电流源 βu_4, 因此需要对控制量 u_4 列写增补方程, 节点电压方程为

$$节点①: \left(\frac{1}{R_1} + \frac{1}{R_2} + \frac{1}{R_4}\right)u_{n1} - \left(\frac{1}{R_2} + \frac{1}{R_4}\right)u_{n2} = i_{s1} - \frac{u_{s2}}{R_2}$$

图 2-32 例 2-14 图

$$节点②: -\left(\frac{1}{R_2} + \frac{1}{R_4}\right)u_{n1} + \left(\frac{1}{R_2} + \frac{1}{R_3} + \frac{1}{R_4}\right)u_{n2} = \frac{u_{s2}}{R_2} + \beta u_4$$

$$增补方程: u_4 = u_{n1} - u_{n2}$$

2.3 含理想运算放大器的电阻电路分析

2.3.1 运算放大器

运算放大器具有可靠性高、使用方便、放大性能好等特点, 是应用最广泛的集成电路, 目前已广泛应用于自动控制、通信、信号变换、信号处理及电源等电子技术的各个领域。由于运算放大器最早主要用于信号运算, 因此延续至今仍被称为集成运算放大器, 简称集成运放或运放。

1. 电路模型

运放通常由输入级、中间级、输出级和偏置电路4部分组成, 其组成框图如图 2-33 所示。

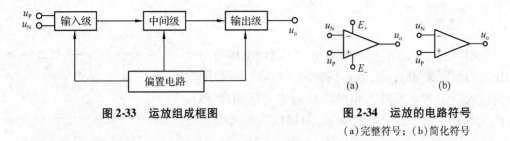

图 2-33 运放组成框图

图 2-34 运放的电路符号
(a)完整符号；(b)简化符号

图 2-34(a)是一个较完整的图形符号,"三角形"表示运放, u_P、 u_N 分别为同相输入端和反相输入端, u_o 为输出端; E_+、 E_- 分别接直流正电源和直流负电源,以维持运放内部晶体管正常工作。这里 u_P、 u_N、 u_o 等均以"地"为公共端。为简化起见,一般用图 2-34(b)的符号表示运放。

2. 电压传输特性

运放的输出电压与输入电压之间的关系可以用图 2-35所示的曲线近似描述,这个关系称为电压传输特性。由图可见:

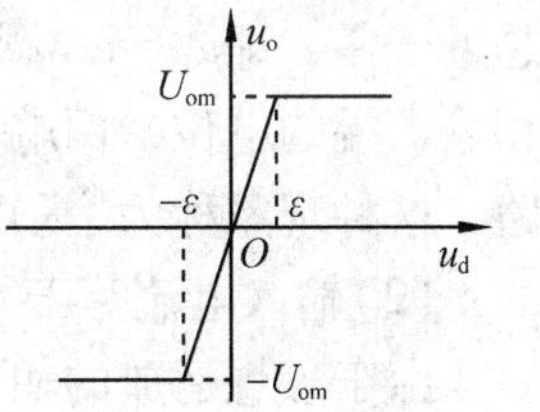

(1)在一个很小的范围内($-\varepsilon \leqslant u_d \leqslant \varepsilon$),运放的输出电压与两个输入电压的差值成比例关系,可以用通过原点的一条直线描述,即

$$u_o = A(u_P - u_N) = Au_d \qquad (2\text{-}31)$$

图 2-35 运放的电压
传输特性

式中, A 为运放的开环电压放大倍数; u_d 为运放的差模输入电压, $u_d = u_P - u_N$。

这个区域称为线性工作区。由于 A 的数值很大,所以这条直线很陡,线性工作区的范围很小。如果差模输入电压幅度超过一定值,则运放的工作范围将超出线性工作区而进入非线性区,此时运放的输出、输入信号之间将不再是线性关系。为了保证运放能够稳定地工作在线性区,一般情况下必须在电路中引入深度负反馈(将输出量的部分或全部通过一定的方式引回到输入端)。

如果同相输入端接地,即 $u_P = 0V$,输入电压接在反相输入端和地之间,则有

$$u_o = -Au_N$$

说明输出电压与输入电压的极性是相反的,实现了反相关系。

如果反相输入端接地,即 $u_N = 0V$,输入电压接在同相输入端和地之间,则有

$$u_o = Au_P$$

说明输出电压与输入电压的极性是相同的,实现了同相关系。

(2)当 $|u_d| > \varepsilon$ 时,输出电压 u_o 趋于饱和,图中用 $\pm U_{om}$ 表示,这个电压接近于外加电源的电压值。这个区域称为非线性工作区。

本节只讨论运放的线性工作区,其余更多内容将在后续课程学习。

3. 电路模型

图 2-36 给出了运放的电路模型。其中电压控制电压源的电压为 Au_d；R_{in} 为运放的输入电阻，一般运放的输入电阻为几兆欧，MOS 集成运放可达到 $10^6 M\Omega$；R_o 为输出电阻，这个阻值很小，可以认为 $R_o \ll R_{in}$。

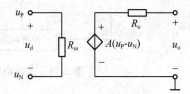

4. 理想特性

图 2-36 运放的电路模型

在分析运放的各种应用电路时，常将运放看成是理想运放。所谓理想运放就是将运放的各项技术指标理想化，即认为运放的各项指标为：开环电压放大倍数 $A = \infty$；输入电阻 $R_{in} = \infty$；输出电阻 $R_o = 0$。理想运放在线性工作区具有以下 2 个特性。

（1）差模输入电压等于零，即"虚短"

理想运放的 $A_{od} \to \infty$，而输出电压为有限值，可知运放的差模输入电压为很小，趋近于零，即 $u_P \approx u_N$（或写成 $u_+ \approx u_-$）。表明理想运放同相输入端的电位近似等于反相输入端的电位，两端如同短路一样。即两输入端之间接近于短路而又不是真正的短路，这种现象称为"虚短"。

（2）输入电流等于零，即"虚断"

由于理想运放的输入电阻 $R_{in} \to \infty$，所以两个输入端流过的电流很小，趋近于零，即 $i_P = i_N \approx 0$（或写成 $i_+ = i_- = 0$），此时，理想运放的输入端接近于断路但又不是真正的断路，这种现象称为"虚断"。

"虚短"和"虚断"是理想运放工作在线性区的两个重要特点，是分析运放线性应用电路的基础。

当然，由于实际运放 A、R_{in} 不可能是无穷大，因此 u_+、u_- 不可能完全相等，i_+、i_- 也不可能完全等于零。但当 A、R_{in} 足够大时，把实际运放看成是理想运放所带来的误差在工程上是允许忽略的。

2.3.2 比例电路分析

1. 反相比例电路

反相比例运算电路如图 2-37 所示，输入信号 u_i 经电阻 R_1 加在运放的反相输入端，运放的同相输入端接地，输出电压 u_o 经 R_f 引回到反相输入端反馈电路。

可以利用理想运放工作在线性区时"虚短"和"虚断"的特点对本电路进行分析。由于运放的净输入电压和净输入电流均为零，即 $u_P = 0$。根据"虚短"的特点可知，$u_P = u_N = 0$，称反相输入端为"虚地"。

根据"虚断"的特点可知，$i_P = i_N = 0$，故 $i_i = i_f$，即

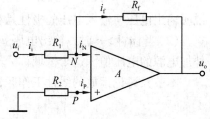

图 2-37 反相比例电路

$$\frac{u_i}{R_1} = \frac{-u_o}{R_f}$$

则输出电压与输入电压的关系为

$$\frac{u_o}{u_i} = -\frac{R_f}{R_1} \tag{2-32}$$

也可以采用节点电压法分析。对节点 P、N 列节点电压方程，有

$$\left(\frac{1}{R_1} + \frac{1}{R_{in}} + \frac{1}{R_f}\right)u_N - \frac{1}{R_f}u_o = \frac{u_i}{R_1}$$

$$-\frac{1}{R_f}u_N + \left(\frac{1}{R_f} + \frac{1}{R_o}\right)u_o = -\frac{Au_d}{R_o}$$

将 $u_d = -u_N$ 代入上式并联立求解方程，整理后可得

$$\frac{u_o}{u_i} = -\frac{R_f}{R_1} \cdot \cfrac{1}{1 + \cfrac{\left(1 + \cfrac{R_o}{R_f}\right)\left(1 + \cfrac{R_f}{R_1} + \cfrac{R_f}{R_{in}}\right)}{A - \cfrac{R_o}{R_f}}} \tag{2-33}$$

把 $A = \infty$，$R_{in} = \infty$，$R_o = 0$ 代入上式，可得

$$\frac{u_o}{u_i} = -\frac{R_f}{R_1} \tag{2-34}$$

可见，该电路输出电压和输入电压实现了反相关系。当选择 $R_f = R_1$ 时，则有 $u_o = -u_i$，称为反相器。

2. 同相比例电路

如果信号加在运放的同相输入端，则为同相比例运算电路，如图 2-38 所示。

根据"虚短"和"虚断"的特点可知，净输入电压为零，故 $u_P = u_N = u_i$。

净输入电流为零，故 $i_P = i_N = 0$，由电路可知，$i_1 = i_f$，即

$$\frac{u_N - 0}{R_1} = \frac{u_o - u_N}{R_f}$$

可得输出电压与输入电压之间的关系为

$$u_o = \left(1 + \frac{R_f}{R_1}\right)u_i \tag{2-35}$$

当 $R_f = 0$ 时，同相比例运算电路的比例系数等于 1，即 $u_o = u_i$，称为电压跟随器，

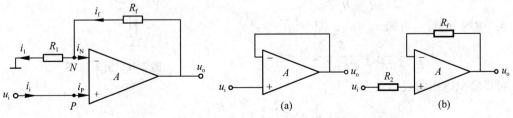

图 2-38 同相比例电路　　　　　　　　　　　**图 2-39 电压跟随器**

其电路如图2-39(a)所示。图2-39(b)中电阻 R_f 对电路有一定的限流保护作用，要求 $R_2 = R_f$。此时电路的输出电压与输入电压不仅幅值相等，而且相位也相同，但输入电阻很高，输出电阻很低，常作为多级电路的输入级和中间缓冲级。

2.3.3 含理想运算放大器的电阻电路分析

【**例2-15**】 电路如图2-40所示，A为理想运放，试求输出电压 u_o 与输入电压 u_i 的运算关系。

解 根据"虚短"的特点可知， $u_N = u_P = 0$ ，即电路存在"虚地"。

根据"虚断"的特点，可得

$$i_1 = i_2$$

即

$$\frac{u_i}{R_1} = -\frac{u_B}{R_2}$$

则有

$$u_B = -\frac{R_2}{R_1}u_i$$

又因

$$i_2 + i_3 = i_4$$

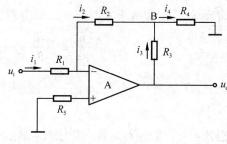

图 2-40 例 2-15 图

$$-\frac{u_B}{R_2} + \frac{u_o - u_B}{R_3} = \frac{u_B}{R_4}$$

将 $u_B = -\dfrac{R_2}{R_1}u_i$ 代入上式，可得

$$\frac{u_o}{R_1} + \frac{u_o}{R_3} + \frac{R_2 u_i}{R_1 R_3} = -\frac{R_2 u_i}{R_1 R_4}$$

求得输出电压与输入电压的运算关系为

$$u_o = -\left(\frac{R_3}{R_1} + \frac{R_2}{R_1} + \frac{R_2 R_3}{R_1 R_4}\right)u_i$$

【**例2-16**】 电路如图2-41所示，运放为理想运放，试列出输出电压 u_o 的表达式。

解 在图2-41电路中有

$$u_P = \frac{R_2}{R_1 + R_2}u_i$$

$$u_N = \frac{R_3}{R_3 + R_f}u_o$$

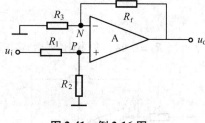

图 2-41 例 2-16 图

由"虚短"的特点可知 $u_P = u_N$ ，即

$$\frac{R_2}{R_1 + R_2}u_i = \frac{R_3}{R_3 + R_f}u_o$$

可得输出电压的表达式为

$$u_o = \frac{R_2}{R_1 + R_2}\left(1 + \frac{R_f}{R_3}\right)u_i$$

习　题

题 2 – 1. 求如图题 2-1 图所示电路中的等效电阻 R_{ab}。

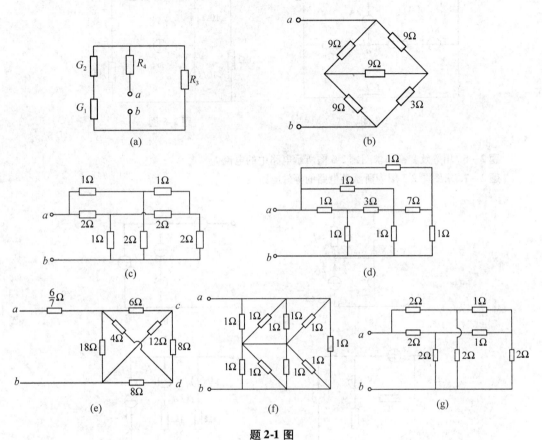

题 2-1 图

题 2 – 2. 电路如图 2-2 所示，已知 $u_{s1} = 20\text{V}$，$u_{s5} = 30\text{V}$，$i_{s2} = 8\text{A}$，$i_{s4} = 17\text{A}$，$R_1 = 5\Omega$，$R_3 = 10\Omega$，$R_5 = 10\Omega$。试利用电源的等效变换求电压 u_{ab}。

题 2 – 3. 用等效变换法求如图题 2-3 图所示电路中的电流 I_0。

题 2 – 4. 电路如图题 2-4 图所示，已知 $R_1 = R_3 = R_4$，$R_2 = 2R_1$，$u_c = 4R_1 i_1$，试用等效变换法求 u_{ab}。

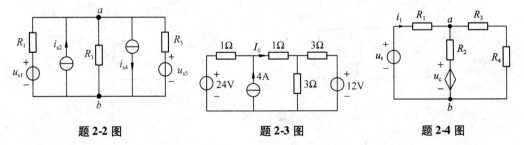

题 2-2 图　　　　　　题 2-3 图　　　　　　题 2-4 图

题 2 – 5. 电路如图题 2-5 图所示，试用等效变换法求电压 U。

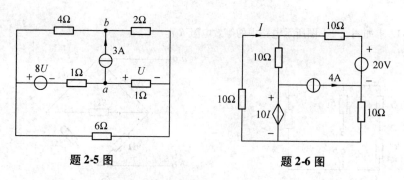

题 2-5 图　　　　　　　　　题 2-6 图

题 2 – 6. 用等效变换法求图题 2-6 图所示电路中的电流 I。

题 2 – 7. 求图题 2-7 图中所示各电路的等效电路。

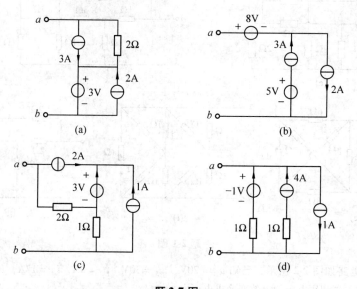

题 2-7 图

题 2 – 8. 求图题 2-8 图中的输入电阻 R_{in}。

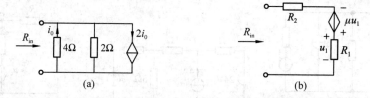

题 2-8 图

题 2 – 9. 用支路电流法求图题 2-9 图中各支路电流。

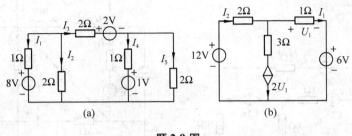

题 2-9 图

题 2 – 10. 用支路电流法求如图题 2-10 图所示电路中的电流 i。

题 2 – 11. 用网孔电流法求图题 2-11 图中各支路电流。

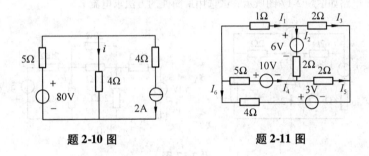

题 2-10 图　　　　题 2-11 图

题 2 – 12. 列写如图题 2-12 图所示电路的网孔电流方程。

题 2 – 13. 电路如题 2-13 图所示，试用网孔电流法求各个支路电流。

题 2 – 14. 用回路法求图题 2-14 图中电路的电流 i_R。

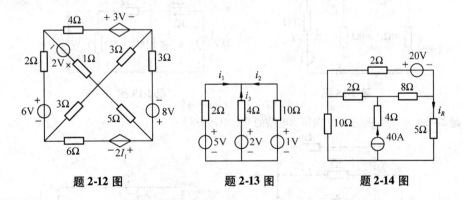

题 2-12 图　　　　题 2-13 图　　　　题 2-14 图

题 2 – 15. 用回路电流法求受控电压源吸收的功率。

题 2 – 16. 用回路电流法求图题 2-16 图中电路 i_1、i_2、i_3、i_4。

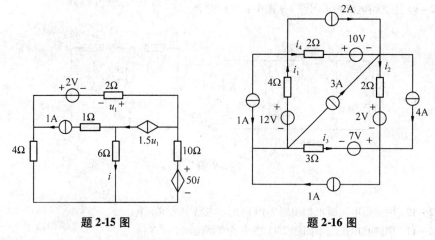

题 2-15 图   题 2-16 图

题 2-17. 电路如图题 2-17 图所示，试选用最简便的方法求电流 i。

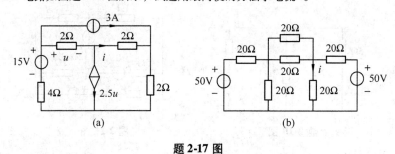

(a)   (b)

题 2-17 图

题 2-18. 用回路法求如所示电路中受控电压源的功率。

题 2-19. 用节点电压法求图中的电流 i。

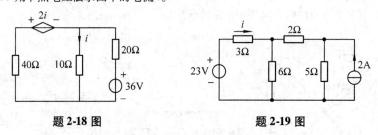

题 2-18 图   题 2-19 图

题 2-20. 列写如图题 2-20 图所示电路的节点电压方程。

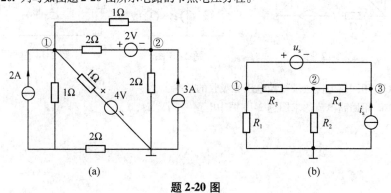

(a)   (b)

题 2-20 图

题 2 – 21. 试用节点电压法求受控电流源吸收的功率。

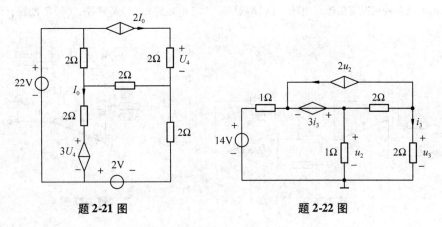

题 2-21 图　　　　　　　　**题 2-22 图**

题 2 – 22. 电路如图题 2-22 图所示，用节点电压法求电压 u_3。

题 2 – 23. 求图题 2-23 图中 2V 电压源和 2A 电流源的功率。

题 2 – 24. 电路如图题 2-24 图所示。

（1）写出输出电压与输入电压的运算关系；

（2）分别求出当输入电压为 0.2V、2V 时的输出电压。

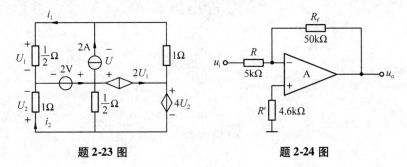

题 2-23 图　　　　　　　　　**题 2-24 图**

题 2 – 25. 题 2-25 图中的电路是由理想运放组成的电路，试求 $u_i = 1V$ 的输出电压 u_o。

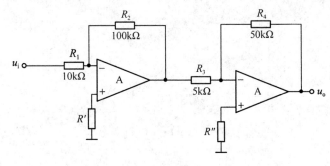

题 2-25 图

题 2 – 26. 由运放组成的高输入电阻的差分放大电路如图题 2-26 图所示，试求输出电压与输入电压的运算关系。

题 2 – 27. 电路如图题 2-27 图所示，运放输出电压的最大幅值为 ±14V，u_i 为 3V 的直流信号。分别求出下列各种情况下的输出电压。(1)R_1 短路；(2)R_2 短路；(3)R_3 短路；(4)R_4 断路；(5)R_4 短路。

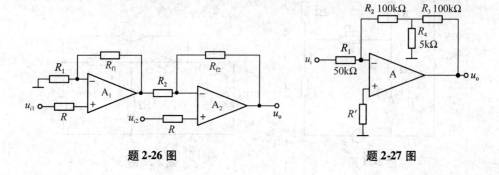

题 2-26 图   题 2-27 图

第 3 章

电路定理

[**本章提要**]

　　本章主要研究电路分析中的重要定理，包括叠加定理（含齐性定理）、替代定理、戴维南定理、诺顿定理、特勒根定理以及互易定理。

　　3.1　叠加定理及应用

　　3.2　替代定理

　　3.3　戴维南定理和诺顿定理

　　*3.4　特勒根定理

　　*3.5　互易定理

3.1　叠加定理及应用

3.1.1　叠加定理

叠加定理是线性电路的一个重要定理，其内容为：在线性电路中，当多个独立源共同作用在电路中时在各支路中产生的电压或电流，等于每个独立源单独作用时在电路相应支路中产生的电压或电流分量的代数和。所谓独立电源单独作用，是指电路中有且仅有一个独立电源作用，其他不工作的独立电流源相当于开路（即不提供支路电流），不工作的独立电压源相当于短路（即不提供支路电压）。

叠加定理的证明如下：

电路如图 3-1 所示，电路中各支路中的响应，由电压源 u_{s2}，u_{s3} 以及电流源 i_{s1} 共同作用产生，下面采用节点电压法进行电路分析。

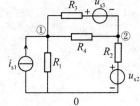

图 3-1　叠加定理证明

节点标注如图 3-1 所示，列写节点电压方程得

节点①：
$$\left(\frac{1}{R_1}+\frac{1}{R_4}+\frac{1}{R_3}\right)u_{n1}-\left(\frac{1}{R_3}+\frac{1}{R_4}\right)u_{n2}=i_{s1}+\frac{u_{s3}}{R_3} \tag{3-1}$$

节点②：
$$-\left(\frac{1}{R_3}+\frac{1}{R_4}\right)u_{n1}+\left(\frac{1}{R_4}+\frac{1}{R_2}+\frac{1}{R_3}\right)u_{n2}=\frac{u_{s2}}{R_2}-\frac{u_{s3}}{R_3} \tag{3-2}$$

令：
$$G_{11}=\frac{1}{R_1}+\frac{1}{R_4}+\frac{1}{R_3}, \quad G_{12}=-\left(\frac{1}{R_3}+\frac{1}{R_4}\right), \quad i_{s11}=i_{s1}+\frac{u_{s3}}{R_3}$$
$$G_{21}=-\left(\frac{1}{R_3}+\frac{1}{R_4}\right), \quad G_{22}=\frac{1}{R_4}+\frac{1}{R_2}+\frac{1}{R_3}, \quad i_{s22}=\frac{u_{s2}}{R_2}-\frac{u_{s3}}{R_3}$$

则上式可写为导纳形式：
$$\begin{cases} G_{11}u_{n1}+G_{12}u_{n2}=i_{s11} & (3\text{-}3) \\ G_{21}u_{n1}+G_{22}u_{n2}=i_{s22} & (3\text{-}4) \end{cases}$$

根据克莱姆法则有

$$u_{n1}=\frac{\begin{vmatrix} i_{s11} & G_{12} \\ i_{s22} & G_{22} \end{vmatrix}}{\begin{vmatrix} G_{11} & G_{12} \\ G_{21} & G_{22} \end{vmatrix}} \qquad u_{n2}=\frac{\begin{vmatrix} G_{11} & i_{s11} \\ G_{21} & i_{s22} \end{vmatrix}}{\begin{vmatrix} G_{11} & G_{12} \\ G_{21} & G_{22} \end{vmatrix}}$$

设 $\Delta=\begin{vmatrix} G_{11} & G_{12} \\ G_{21} & G_{22} \end{vmatrix}=G_{11}G_{22}-G_{12}G_{21}$，则有

$$u_{n1}=\frac{i_{s11}G_{22}-i_{s22}G_{12}}{\Delta} \tag{3-5}$$

令 $\Delta_{11} = G_{22}$，$\Delta_{12} = -G_{12}$，则得

$$u_{n1} = \frac{\Delta_{11}}{\Delta} i_{s11} + \frac{\Delta_{12}}{\Delta} i_{s22} = \frac{\Delta_{11}}{\Delta}\left(i_{s1} + \frac{u_{s3}}{R_3}\right) + \frac{\Delta_{12}}{\Delta}\left(\frac{u_{s2}}{R_2} - \frac{u_{s3}}{R_3}\right)$$

$$= \frac{\Delta_{11}}{\Delta} i_{s1} + \frac{\Delta_{12}}{\Delta \cdot R_2} u_{s2} + \left(\frac{\Delta_{11} - \Delta_{12}}{\Delta \cdot R_3}\right) u_{s3} = a_1 i_{s1} + b_1 u_{s2} + c_1 u_{s3} \tag{3-6}$$

式中，$a_1 = \dfrac{\Delta_{11}}{\Delta}$，$b_1 = \dfrac{\Delta_{12}}{\Delta \cdot R_2}$，$c_1 = \dfrac{\Delta_{11} - \Delta_{12}}{\Delta \cdot R_3}$，可见 a_1，b_1，c_1 为电阻的线性组合，其值为实数。因此节点电压 u_{n1} 可由电压源 u_{s2}，u_{s3} 以及电流源 i_{s1} 的线性组合表示，即

$u_{n1} = u'_{n1} + u''_{n1} + u'''_{n1}$，其中 $u'_{n1} = a_1 i_{s1}$，$u''_{n1} = b_1 u_{s2}$，$u'''_{n1} = c_1 u_{s3}$。

同理可得：$u_{n2} = a_2 i_{s1} + b_2 u_{s2} + c_2 u_{s3}$，叠加定理证明完毕。

【**例 3-1**】　电路如图 3-2(a)所示，已知电压源 $u_{s1} = 10\text{V}$，$i_s = 4\text{A}$，$R_1 = 6\Omega$，$R_2 = 4\Omega$，应用叠加定理求 i_1，i_2。

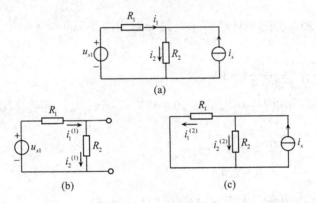

图 3-2　例 3-1 图

解　应用叠加定理，可将图 3-2(a)所示电路分解为图 3-2(b)、(c)所示的独立电源作用电路的叠加。据此可得

$$i_1^{(1)} = i_2^{(1)} = \frac{u_{s1}}{R_1 + R_2} = 1\text{A}$$

$$i_1^{(2)} = \frac{\frac{1}{R_1}}{\frac{1}{R_1} + \frac{1}{R_2}} i_s = \frac{R_2}{R_1 + R_2} i_s = \frac{4}{4+6} \times 4\text{A} = 1.6\text{A}$$

$$i_2^{(2)} = \frac{\frac{1}{R_2}}{\frac{1}{R_1} + \frac{1}{R_2}} i_s = \frac{R_1}{R_1 + R_2} i_s = \frac{6}{4+6} \times 4\text{A} = 2.4\text{A}$$

$$i_1 = i_1^{(1)} - i_1^{(2)} = (1 - 1.6)\text{A} = -0.6\text{A}$$

$$i_2 = i_2^{(1)} + i_2^{(2)} = (1 + 2.4)\text{A} = 3.4\text{A}$$

【例3-2】　电路如图3-3(a)所示，用叠加定理求 u_3。

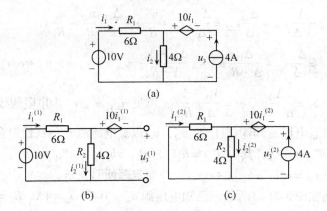

图3-3　例3-2图

应用叠加定理，将图3-3(a)所示电路分解为图3-3(b)、(c)电路的叠加。据此可得

解

$$i_1^{(1)} = i_2^{(1)} = \frac{10}{6+4}\text{A} = 1\text{A}$$

$$u_3^{(1)} = -10i_1^{(1)} + 4i_2^{(1)} = (-10+4)\text{V} = -6\text{V}$$

$$i_1^{(2)} = -\frac{4}{4+6} \times 4\text{A} = -1.6\text{A}$$

$$i_2^{(2)} = \frac{6}{6+4} \times 4\text{A} = 2.4\text{A}$$

$$u_3^{(2)} = -10i_1^{(2)} + 4i_2^{(2)} = (16+9.6)\text{V} = 25.6\text{V}$$

$$u_3 = u_3^{(1)} + u_3^{(2)} = (-6+25.6)\text{V} = 19.6\text{V}$$

3.1.2　齐性定理

齐性定理所阐述的内容是叠加定理的应用，其内容是：在有且仅有一个独立源作用的线性电路中，当独立源施加的激励增大 k 倍时，其相应的响应也随之增大 k 倍；在多个独立源作用的线性电路中，当多个独立源施加的激励同时增加 k 倍时，相应的响应才随之增加 k 倍。

齐性定理是可以根据上述叠加定理证明得出的表达式进行证明的，这里不再赘述。

下面通过例题进一步理解齐性定理与叠加定理。

【例3-3】　电路如图3-4所示，电阻参数均已知，试求电流 I。

解　用倒退法来求解"梯形电路"。首先在末端任设一支路的电压或电流，本例中设电流 $I' = 1\text{A}$，则有

$$U'_{DO} = (1+1) \times 1\text{V} = 2\text{V}, \quad I_1' = \frac{U'_{DO}}{2} = 1\text{A}, \quad I_2' = I_1' + I' = 2\text{A}$$

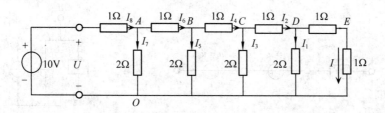

图3-4 例3-3图

$$U'_{CO} = 1 \times I_2' + 2 \times I_1' = 4V, \quad I_3' = \frac{U'_{CO}}{2} = 2A, \quad I_4' = I_2' + I_3' = 4A$$

$$U'_{BO} = 1 \times I_4' + 2 \times I_3' = 8V, \quad I_5' = \frac{U'_{BO}}{2} = 4A, \quad I_6' = I_5' + I_4' = 8A$$

$$U'_{AO} = 1 \times I_6' + 2 \times I_5' = 16V, \quad I_7' = \frac{U'_{AO}}{2} = 8A, \quad I_8' = I_6' + I_7' = 16A$$

可得：$U' = 1 \times I_8' + 2 \times I_7' = 32V$。

设 $K = \dfrac{U_S}{U'} = \dfrac{10}{32}$，则可计算得到：当 $U = 10V$ 时，$I = KI' = \dfrac{10}{32} \times 1A = \dfrac{10}{32}A = \dfrac{5}{16}A$。

【例3-4】 电路如图 3-5 所示，已知当 $u_{s1} = 10V$，$u_{s2} = 5V$ 时，$u = 25V$；当 $u_{s1} = 4V$，$u_{s2} = 12V$ 时，$u = 20V$。求当 $u_{s1} = 1V$，$u_{s2} = 1V$ 时，电压 u 的值。

解 设 u_{s1} 单独作用 1V 时产生的响应为 u_1，u_{s2} 单独作用 1V 时产生的响应为 u_2，则有

$$10u_1 + 5u_2 = 25V$$
$$4u_1 + 12u_2 = 20V$$

解得

$$u_1 = 2V, \quad u_2 = 1V$$

因此有

$$u = u_1 + u_2 = 3V$$

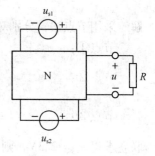

图3-5 例3-4图

3.2 替代定理

替代定理的内容是：在线性或非线性电路中，若已知某支路电压为 u_k，则该支路可以用 $u_s = u_k$ 的电压源来等效替代；若已知某支路电压为 i_k，则该支路可以用 $i_s = i_k$ 的电流源来等效替代。

证明 已知一支路 ab，其支路电压 $u_{ab} = u_k$，若在端口 b 侧串接 2 个大小相等、方向相反的独立电压源，如图 3-6(a)所示，则 $u_{ac} = 0$，相当于短路，$u_{bd} = 0$，也相当于短路，从而得知 u_{ab} 支路可以用 $u_s = u_k$ 的电压源来等效替代。同理，已知一支路 ab，其支路电流为 i_k，若在其两端并联接入 2 个大小相等、方向相反的独立电流源，如图 3-6(b)所示，则原支路与电流源并联后，组成的支路相当于开路，从而得知 ab 支路可以用 $i_s = i_k$ 的电流源来等效替代。

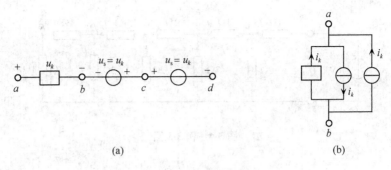

(a)

(b)

图 3-6   替代定理证明

【**例 3-5**】 电路的结构和参数如图 3-7(a)所示，若 $I_x = 0.5A$，试求 R_x。

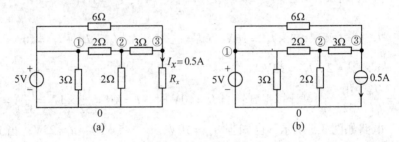

(a)

(b)

图 3-7   例 3-5 图

解   采用节点法，分别对 3 个节点列写方程得到：

节点①：$\qquad\qquad\qquad\qquad u_{n1} = 5V$

节点②：$\qquad -\dfrac{1}{2}u_{n1} + \left(\dfrac{1}{2} + \dfrac{1}{2} + \dfrac{1}{3}\right)u_{n2} - \dfrac{1}{3}u_{n3} = 0$

节点③：$\qquad -\dfrac{1}{6}u_{n1} - \dfrac{1}{3}u_{n2} + \left(\dfrac{1}{3} + \dfrac{1}{6}\right)u_{n3} = -0.5V$

联立求得 $u_{n3} = 2.3V$，则

$$R_x = \frac{2.3V}{0.5A} = 4.6\Omega$$

本例说明：第 k 支路可以是无源的，也可以是有源的，若支路电流 i_k 以及支路电压 u_k 已知，则可以用一个电阻 $R_x = \dfrac{u_k}{i_k}$ 等效来替代。

3.3   戴维南定理和诺顿定理

根据前面输入电阻的概念可知，一个无源一端口网络(仅含线性电阻和受控源)，其端口输入电压与输入电流之比为输入电阻或等效电阻，也就是说一个无源一端口网络可以用一个等效电阻代替。

通常情况下我们所研究的电路是有源的(含独立电源)，可将电源与无源一端口网络联合而构成有源电路。若只关心电路中某一支路的电压和电流情况，则此支路以

外的部分就可以看成有源一端口网络,戴维南定理和诺顿定理所阐述的内容就是解决有源一端口网络的等效问题。

3.3.1　戴维南定理

戴维南定理内容是:一个有源一端口网络可以用一个独立电压源和一个电阻串联来等效代替,其中电压源的电压等于有源一端口网络的开路电压,用 u_{oc} 表示,与电压源串联的电阻等于有源一端口网络内将独立电源置零后的输入电阻,用 R_i 表示。其证明如图 3-8 所示。

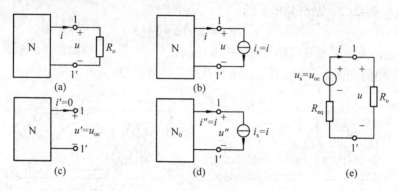

图 3-8　戴维南定理的证明

证明　如图 3-8(a)所示,N 为含源一端口网络,流入外接电阻 R_o 的电流为 i。应用替代定理后,将 R_o 所在支路用电流源 $i_s = i$ 替代,如图 3-8(b)所示。根据叠加定理,将图 3-8(b)分解为电流源 i_s 不工作的电路,如图 3-8(c)所示,和电流源单独工作于无源网络 N_0 的电路,如图 3-8(d)所示。因此有

$$u = u' + u''$$

对于图 3-8(c)有 $u' = u_{oc}$,对于图 3-8(d)有 $u'' = -R_i i$,R_i 为无源网络 N_0 所对应的输入电阻。因此有 $u = u_{oc} - R_i i$,从而可以绘制出图 3-8(e)所示电路。戴维南定理得证。

当端口 $1 - 1'$ 短接时,有 $u = 0$,此时的电流 i 称为短路电流,用 i_{sc} 表示,因此可得

$$R_i = \frac{u_{oc}}{i_{sc}}$$

【例 3-6】　电路如图 3-9(a)所示,求其戴维南等效电路。

解　图 3-9(a)所示电路不含受控源,求 u_{oc} 及 R_i 时,对于 R_i 可直接通过有源网络无源化,将电压源短路、电流源开路来处理求得:

$$R_i = (4 \parallel 4 + 2)\Omega = 4\Omega$$

u_{oc} 的求取可以采用系统分析方法,这里应用回路电流法:

$$I_1 = 2$$

$$8I_2 = 8 - 12$$

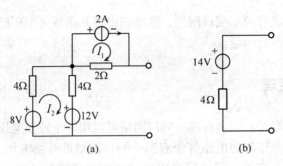

图 3-9   例 3-6 图

求得 $I_2 = -0.5$，故开路电压为

$$u_{oc} = 2I_1 + 4I_2 + 12 = 14(V)$$

由此绘出戴维南等效电路如图 3-9(b) 所示。

【例 3-7】   电路如图 3-10(a) 所示，求其戴维南等效电路。

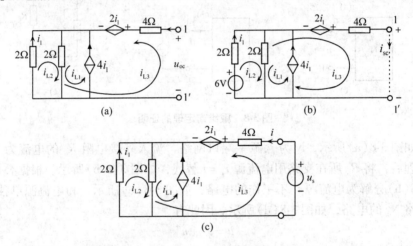

图 3-10   例 3-7 图

解   本例为含受控源的戴维南等效电路的求取。

(1) 采用系统分析法(回路电流法)求 u_{oc}：

$$i_{L1} = 4i_1$$

$$2i_{L1} + 4i_{L2} = 6$$

$$i_{L2} = i_1$$

$$u_{oc} = 2i_1 - 2i_1 + 6$$

解得：$i_1 = 0.5A$，$i_{L1} = 2A$，$i_{L2} = 0.5A$，$u_{oc} = 6V$。

(2) 求 R_i。可以有多种方法。

①开路短路法，将 1，1′端子短接，求短路电流，电路如图 3-10(a) 所示。则有

$$i_{L1} = 4i_1$$

$$2i_{L1} + 4i_1 - 2i_{L3} = 6$$

$$-2i_{L1} - 2i_{L2} + 6i_{L3} = 2i_1$$

$$i_1 = i_{L2}$$

解得：$i_{L3} = 1.5\text{A}$，$i_{sc} = i_{L3} = 1.5\text{A}$，故可得

$$R_i = \frac{u_{oc}}{i_{sc}} = \frac{6}{1.5}\Omega = 4\Omega$$

②外施激励法。方法要点为：a. 将有源网络化成无源网络；b. 在端口处加上激励源——独立电压源 u_s。如图 3-10(c)所示。

根据回路电流法列出方程：

$$i_{L1} = 4i_1$$

$$4i_{L2} + 2i_{L1} + 2i_{L3} = 0$$

$$6i_{L3} + 2i_{L1} + 2i_{L2} = u_s - 2i_1$$

$$i_1 = i_{L2}$$

$$i = i_{L3}$$

整理后有

$$6i_{L2} + i = 0$$

$$12i_{L2} + 6i = u_s$$

消去 i_{L2} 得到：$u_s = 4i$，因此有

$$R_i = \frac{u_s}{i} = 4\Omega$$

如果某网络含有受控源，而不含有独立源，那么该网络只能用一个电阻来等效，而求该电阻时只能用外施激励法。当一端口内部含受控源时，在它的全部独立源置零后，它的输入电阻有可能为零，也可能为无穷大。当输入电阻为零时，该网络的戴维南等效形式为一个独立电压源；当输入电阻为无穷大时，其戴维南等效形式不存在。此时可以通过诺顿定理来对这种情况进行等效处理。

3.3.2 诺顿定理

诺顿定理的内容是：任何一个线性含源一端口网络，对外电路来说，可以用一个电流源和电导的并联组合来等效置换，电流源的电流等于该一端口的短路电流，用 i_{sc} 表示，而电导等于把该一端口的全部独立源置零后的输入电导，用 G_i 表示。

诺顿定理的证明可以参照戴维南定理的证明过程来自行完成。

根据电源的等效同样可知：输入电导 $G_i = \dfrac{1}{R_i} = \dfrac{i_{sc}}{u_{oc}}$。

注意：当一端口内部含受控源时，在它的全部独立源置零后，它的输入电阻有可能为零，则该网络的戴维南等效形式为一个电压源，这种情况下对应的诺顿等效形式不存在。

【例 3-8】 求图 3-11 所示的二端口网络的诺顿等效电路。

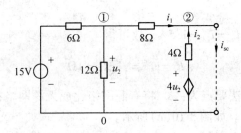

图 3-11   例 3-8 图

解   应用节点电压法求短路电流：

$$\left(\frac{1}{6} + \frac{1}{12} + \frac{1}{8}\right)u_{n1} - \frac{1}{8}u_{n2} = \frac{15}{6}$$

$$u_{n2} = 0$$

$$u_{n1} = u_2$$

整理后得到：$u_{n1} = u_2 = \frac{20}{3}V$，故得

$$i_{sc} = i_1 + i_2 = \frac{u_{n1} - u_{n2}}{8} + \frac{4u_2}{4} = 7.5A$$

用开路短路法求等效输入导纳，这里采用节点电压法求开路电压：

$$\left(\frac{1}{6} + \frac{1}{12} + \frac{1}{8}\right)u_{n1} - \frac{1}{8}u_{n2} = \frac{15}{6}$$

$$-\frac{1}{8}u_{n1} + \left(\frac{1}{8} + \frac{1}{4}\right)u_{n2} = u_2$$

$$u_{n1} = u_2$$

$$u_{oc} = u_{n2}$$

整理得
$$3u_{n1} - u_{n2} = 20$$

$$u_{n2} = 3u_{n1}$$

$$(1-1) \cdot u_{n2} = 20$$

因此有 $u_{n2} = \infty$，故而得到：$G_i = \dfrac{i_{sc}}{u_{oc}} = 0S$。

该二端口网络诺顿等效电路为 7.5A 的理想电流源，这时不存在戴维南等效电路。

3.3.3   最大功率传输定理

对于电源向负载传输功率的讨论，通常分为 2 个方面的内容：一是传输效率，二是传输功率的大小。对于传输过程中损耗为首要问题的设备或系统，主要研究传输效率，例如电动机和电力输配电系统；对于传输功率不大的通信或测量系统，则主要考虑如何从给定信号源中获取尽可能大的信号功率，这正是最大功率传输定理所揭示的

内容。

电路如图 3-12 所示，有源二端网络向负载 R_L 传输功率，下面讨论当 R_L 为何值时，能从网络中吸收到最大功率。

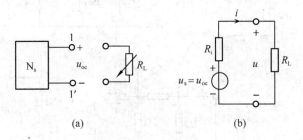

图 3-12　最大功率的传输

负载 R_L 上流经的电流为：$i = \dfrac{u_{oc}}{R_i + R_L}$；

所获得的功率为：$P_L = i^2 R_L = \dfrac{u_{oc}^2}{(R_i + R_L)^2} R_L$；

可见功率 P_L 将随负载 R_L 的变化而变化，最大功率应该发生在 $\dfrac{\mathrm{d}P_L}{\mathrm{d}R_L} = 0$ 的条件下，即

$$\frac{\mathrm{d}P_L}{\mathrm{d}R_L} = u_{oc}^2 \frac{(R_i + R_L)^2 - 2(R_i + R_L)R_L}{(R_i + R_L)^4} = u_{oc}^2 \frac{R_i - R_L}{(R_i + R_L)^3} = 0$$

从而得到：$\qquad\qquad\qquad\qquad R_L = R_i$

即当 $R_L = R_i$ 时，功率 P_L 达到最大值 $P_{\max} = \dfrac{u_{oc}^2}{4R_i}$。

最大功率传输定理指出，在上述有源二端网络向负载 R_L 传输功率时，最大功率传输条件为 $R_L = R_i$，所传输的最大功率为 $P_{\max} = \dfrac{u_{oc}^2}{4R_i}$。

【例 3-9】 含源 $1 - 1'$ 端口如图 3-13（a）所示，外接电路如图（b）所示，其 u—i 特性曲线如图（c）所示。试分析 k 为何值时，能够使得该端口的输出功率最大，并求取该最大功率值。

解 求图 3-13（b）的戴维南等效电路：根据图（c）知

$$u = 4 - 2i$$

（1）应用节点法求 u'_{oc}，得方程为

$$\left(\frac{1}{2} + 1\right)u_{n1} - \frac{1}{1}u_{n2} = ki_1$$

$$-\frac{1}{1}u_{n1} + \left(\frac{1}{2} + \frac{1}{2} + \frac{1}{1}\right)u_{n2} = 2 - ki_1$$

$$i_1 = \frac{4 - u_{n2}}{2}$$

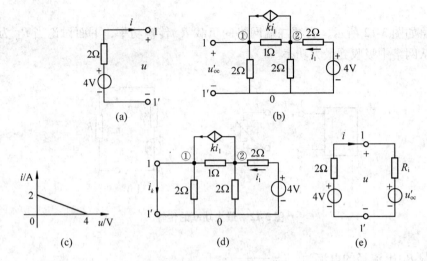

图 3-13 例 3-9 图

解得

$$u_{n1} = u'_{oc} = \frac{8+4k}{8-k}$$

（2）用开路短路法求 R_i，如图 3-13（d）所示。

得方程为

$$\left(\frac{1}{1}+\frac{1}{2}+\frac{1}{2}\right)u_{n2} = 2 - ki_1$$

$$i_1 = \frac{4-u_{n2}}{2}$$

$$i_k = ki_1 + \frac{u_{n2}}{1}$$

解得 $\quad u_{n2} = \dfrac{4-4k}{4-k}$，$\quad i_k = \dfrac{4k-ku_{n2}}{2} + u_{n2} = \dfrac{4+2k}{4-k}$；于是有

$$R_i = \frac{u'_{oc}}{i_k} = \frac{8-2k}{8-k}$$

根据 u'_{oc} 和 R_i，可以得到图（a）所示有源一端口网络向图（b）所示的戴维南等效电路传输功率的电路如图 3-13（e）所示。

由图 3-13（e）可得

$$i = \frac{4-u'_{oc}}{2+R_i}$$

因此有源一端口网络的输出功率为

$$P = ui = \frac{16(2k-k^2)}{(4-k)^2}$$

根据最大功率传输条件：

$$\frac{\mathrm{d}P}{\mathrm{d}k} = \frac{16(2-2k)(4-k)^2 + 2(4-k)\times 16(2k-k^2)}{(4-k)^4}$$

$$= \frac{16(4-k)(8-10k+2k^2+4k-2k^2)}{(4-k)^4} = \frac{16(8-6k)}{(4-k)^3} = 0$$

解得
$$k = \frac{4}{3}$$

此时获得的最大功率 $P_{\max} = 2\mathrm{W}$。

※3.4 特勒根定理

特勒根定理是在集总参数电路中应用基尔霍夫定律推导出的基本定理，该定理所揭示的内容只与网络的拓扑结构有关，而与网络中的元件参数和性质无关，因此对于时变或定常网络、线性或非线性网络均适用。

特勒根定理具有 2 种形式。

1. 特勒根定理 1

对于一个具有 n 个节点 b 条支路的电路，假设各支路电流和电压为关联参考方向，并令 $(i_1, i_2, \cdots, i_b)$，$(u_1, u_2, \cdots, u_b)$ 分别为 b 条支路的电流和电压，则对任何时刻 t，有 $\sum\limits_{k=1}^{b} u_k i_k = 0$。

此定理可以证明如下：

对于一个具有 n 个节点 b 条支路的电路，用电流 $i_{ij}(i\neq j)$ 表示从节点 $i(i=1, 2, 3, \cdots, n)$ 流向节点 $j(j=1, 2, 3, \cdots, n)$ 的支路电流，共有 b 条，选节点 n 为参考点，于是节点电流方程为

$$i_{12} + i_{13} + \cdots + i_{1,n-1} + i_{1,n} = 0$$
$$i_{21} + i_{23} + \cdots + i_{2,n-1} + i_{2,n} = 0$$
$$\vdots$$
$$i_{n-1,1} + i_{n-1,2} + \cdots + i_{n-1,n-2} + i_{n-1,n} = 0$$

设各独立节点的节点电压分别为 u_{n1}，u_{n2}，$\cdots$，$u_{n,(n-1)}$，将它们依次乘以对应的节点电流方程后有

$$(i_{12} + i_{13} + \cdots + i_{1,n-1} + i_{1,n})u_{n1} + (i_{21} + i_{23} + \cdots + i_{2,n-1} + i_{2,n})u_{n2} \tag{3-7}$$
$$+ \cdots + (i_{n-1,1} + i_{n-1,2} + \cdots + i_{n-1,n-2} + i_{n-1,n})u_{n,(n-1)} = 0$$

由于 $i_{ij} = -i_{ji}$，$u_{ni} - u_{nj} = u_{ij}$，因此式(3-7)整理后有

$$i_{12}u_{12} + i_{13}u_{13} + \cdots + i_{n-1,n}u_{n-1,n} = 0 \tag{3-8}$$

即得到 b 条支路电流乘以 b 条支路两端电压之和为零，因此式(3-8)可以写成一般形式：

$$\sum_{k=1}^{b} u_k i_k = 0 \tag{3-9}$$

特勒根定理 1 得证。

从上述证明过程可以看出：特勒根定理 1 实质上是功率守恒的具体表现，对所有集总参数电路都适用。

2. 特勒根定理 2

如果有 2 个具有 n 个节点 b 条支路的电路，它们由不同的二端元件组成，但它们的图完全相同，假设各支路电流和电压取关联参考方向，并分别用 $(i_1, i_2, \cdots, i_b)$，$(u_1, u_2, \cdots, u_b)$ 和 $(\hat{i}_1, \hat{i}_2, \cdots, \hat{i}_b)$，$(\hat{u}_1, \hat{u}_2, \cdots, \hat{u}_b)$ 来表示两者的 b 条支路的电流和电压，则对任何时刻 t，有 $\sum\limits_{k=1}^{b} u_k \hat{i}_k = 0$，$\sum\limits_{k=1}^{b} \hat{u}_k i_k = 0$。

例如图 3-14(a)、(b)所示电路，其结构完全相同。

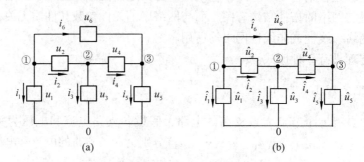

图 3-14　特勒根定理 2 示例

根据特勒根定理 1 有

$$u_1 i_1 + u_2 i_2 + u_3 i_3 + u_4 i_4 + u_5 i_5 + u_6 i_6 = 0 \tag{3-10}$$

$$\hat{u}_1 \hat{i}_1 + \hat{u}_2 \hat{i}_2 + \hat{u}_3 \hat{i}_3 + \hat{u}_4 \hat{i}_4 + \hat{u}_5 \hat{i}_5 + \hat{u}_6 \hat{i}_6 = 0 \tag{3-11}$$

根据特勒根定理 2 有

$$u_1 \hat{i}_1 + u_2 \hat{i}_2 + u_3 \hat{i}_3 + u_4 \hat{i}_4 + u_5 \hat{i}_5 + u_6 \hat{i}_6 = 0 \tag{3-12}$$

$$\hat{u}_1 i_1 + \hat{u}_2 i_2 + \hat{u}_3 i_3 + \hat{u}_4 i_4 + \hat{u}_5 i_5 + \hat{u}_6 i_6 = 0 \tag{3-13}$$

这可以采用与定理 1 完全相同的方法去证明。首先，根据图 3-14(b)可以得到 KCL 方程为

$$\begin{cases} \hat{i}_1 + \hat{i}_2 + \hat{i}_6 = 0 \\ -\hat{i}_2 + \hat{i}_3 + \hat{i}_4 = 0 \\ -\hat{i}_4 - \hat{i}_6 + \hat{i}_5 = 0 \end{cases} \tag{3-14}$$

根据图 3-14(a)可以得到 KCL 方程为

$$\begin{cases} i_1 + i_2 + i_6 = 0 \\ -i_2 + i_3 + i_4 = 0 \\ -i_4 - i_6 + i_5 = 0 \end{cases} \tag{3-15}$$

将式(3-14)和式(3-15)分别乘以相应的节点电压有

$$(\hat{i}_1 + \hat{i}_2 + \hat{i}_6) u_{n1} + (-\hat{i}_2 + \hat{i}_3 + \hat{i}_4) u_{n2} + (-\hat{i}_4 - \hat{i}_6 + \hat{i}_5) u_{n3} = 0 \tag{3-16}$$

$$(i_1 + i_2 + i_6)\hat{u}_{n1} + (-i_2 + i_3 + i_4)\hat{u}_{n2} + (-i_4 - i_6 + i_5)\hat{u}_{n3} = 0 \qquad (3-17)$$

整理后得到

$$\hat{i}_1 u_{n1} + \hat{i}_2(u_{n1} - u_{n2}) + \hat{i}_3 u_{n2} + \hat{i}_4(u_{n2} - u_{n3}) + \hat{i}_5 u_{n3} + \hat{i}_6(u_{n1} - u_{n3}) = 0 \quad (3-18)$$

$$i_1 \hat{u}_{n1} + i_2(\hat{u}_{n1} - \hat{u}_{n2}) + i_3 \hat{u}_{n2} + i_4(\hat{u}_{n2} - \hat{u}_{n3}) + i_5 \hat{u}_{n3} + i_6(\hat{u}_{n1} - \hat{u}_{n3}) = 0 \quad (3-19)$$

根据节点电压与支路电压关系得到式(3-12)和式(3-13)成立，即推出

$$\sum_{k=1}^{6} u_k \hat{i}_k = 0 \qquad \sum_{k=1}^{6} \hat{u}_k i_k = 0$$

此结论可以推广到任何具有 n 个节点 b 条支路且结构相同的 2 个电路。

特勒根定理 2 不能用功率守恒来解释，它仅仅是对 2 个具有相同拓扑结构的电路，指出一个电路的支路电压和另一个电路的支路电流或者是同一个电路在不同时刻的相应支路电压和电流所遵循的数学关系，不过它具有功率之和的形式，所以有时又称为"拟功率守恒定理"。

【例 3-10】 电路如图 3-15 所示，已知 N 为具有 n 个节点 b 条支路的线性无源纯电阻网络，$R_1 = R_2 = 2\Omega$，$u_s = 8V$，$I_1 = 2A$，$u_2 = 2V$，$\hat{R}_1 = 1.4\Omega$，$\hat{R}_2 = 0.8\Omega$，$\hat{u}_s = 9V$，$\hat{I}_1 = 3A$，求 $\hat{u}_2$。

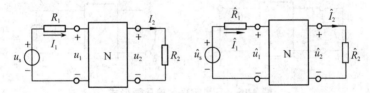

图 3-15   例 3-10 图

解   由特勒根定理 2 可知

$$-u_1 \hat{I}_1 + u_2 \hat{I}_2 + \sum_{k=3}^{b} u_k \hat{I}_k = 0 \qquad\qquad (3-20)$$

$$-\hat{u}_1 I_1 + \hat{u}_2 I_2 + \sum_{k=3}^{b} \hat{u}_k I_k = 0 \qquad\qquad (3-21)$$

纯电阻网络 N 内各支路电压可以表示为

$$u_k = R_k I_k$$

$$\hat{u}_k = R_k \hat{I}_k$$

因此有

$$\sum_{k=3}^{b} u_k \hat{I}_k = \sum_{k=3}^{b} R_k I_k \hat{I}_k = \sum_{k=3}^{b} R_k \hat{I}_k I_k = \sum_{k=3}^{b} \hat{u}_k I_k$$

将 $\sum\limits_{k=3}^{b} u_k \hat{I}_k = \sum\limits_{k=3}^{b} \hat{u}_k I_k$ 代入式(3-20)和式(3-21)，得到 $-u_1 \hat{I}_1 + \hat{u}_1 I_1 + u_2 \hat{I}_2 - \hat{u}_2 I_2 = 0$，其中 $\hat{I}_2 = \dfrac{\hat{u}_2}{\hat{R}_2}$，$I_2 = \dfrac{u_2}{R_2}$。

计算求得

$$u_1 = u_s - R_1 I_1 = (8 - 2 \times 2)V = 4V，\quad \hat{u}_1 = \hat{u}_s - \hat{R}_1 \hat{I}_1 = (9 - 1.4 \times 3)V = 4.8V$$

从而得到

$$\hat{u}_2 = 1.6\text{V}$$

※3.5 互易定理

互易定理反映线性网络的又一重要特性。对一个仅含线性电阻的电路，在单一激励的情况下，当激励和响应互换位置时，将不改变同一激励所产生的响应。

这种互换存在 3 种形式。

1. 电压源形式

具有互易性的线性电路只有一个独立电压源作用，则电压源在某一支路 $1-1'$ 中作用时，在另一支路 $2-2'$ 中产生的短路电流，等于电压源移至 $2-2'$ 中作用而在 $1-1'$ 中产生的短路电流。

如图 3-16 所示电路，其中 N 为线性无源纯电阻网络，当 $\hat{u}_s = u_s$ 时，则 $\hat{i}_1 = i_2$。

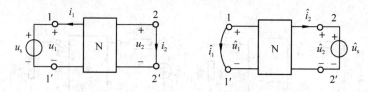

图 3-16 互易定理的电压源形式

利用特勒根定理证明该结论。规定图 3-16 所示电路中所有的电压与电流均取关联参考方向，置换后的网络变量均用上冠以"Λ"表示，根据特勒根定理 2 有

$$u_1\hat{i}_1 + u_2\hat{i}_2 + \sum_{k=3}^{b} u_k\hat{i}_k = 0 \tag{3-22}$$

$$\hat{u}_1 i_1 + \hat{u}_2 i_2 + \sum_{k=3}^{b} \hat{u}_k i_k = 0 \tag{3-23}$$

在线性无源的纯电阻网络 N 内，支路电压可以表示为该支路电流与所在支路电阻乘积的形式，即

$$u_k = R_k i_k$$
$$\hat{u}_k = R_k\hat{i}_k$$

代入式(3-22)和式(3-23)得

$$u_1\hat{i}_1 + u_2\hat{i}_2 + \sum_{k=3}^{b} R_k i_k\hat{i}_k = 0 \tag{3-24}$$

$$\hat{u}_1 i_1 + \hat{u}_2 i_2 + \sum_{k=3}^{b} R_k\hat{i}_k i_k = 0 \tag{3-25}$$

式(3-24)和式(3-25)联立得到

$$u_1\hat{i}_1 + u_2\hat{i}_2 = \hat{u}_1 i_1 + \hat{u}_2 i_2 \tag{3-26}$$

在图 3-16 所示电路中有 $u_1 = u_s$，$u_2 = 0$，$\hat{u}_1 = 0$，$\hat{u}_2 = u_s$，代入式(3-26)有

$$u_s\hat{i}_1 = \hat{u}_s i_2$$

从而得到：当 $\hat{u}_s = u_s$ 时，则 $\hat{i}_1 = i_2$。

2. 电流源形式

具有互易性的线性电路只有一个电流源作用，当该电流源作用在某一端口 $1-1'$ 中时，在另一端口 $2-2'$ 处产生的开路电压，等于电流源移至端口 $2-2'$ 中在端口 $1-1'$ 处产生的开路电压。

如图 3-17 所示，N 为线性无源纯电阻网络，根据特勒根定理有式(3-26)成立，由于 $i_1 = -i_s$，$i_2 = 0$，$\hat{i}_1 = 0$，$\hat{i}_2 = -\hat{i}_s$，因此有

$$u_2 \hat{i}_s = \hat{u}_1 i_s$$

可见，当 $\hat{i}_s = i_s$ 时，则 $u_2 = \hat{u}_1$。

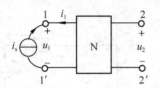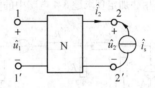

图 3-17　互易定理的电流源形式

3. 电压源置换电流源形式

具有互易性的线性电路只有一个电流源作用，当该电流源作用在某一端口 $1-1'$ 中时，在另一支路 $2-2'$ 处产生的短路电流值，等于与电流源值相等的电压源作用在端口 $2-2'$ 处，而在端口 $1-1'$ 处产生的开路电压值。

如图 3-18 所示，N 为线性无源纯电阻网络，同样根据特勒根定理有式(3-26)成立，由于 $i_1 = -i_s$，$u_2 = 0$，$\hat{i}_1 = 0$，$\hat{u}_2 = \hat{u}_s$，因此有

$$\hat{u}_s i_2 = \hat{u}_1 i_s$$

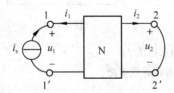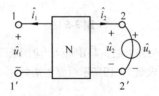

图 3-18　互易定理的电压源置换电流源形式

可见，如果在量值上满足 $i_s = \hat{u}_s$，则在量值上有 $\hat{u}_1 = i_2$。

从上述证明过程可以看出，互易定理能够得以应用的条件，是未知网络 N 内部的电压和电流必须满足 $\sum_{k=3}^{b} u_k \hat{I}_k = \sum_{k=3}^{b} \hat{u}_k I_k$。由于受控源的控制是有方向的，因此含有受控源的网络不是可互易的网络。

习　题

题 3-1. 应用叠加定理求题 3-1 图电路中的电压 u。

题 3 − 2. 应用叠加定理求题 3-2 图电路中的电压 u_{ab}。

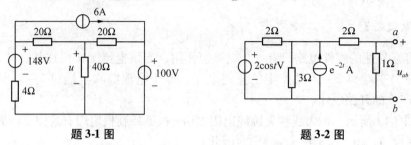

题 3-1 图　　　　　　　　　　　题 3-2 图

题 3 − 3. 对于题 3-3 图所示电路，当 $U_s = 0$ 时，$I = 40\text{mA}$；而当 $U_s = 4\text{V}$ 时，$I = -60\text{mA}$。求 $U_s = 6\text{V}$ 时的电流 I。

题 3 − 4. 用叠加定理求题 3-4 电路中的电压 u_2。

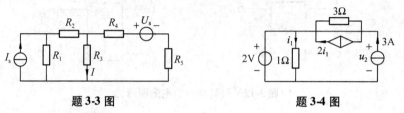

题 3-3 图　　　　　　　　　　　题 3-4 图

题 3 − 5. 求题 3-5 图所示梯形电路中各支路电流。

题 3 − 6. 电路如题 3-6 图所示，应用叠加定理确定电路中的电流 i_3，并计算 6Ω 电阻所吸收的功率。

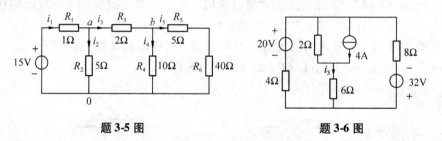

题 3-5 图　　　　　　　　　　　题 3-6 图

题 3 − 7. 电路如题 3-7 图所示，应用戴维南定理求电流 I。

题 3 − 8. 求题 3-8 图所示电路在端口 $a - b$ 处的诺顿等效电路。

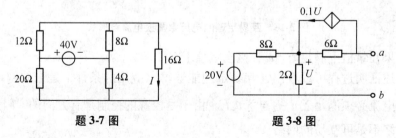

题 3-7 图　　　　　　　　　　　题 3-8 图

题 3 − 9. 题 3-9 图所示电路中，已知 $R_1 = 1\Omega$，$R_2 = 4\Omega$，$U_s = 10\text{V}$，$I_s = 8\text{A}$，$I_d = 2I_2$。试用叠加定理、戴维南定理、诺顿定理求 R_1 的端电压 U 值。

题 3 − 10. 题 3-10 图所示电路中，已知 $R_1 = 10\Omega$，$R_2 = 6\Omega$，$U_s = 6\text{V}$，$I_s = 6\text{A}$，$I_d = 2I_1$。试用戴

维南定理、诺顿定理求电流源 I_s 的端电压 U 值。

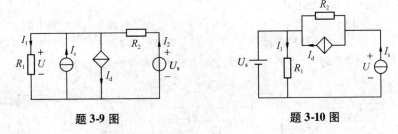

题 3-9 图　　　　　　　题 3-10 图

题 3–11. 电路如题 3-11 图所示, 试求 ab 端的戴维南和诺顿等效电路。

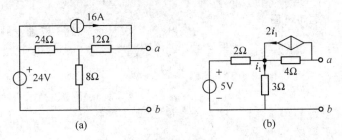

(a)　　　　　　　　　　(b)

题 3-11 图

题 3–12. 电路如题 3-12 图所示, 其中 N 为线性无源网络, 已知 $I_s = 16\text{A}$, $R_2 = 12\Omega$, $U_2 = 6\text{V}$, 现将 I_s 开路, 在 R_2 支路中串入电压源 $U_s = 24\text{V}$, 试求电阻 R_1 中的电流 I_1 值。

题 3–13. 电路如题 3-13 图所示, 试求当 R_x 为何值时, R_x 可获得最大功率, 并求出此最大功率。

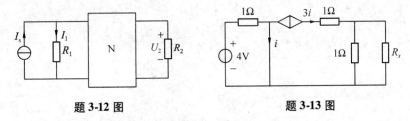

题 3-12 图　　　　　　**题 3-13 图**

题 3–14. 在如图 3-14 图所示电路中, N_0 为无源网络。当 $U_S = 2\text{V}$, $I_S = 2\text{A}$ 时, $I = 10\text{A}$; $U_S = 2\text{V}$, $I_S = 0$ 时, $I = 5\text{A}$。求当 $U_S = 4\text{V}$, $I_S = 2\text{A}$ 时的电流 I。

题 3–15. 在图题 3-15 图 (a)、(b) 所示电路中, N 为同一线性无源电阻网络。求图 (b) 中: (1) $R = 210\Omega$ 时的电流 i_1; (2) R 为何值时, 其上获得最大功率, 并求此最大功率。

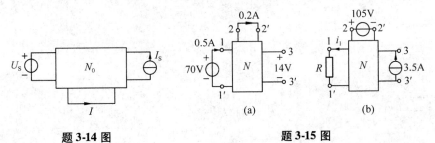

(a)　　　　　　　(b)

题 3-14 图　　　　　　**题 3-15 图**

题 3–16. 电路如图题 3-16 图 (a) 所示, N 为无源线性电阻网络。当 $2 - 2'$ 端口加电流源 $I_{S1} =$

5A 时，测得 $U_1 = 15\text{V}$，$U_2 = 20\text{V}$。为使 2 – 2′端口处接一个电阻 R 与一个电压源 $U_S = 15\text{V}$ 相串联的支路，如图（b）所示。求此电阻 R 之值。

　　题 3 – 17. 在如图 3-16 图所示电路中，网络 N 内仅含独立电源与线性二端电阻元件。已知图（a）中：当 $I_S = 1\text{A}$，2 – 2′端口开路时，$U_1 = 18\text{V}$，$U_{20} = 8\text{V}$；当 $I_S = 2\text{A}$，2 – 2′端口开路时，$U_1 = 30\text{V}$，$U_{20} = 14\text{V}$。试求电路（b）中 1 – 1′端口右侧电路的戴维南等效电路及电流 I_1。

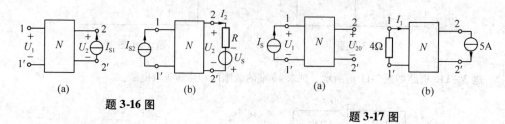

題 3-16 图　　　　　　題 3-17 图

第 4 章

正弦交流电路的稳态分析

[**本章提要**]

　　本章系统地介绍运用相量法分析正弦交流的稳态响应电路。重点介绍是正弦量的"三要素"，正弦量的相量表示法，正弦量与相量运算的对应法则，电路定律的相量形式，阻抗、导纳及功率的计算。

4.1　正弦交流电的基本概念

4.1.1　正弦量

在线性电路中，如果全部激励都是同一频率的正弦量，则电路的全部稳态响应也将是同一频率的正弦量，这类电路称为正弦电流电路。正弦量是指随时间按正弦函数或余弦函数规律变化的量。电路理论中，将按照正弦或余弦函数规律变化的电压和电流统称正弦量，其中变动的电压 $u(t)$ 或电流 $i(t)$ 在任一瞬间的数值称为瞬时值。例如：

$$u(t) = U_m\sin(\omega t + \psi_u) \qquad i(t) = I_m\sin(\omega t + \psi_i)$$
$$u(t) = U_m\cos(\omega t + \psi_u) \qquad i(t) = I_m\cos(\omega t + \psi_i)$$

可见正弦量既可以用正弦函数表示，也可以用余弦函数表示，本书中采用余弦函数所表示的电压和电流函数进行研究，称为标准正弦量。

4.1.2　正弦量的三要素

以电压 $u(t) = U_m\cos(\omega t + \psi_u)$ 为例，如图 4-1 所示，当确定了最大值 U_m、角频率 ω 以及初相位角 ψ_u 后，则正弦量电压被唯一地确定，因此我们把最大值、角频率以及初相角称为正弦量的"三要素"。正弦量的三要素是正弦量之间进行比较和区分的依据。

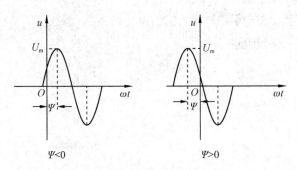

图 4-1　正弦量的波形

（1）最大值 U_m：又称幅值或振幅，是正弦量在整个振荡过程中极值的绝对值。当 $\cos(\omega t + \psi_u) = 1$ 时，瞬间值为极大值，当 $\cos(\omega t + \psi_u) = -1$ 时，瞬间值为极小值，极大值与极小值之差称为峰－峰值，其值为幅值的 2 倍。

（2）角频率 ω：是正弦量的相位随时间变化的角速度。$\omega t + \psi_u$ 称为相位角，因

此有

$$\omega = \frac{d}{dt}(\omega t + \psi_u)$$

单位为弧度/秒（rad/s）。

我们所熟悉的描述正弦量变化快慢的量是周期 T 和频率 f。周期表示正弦量重复变化一次所需要的时间，单位为秒（s）；频率则是正弦量单位时间内变化的循环数，国际单位制是 1/s 或 Hz（赫兹，简称赫）。正弦量在一个周期内经历了 2π 弧度，因此角频率 ω 与周期 T 和频率 f 之间的关系为

$$f = \frac{1}{T}, \quad \omega = \frac{2\pi}{T} = 2\pi f$$

我国电力工业化生产的标准频率为 50Hz，有些国家（如美国、日本等）采用 60Hz，这种工业生产广泛应用的频率称为工频。在一些特定的工程技术领域中还使用各种不同的频率，例如，调幅广播设备的中波标准频率范围是 535~1606.5kHz（千赫），微波炉利用频率为 2450MHz（兆赫）的微波对食物加热，固定卫星地球站设备 C 频段范围是 5.850~6.425GHz（吉赫）。换算关系为

$$1GHz = 10^9 Hz = 10^6 kHz = 10^3 MHz$$

（3）初相位角 ψ_u：又称初相角或初相位，是相位 $\omega t + \psi_u$ 在 $t = 0$ 时刻的值。显然正弦量的初相位不同，从 $t = 0$ 时刻起到达幅值或某一特定值所需的时间就不同。初相角 $|\psi| \leqslant \pi$，单位为弧度（rad）或度（°）。

4.1.3　正弦量的相位差

两个正弦量的相位之差称为相位差（phase difference）。相位差可用来描述两个同频正弦量之间的相位关系。设正弦电压 $u(t) = U_m \cos(\omega_1 t + \psi_u)$，正弦电流 $i(t) = I_m \cos(\omega_2 t + \psi_i)$，$\psi_i$ 和 ψ_u 分别为电流、电压的初相角。

（1）当 $\omega_1 \neq \omega_2$ 时，若用 φ 来表示电压 $u(t)$ 与电流 $i(t)$ 之间的相位差，则有 $\varphi = \omega_1 t + \psi_u - \omega_2 t - \psi_i = (\omega_1 - \omega_2)t + \psi_u - \psi_i$，可见 φ 随时间的变化而变化；

（2）当 $\omega_1 = \omega_2$ 时，$\varphi = \psi_u - \psi_i$，则相位差是一个常数。

当 $\varphi = 0$ 时，称 $u(t)$ 与 $i(t)$ 为同相；$\varphi < 0$ 时，称 $i(t)$ 超前于 $u(t)$；$\varphi > 0$ 时，称 $i(t)$ 滞后于 $u(t)$；$\varphi = \pm\frac{\pi}{2}$ 时，称 $u(t)$ 与 $i(t)$ 正交；$\varphi = \pm\pi$ 时，称 $u(t)$ 与 $i(t)$ 反相。如图 4-2 所示。

在相位差为 φ 时，当 $i(t)$ 较 $u(t)$ 先达到最大值，称为 $i(t)$ 超前于 $u(t)\varphi$ 角度，或称 $u(t)$ 滞后于 $i(t)\varphi$ 角度。上述超前和滞后的概念是相对的，因此在比较同频率正弦量的相位关系时，要先选择一个参考正弦量。两个同频率正弦量的相位差与计时起点的位置选择无关。不同频率的正弦量之间的相位差则随时间的变化而变化。

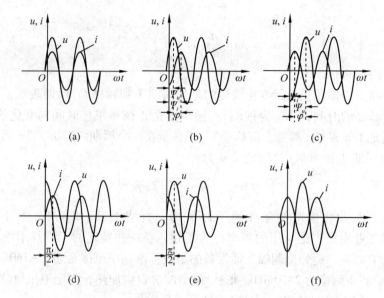

图 4-2　同频正弦量的相位差

(a)电压与电流同相；(b)电压超前于电流；(c)电压滞后于电流；(d)电压与电

流正交 $\varphi = \dfrac{\pi}{2}$；(e)电压与电流正交 $\varphi = -\dfrac{\pi}{2}$；(f)电压与电流反相

4.1.4　正弦量的有效值

为了衡量交流电做功的平均效果，工程实际中采用有效值。有效值(effective value)又称均方根值(root-mean-square value)，是根据电流的热效应来定义的。在相同的电阻上分别通以直流电和正弦交流电，经过一个周期的时间，若两者在电阻上消耗的电能相等，则把该直流电流(电压)的大小作为正弦交流电流(电压)的有效值。

因此，在一个电阻值为 R 的电阻上分别流过直流电流 I 和交流电流 i，通过它们对电阻在一个周期 T 内所做的功可以得到等式关系：

$$I^2 R T = \int_0^T i^2 R \mathrm{d}t \tag{4-1}$$

从而得到有效值为

$$I = \sqrt{\frac{1}{T}\int_0^T i^2 \mathrm{d}t} \tag{4-2}$$

上式表明周期电流的有效值是瞬时值的平方在一个周期内积分的平均值再求平方根，因此有效值按其计算方法又称方均根值。

将 $i(t) = I_{\mathrm{m}}\cos(\omega t + \psi_{\mathrm{i}})$ 代入式(4-2)，有

$$\int_0^T I_{\mathrm{m}}^2 \cos^2(\omega t + \psi_{\mathrm{i}})\,\mathrm{d}t = I_{\mathrm{m}}^2 \int_0^T \frac{1 + \cos 2(\omega t + \psi_{\mathrm{i}})}{2}\mathrm{d}t$$

$$= \frac{1}{2} I_{\mathrm{m}}^2 \left[t + \frac{1}{2\omega}\sin 2(\omega t + \psi_{\mathrm{i}}) \right]\Bigg|_0^T$$

$$= \frac{1}{2}I_m^2\left[\ T + \frac{1}{2\omega}\sin2(2\pi + \psi_i)\ - \frac{1}{2\omega}\sin2\psi_i\right]$$

$$= \frac{1}{2}I_m^2 T \tag{4-3}$$

式中 $\omega = \dfrac{2\pi}{T}$，因此得到

$$I = \sqrt{\frac{1}{2}\frac{1}{T}\cdot TI_m^2} = \frac{I_m}{\sqrt{2}} = 0.707I_m \quad \text{或} \ I_m = \sqrt{2}I$$

这说明正弦量最大值 I_m 是有效值 I 的 $\sqrt{2}$ 倍，即正弦电流的有效值等于其最大值乘以 $1/\sqrt{2} \approx 0.707$。同理可得到正弦电压的有效值为 $U = \dfrac{U_m}{\sqrt{2}} = 0.707U_m$。

为了与瞬时值相区别，有效值一般用大写字母（如 U、I）来表示。在工程上，一般所说的正弦量电压、电流的大小都是指有效值，例如交流测量仪表所指示的数值、电气铭牌上的数值均为有效值。但各种器件和电气设备的绝缘水平、耐压值则按最大值来考虑。

4.2 相量法

在线性电路中，如果电路中的所有激励都是同频正弦量，则其在电路中所产生的电压、电流的稳态响应也都是同频率的正弦量。在对这样的正弦电路进行分析计算时，列出的节点电压方程和回路电流方程会遇到一系列同频率正弦量的加、减问题；在电容元件和电感元件的电压、电流约束方程中，还会遇到正弦量的微分或积分问题。如果直接用三角函数进行运算是相当复杂的。为此人们采用相量法，这是一种简便、有效的分析正弦稳态电路的方法，可直接从相量模型上得到相量形式的代数方程。直流电阻电路的各种分析方法，由此都可以应用到正弦稳态电路分析中。

4.2.1 复数

1. 复数的表达方式

复数的表达方式有多种，包括代数式、三角函数式、指数式和极坐标式，如图 4-3 所示。（1）代数式。一个复数 A 是由实部和虚部组成的，用代数方法可表示为 $A = a_1 + ja_2$。

式中 $j = \sqrt{-1}$ 为虚数单位。在数学上常用 i 表示虚数单位，但在电路中常采用 j 来表示，以避免和电流 i 混淆。

（2）三角函数式。如图 4-3 所示，有 $a_1 = |A|\cos\psi$，$a_2 = |A|\sin\psi$，其中 $|A|$ 为复数的模，$|A| = \sqrt{a_1^2 + a_2^2}$，$\psi$ 为复数的辐

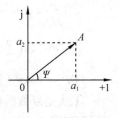

图 4-3 复数的表示

角，$\tan\psi = a_2/a_1$。因此复数 A 的三角函数式为

$$A = |A|\cos\psi + j|A|\sin\psi = |A|(\cos\psi + j\sin\psi)$$

（3）指数式。复数的三角函数形式可以转变为指数形式，即将欧拉公式 $e^{j\psi} = \cos\psi + j\sin\psi$ 代入三角函数式 $A = |A|\cos\psi + j|A|\sin\psi = |A|(\cos\psi + j\sin\psi)$ 中，得 $A = |A|\cdot e^{j\psi}$。可见复数 A 是其模 $|A|$ 和 $e^{j\psi}$ 相乘的结果。

（4）极坐标式。将上述指数形式改写为极坐标形式，有 $A = |A|\angle\psi$。

2. 复数的运算方法

（1）加法与减法运算。实部与实部相加（减），虚部与虚部相加（减），如图 4-4（a）、（b）所示。

例如：设 $A = a_1 + ja_2$，$B = b_1 + jb_2$；则 $A \pm B = (a_1 \pm b_1) + j(a_2 \pm b_2)$。

可见，同频率正弦量相加（或相减）所得的和（或差）仍是一个频率相同的正弦量。

（2）乘法与除法运算。模相乘（除），辐角相加（减），如图 4-4（c）、（d）所示。

例如：设 $A = a_1 + ja_2 = |A|e^{j\varphi_A}$，$B = b_1 + jb_2 = |B|e^{j\varphi_B}$；

复数相乘的运算结果：

$$AB = |A||B|e^{j(\varphi_A + \varphi_B)} = |A||B| \angle \varphi_A + \varphi_B$$

复数相除的运算结果：

$$\frac{A}{B} = \frac{|A|}{|B|}e^{j(\varphi_A - \varphi_B)} = \frac{|A|}{|B|} \angle \varphi_A - \varphi_B$$

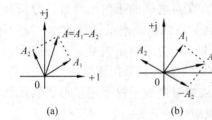 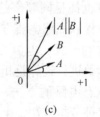 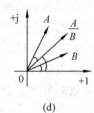

    （a）   （b）   （c）   （d）

图 4-4 相量运算

（a）复数的加法运算 （b）复数的减法运算 （c）复数的乘法运算 （d）复数的除法运算

常用的复数计算公式如下：

① $e^{j\varphi} = \cos\varphi + j\sin\varphi = 1\angle\varphi$；

② $e^{-j\frac{\pi}{2}} = \cos(-\frac{\pi}{2}) + j\sin(-\frac{\pi}{2}) = -j = 1\angle -\frac{\pi}{2}$；

③ $e^{j\frac{\pi}{2}} = \cos(\frac{\pi}{2}) + j\sin(\frac{\pi}{2}) = j = 1\angle \frac{\pi}{2}$；

④ $e^{j\pi} = \cos\pi + j\sin(\pi) = -1$。

①式是复数的代数式与指数式以及极坐标式变换的重要公式；由②、③式可以看出 $-j$ 相当于单位向量顺时针旋转 $90°$，j 相当于单位向量逆时针旋转 $90°$，因此把 j 又称为旋转因子，复数乘以 j 相当于该向量在复平面内逆时针旋转 $90°$，除以 j（乘以 $-j$）相当于该向量在复平面内顺时针旋转 $90°$；由（4）式可以看出，若乘以 j 两次（乘

以 -1），则相当于该向量在复平面内逆时针旋转 $180°$。

4.2.2　正弦量的相量表示

相量法是分析求解正弦电流电路稳态响应的一种有效工具。

电流正弦量表达式为

$$i(t) = I_m \cos(\omega t + \psi_i)$$

令辐角 $\varphi = \omega t + \psi_i$，则根据欧拉公式 $e^{j\varphi} = \cos\varphi + j\sin\varphi$ 得到

$$e^{j\varphi} = e^{j(\omega t + \psi_i)} = \cos(\omega t + \psi_i) + j\sin(\omega t + \psi_i)$$

则有

$$I_m e^{j\varphi} = I_m \cos(\omega t + \psi_i) + jI_m \sin(\omega t + \psi_i)$$

所以正弦量可以用上述形式的复指数函数 $\sqrt{2}I e^{j(\omega t + \psi_i)}$ 来描述，使正弦量与后者实部一一对应起来，即有

$$i(t) = \text{Re}[I_m e^{j\varphi}] = \text{Re}[\sqrt{2}I e^{j(\omega t + \psi_i)}] = \text{Re}[\sqrt{2}I e^{j\omega t} e^{j\psi_i}] = \text{Re}[\sqrt{2}I e^{j\psi_i} e^{j\omega t}]$$
$$= \text{Re}[\sqrt{2}I \angle \psi_i e^{j\omega t}]$$

从上式可以看出，复指数函数中 $I e^{j\psi_i}$ 是以正弦量的有效值为模、以初相位为辐角的一个复常数，将这个复常数即定义为正弦量的相量，并用表示相应物理量的大写字母上加"·"表示。例如电流相量用 $\dot{I}$ 表示，定义为 $\dot{I} \overset{\text{def}}{=} I e^{j\psi_i} = I \angle \psi_i$；同理，电压相量用 $\dot{U}$ 表示，定义为 $\dot{U} \overset{\text{def}}{=} U e^{j\psi_u} = U \angle \psi_u$。相量在运算过程中与一般复数并无区别。

由上述正弦量的相量表示过程可以看出：

（1）正弦量与其相量是一一对应的，而并不是相等的；

（2）正弦量的相量定义为复常数，所以相量运算满足复数运算法则；

（3）正弦量的相量可以在复平面上用几何方法表示。

下面讨论正弦量运算与相量运算的对应法则。

（1）同频正弦量的代数和仍为一个同频正弦量，正弦量的加减，对应了相量的加减。

【例 4-1】 已知 $i_1(t) = \sqrt{2}I_1 \cos(\omega t + \psi_1)$，$i_2(t) = \sqrt{2}I_2 \cos(\omega t + \psi_2)$，求 $i_3(t) = i_1(t) + i_2(t)$。

解　由相量定义有 $\dot{I}_1 = I_1 \angle \psi_1$，$\dot{I}_2 = I_2 \angle \psi_2$，故得

$$i_1(t) + i_2(t) = \text{Re}[\sqrt{2}\dot{I}_1 e^{j\omega t}] + \text{Re}[\sqrt{2}\dot{I}_2 e^{j\omega t}] = \text{Re}[\sqrt{2}(\dot{I}_1 + \dot{I}_2) e^{j\omega t}]$$

设 $i_3(t) = \sqrt{2}I_3 \cos(\omega t + \psi_3) = \text{Re}[\sqrt{2}I_3 e^{j\psi_3} e^{j\omega t}] = \text{Re}[\sqrt{2}\dot{I}_3 e^{j\omega t}]$，由于 $i_3(t) = i_1(t) + i_2(t)$ 对于任何时刻 t 都成立，因此得到 $\dot{I}_3 = \dot{I}_1 + \dot{I}_2$。即

$$\dot{I}_1 = I_1[\cos(\psi_1) + j\sin(\psi_1)], \quad \dot{I}_2 = I_2[\cos(\psi_2) + j\sin(\psi_2)]$$

$$\dot{I}_3 = \dot{I}_1 + \dot{I}_2 = I_1[\cos(\psi_1) + j\sin(\psi_1)] + I_2[\cos(\psi_2) + j\sin(\psi_2)]$$

$$= [I_1\cos(\psi_1) + I_2\cos(\psi_2)] + j[I_1\sin(\psi_1) + I_2\sin(\psi_2)]$$
$$= I_3 \angle \psi_3$$

式中

$$I_3 = \sqrt{[I_1\cos(\psi_1) + I_2\cos(\psi_2)]^2 + [I_1\sin(\psi_1) + I_2\sin(\psi_2)]^2},$$

$$\psi_3 = \arctan\frac{(I_1\sin\psi_1 + I_2\sin\psi_2)}{(I_1\cos\psi_1 + I_2\cos\psi_2)}$$

由此即可得到 $i_3(t)$ 的具体表达式。

若直接用正弦量进行计算，需运用三角函数和差化积公式，计算复杂，因此引入相量法可以简化正弦量的计算。

（2）正弦量的数乘，对应了相量的数乘。

由于 $u(t) = Ri(t)$ ，若 $i(t) = \sqrt{2}I\cos(\omega t + \psi_i)$ ，则 $u(t) = \sqrt{2}RI\cos(\omega t + \psi_i)$ ，根据相量的定义有

$$\dot{U} = R\dot{I}$$

（3）正弦量求导的运算仍为一个同频正弦量，导数的相量等于原正弦量的相量乘以 $j\omega$。

【例4-2】 已知 $i(t) = \sqrt{2}I\cos(\omega t + \psi_i)$ ，求电感两端电压与电流的相量关系式。

解
$$u(t) = L\frac{\mathrm{d}i(t)}{\mathrm{d}t}$$

$$i'(t) = \frac{\mathrm{d}i(t)}{\mathrm{d}t} = \frac{\mathrm{d}}{\mathrm{d}t}[\sqrt{2}I\cos(\omega t + \psi_i)] = \frac{\mathrm{d}}{\mathrm{d}t}\mathrm{Re}[\sqrt{2}\dot{I}\,\mathrm{e}^{j\omega t}]$$

$$= \mathrm{Re}\left[\frac{\mathrm{d}}{\mathrm{d}t}(\sqrt{2}\dot{I}\,\mathrm{e}^{j\omega t})\right] = \mathrm{Re}[\sqrt{2}\dot{I}\,j\omega\mathrm{e}^{j\omega t}]$$

所以得到

$$\dot{I}\,'(t) = j\omega\dot{I}$$

因此电感两端电压与电流的相量关系式为

$$\dot{U} = L\dot{I}\,' = j\omega L\dot{I} = \omega L\dot{I}\angle 90°$$

由电感两端电压与电流的相量关系式，可以看出电压相量超前于电流相量90°。

（4）正弦量的积分运算仍为一个同频正弦量，积分相量等于原正弦量的相量除以 $j\omega$。

【例4-3】 已知 $i(t) = \sqrt{2}I\cos(\omega t + \psi_i)$ ，求电容两端电压与电流的相量关系式。

解 电容两端电压与电流关系式为

$$u(t) = \frac{1}{C}\int i(t)\mathrm{d}t = \frac{1}{C}\int\sqrt{2}I\cos(\omega t + \psi_i)\mathrm{d}t = \frac{1}{C}\int\mathrm{Re}[\sqrt{2}\dot{I}\,\mathrm{e}^{j\omega t}]\mathrm{d}t$$

$$= \frac{1}{C}\mathrm{Re}[\int\sqrt{2}\dot{I}\,\mathrm{e}^{j\omega t}]\mathrm{d}t = \frac{1}{C}\mathrm{Re}[\sqrt{2}\dot{I}\,\frac{1}{j\omega}\mathrm{e}^{j\omega t}]\mathrm{d}t$$

由相量定义，可得电流正弦量的积分所对应的相量为

$$\dot{I} = \frac{1}{j\omega}\dot{I}$$

因此电容两端电压与电流的相量关系式为

$$\dot{U} = \frac{1}{C}\dot{I} = \frac{1}{\text{j}\omega C}\dot{I} = \frac{1}{\omega C}\dot{I} \angle -90°$$

由电容两端电压与电流的相量关系式，可以看出电压相量滞后于电流相量$90°$。

　　从以上几种正弦量运算与相量运算的对应法则可以看出，相量法可以将时域中求解非齐次微分方程的特解问题变换成复频域中求解复数代数方程的问题，因而简化了正弦电流电路的分析和计算。

【例 4-4】　电路如图 4-5 所示，已知 2 个正弦量电流分别为 $i_1(t) = 100\sqrt{2}\cos$ $\left(314t - \dfrac{\pi}{3}\right)\text{A}$，$i_2(t) = 220\sqrt{2}\cos\left(314t - \dfrac{5}{6}\pi\right)\text{A}$，求 $i(t) = i_1(t) + i_2(t)$。

解　设 $\dot{I}_1 = 100\angle -\dfrac{\pi}{3}$，$\dot{I}_2 = 220\angle -\dfrac{5}{6}\pi$，可得

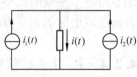

图 4-5　例 4-4 图

$$\dot{I} = \dot{I}_1 + \dot{I}_2 = 100\cos\left(-\frac{\pi}{3}\right) + \text{j}100\sin\left(-\frac{\pi}{3}\right) +$$

$$220\cos\left(-\frac{5\pi}{6}\right) + \text{j}220\sin\left(-\frac{5\pi}{6}\right)$$

$$= (50 - 110\sqrt{3}) - \text{j}(50\sqrt{3} + 110)$$

$$= 241.66\angle -125.56°$$

所以 $i(t) = 241.66\sqrt{2}\cos(314t - 125.56°)\text{A}$。

4.2.3　相量图

　　相量在复平面上可用一条有向线段来表示，这种相量在复平面上的几何表示图称为相量图。相量图能直观显示各相量之间的关系，尤其是相位关系，是分析和计算正弦稳态电路的重要手段。如图 4-6(a)所示，电压相量超前于电流相量$90°$。画相量图时为了简便，也可以不画出虚轴和实轴，仅选择电路中某一相量作为参考相量，参考相量初相一般取为零，根据参考相量即可确定其他相量。图 4-6(b)、(c)所示为以电流相量为参考相量来确定电阻电压相量 $\dot{U}_R$、电感电压相量 $\dot{U}_L$ 以及电容电压相量 $\dot{U}_C$。

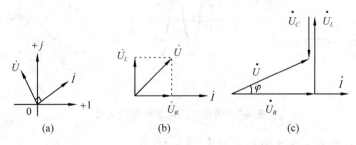

(a)　　　　　　(b)　　　　　　(c)

图 4-6　相量图举例

　　相量图有 2 种画法：一种是各相量都始于原点，如图 4-6（b）表示 $\dot{U} = \dot{U}_R + \dot{U}_L$；另一种是按各元件上电压相量与电流相量间关系，依据 KCL 或 KVL，依次画出相对应的相量，组成电流多边形或电压多边形，如图 4-6（c）所示即表示 $\dot{U} = \dot{U}_R + \dot{U}_L + \dot{U}_C$。

　　注意：作相量图时，只有同频率的正弦量才能画在一个相量图上，画图时以正弦量有效值的数值作长度，依据各相量的相位来对应地确定各相量在图上的位置（方位）。不同频率的几个正弦量不能画在同一个相量图上。

　　用相量图来表示交流电路各正弦量的关系，不但可以进行几何运算，还可以清晰地看出各个相量的大小、初相角以及各相量之间的相位关系。这种方法简明实用，是分析交流电路的重要方法之一。

4.2.4　R、L、C 伏安特性的相量形式

1. 电阻元件伏安特性的相量形式

电阻上的电压与电流为正弦量，即可表示为

$$u_R(t) = \sqrt{2}U\cos(\omega t + \psi_u)$$
$$i_R(t) = \sqrt{2}I\cos(\omega t + \psi_i)$$

电阻元件的端电压和通过它的电流的关系是满足欧姆定律的，当两者取关联参考方向时，有

$$u_R(t) = Ri_R(t)$$

相量形式的欧姆定律为

$$\dot{U}_R = R\dot{I}_R \tag{4-4}$$

式中，$\dot{U}_R = U_R \angle \psi_u$，$\dot{I}_R = I_R \angle \psi_i$，$U_R = RI_R$。

电阻上的电压与电流同相位，如图 4-7 所示。

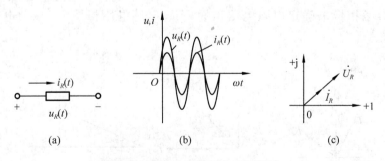

图 4-7　电阻中的电压和电流关系

2. 电容元件伏安特性的相量形式

当线性电容元件 C 两端加上交流电压时，电容 C 中就有电流 $i(t)$ 流过，且电容

上的电流为正弦量：

$$i_C(t) = \sqrt{2}I\cos(\omega t + \psi_i)$$

当电容上的电压与电流取关联参考方向时，满足关系式

$$u_C(t) = \frac{1}{C}\int i(t)\,dt = \frac{1}{C}\int \sqrt{2}I\cos(\omega t + \psi_i)\,dt$$

$$= \frac{1}{\omega C}\sqrt{2}I\sin(\omega t + \psi_i) = \frac{1}{\omega C}\sqrt{2}I\cos\left(\omega t + \psi_i - \frac{\pi}{2}\right)$$

令 $\dot{I}_C = I_C\angle\psi_i$，$\dot{U}_C = U_C\angle\psi_u$，其中 $\psi_u = \psi_i - \dfrac{\pi}{2}$，$U_C = \dfrac{I_C}{\omega C}$。因此得到相量形式的电容元件伏安特性为

$$\dot{U}_C = \frac{1}{\omega C}\dot{I}_C\angle -\frac{\pi}{2} = \frac{1}{j\omega C}\dot{I}_C \tag{4-5}$$

式(4-5)是关于电容 C 的复数形式的欧姆定律，它表示电流超前于电压 $\dfrac{\pi}{2}$，电压相量与电流相量正交，如图 4-8(c)所示。从图 4-8(b)所示波形图中可以看出，当电容电压过零点时，电压的变化率较大，此时流过电容的电流幅值达到最大振幅值。

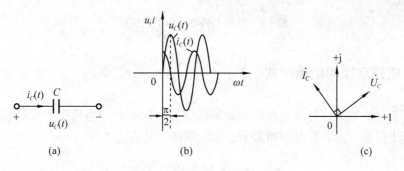

(a)　　　　　　　　　(b)　　　　　　　　　(c)

图 4-8　电容上的电压和电流

3. 电感元件伏安特性的相量形式

电感元件是电路中一种很重要的基本元件，在实际电路中经常遇到由导线绕制而成的电感线圈。设通过电感上的电流为正弦量：

$$i_L(t) = \sqrt{2}I_L\cos(\omega t + \psi_i)$$

当自感为 L 的线性电感元件的电压与电流取关联参考方向时，满足关系式

$$u_L(t) = L\frac{di_L(t)}{dt}$$

$$= L\frac{d\sqrt{2}I_L\cos(\omega t + \psi_i)}{dt}$$

$$= -\omega L\sqrt{2}I_L\sin(\omega t + \psi_i) = \omega L\sqrt{2}I_L\cos\left(\omega t + \psi_i + \frac{\pi}{2}\right)$$

令 $\dot{I}_L = I_L \angle \psi_i$，$\dot{U}_L = U_L \angle \psi_u$，其中 $\psi_u = \psi_i + \dfrac{\pi}{2}$，$U_L = \omega L I_L$。因此得到相量形式的电感元件伏安特性为

$$\dot{U}_L = \omega L\, \dot{I}_L \angle \frac{\pi}{2} = \mathrm{j}\omega L\, \dot{I}_L \tag{4-6}$$

由此可见，电感端电压 u 是与电流 i 同频率的正弦量，电流滞后于电压 $\dfrac{\pi}{2}$ 即 $\dfrac{1}{4}$ 周期，电压相量与电流相量正交，如图 4-9 所示。

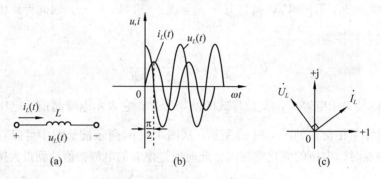

图 4-9　电感上的电压和电流关系

4.2.5　电路定律的相量形式

由正弦量的加减运算对应相量的加减运算，可以得到网络约束方程的相量形式。对于电路中任意节点，有基尔霍夫节点电流定律，其表达式为

$$\sum_{k=1}^{n} i_k = 0$$

由于所有电流均为同相频率的正弦函数，可把时域求和的表达式转化为相量求和的形式，即相量形式的基尔霍夫节点电流定律为

$$\sum_{k=1}^{n} \dot{I}_k = 0$$

上式表明，对于任何一节点，流出的电流相量之和等于零。

同理，对于任何一回路，有基尔霍夫电压定律，其表达式为

$$\sum_{k=1}^{n} u_k = 0$$

由于所有支路电压都是同频率正弦量，可得相量形式的基尔霍夫电压定律为

$$\sum_{k=1}^{n} \dot{U}_k = 0$$

电阻、电感和电容元件的 VCR 关系也可以用相量形式表示，如图 4-10 所示。

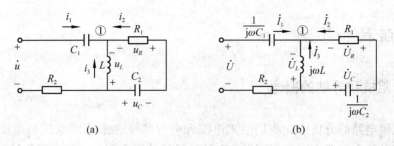

图 4-10　电路图与相量电路图

对于节点①列写 KCL 方程：

$$\dot{I}_1 + \dot{I}_2 + \dot{I}_3 = 0$$

对于回路列写 KVL 方程：

$$\dot{U}_R - \dot{U}_L + \dot{U}_C = 0$$

根据电压相量与电流相量之间的关系，KVL 方程可写为

$$R_1 \dot{I}_2 - j\omega L \dot{I}_3 + \frac{1}{j\omega C} \dot{I}_2 = 0$$

【例 4-5】　电路如图 4-11 所示，已知电压表读数为 $V_1 = 30\text{V}$，$V_2 = 60\text{V}$，求 $\dot{U}$ 的有效值。

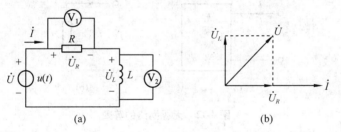

图 4-11　例 4-5 图

解　根据图 4-11，其 KVL 方程的相量形式为

$$\dot{U} = \dot{U}_R + \dot{U}_L$$

设电路中的电流相量 $\dot{I} = I\angle 0°$，根据电阻与电感的 VCR 相量关系有

$$\dot{U}_R = R \dot{I} = RI\angle 0°，\ \dot{U}_L = j\omega L \dot{I} = \omega LI\angle 90°$$

已知 $U_R = 30\text{V}$，$U_L = 60\text{V}$，则 $\dot{U}_R = 30\angle 0°$，$\dot{U}_L = 60\angle 90°$，所以

$$\dot{U} = \dot{U}_R + \dot{U}_L = 30\angle 0° + 60\angle 90° = 30 + j60$$

因此 $U = \sqrt{30^2 + 60^2}\text{V} = 30\sqrt{5}\text{V}$。

根据各相量的关系画出相量图，如图 4-11(b)所示。

4.3 阻抗和导纳

4.3.1 阻抗和导纳的概念

在电阻电路的分析中，我们引入电阻和电导的概念来反映电压与电流之间的关系。在正弦稳态电路中，我们则引入阻抗和导纳的概念用以表征电压相量与电流相量之间的对应关系。阻抗与导纳的运算及其等效变换是线性正弦交流电路稳态分析中的重要内容。图 4-12 所示为一个含线性电阻、电感和电容等元件但不含独立源的无源网络，当其在角频率 ω 的正弦电压或正弦电流激励下处于稳态时，端口的电流或电压将是同频率的正弦量。

应用相量法，将该端口的阻抗 Z 定义为端口的电压相量 $\dot{U}$ 与电流相量 $\dot{I}$ 的比值，将导纳 Y 定义为端口的电流相量 $\dot{I}$ 与电压相量 $\dot{U}$ 的比值。因此该网络在电路中所起的电磁作用可以用阻抗 Z 或导纳 Y 来等效表述，阻抗与导纳的关系为 $Z = \dfrac{1}{Y}$。无源网络的等效属于对外等效，其等效电路如图 4-12 所示。

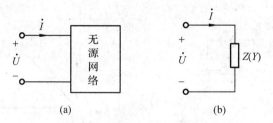

(a)　　　　　　　(b)

图 4-12 无源网络的等效

对于仅含电阻的无源网络有 $\dot{U}_R = R_{eq}\dot{I}_R$，可得 $Z = \dfrac{\dot{U}}{\dot{I}} = R_{eq}$，$Y = \dfrac{\dot{I}}{\dot{U}} = \dfrac{1}{R_{eq}}$；

对于仅含电感的无源网络有 $\dot{U}_L = j\omega L_{eq}\dot{I}_L$，可得 $Z = \dfrac{\dot{U}}{\dot{I}} = j\omega L_{eq}$，$Y = \dfrac{\dot{I}}{\dot{U}} = \dfrac{1}{j\omega L_{eq}}$；

对于仅含电容的无源网络有 $\dot{U}_C = \dfrac{1}{j\omega C_{eq}}\dot{I}_C$，可得 $Z = \dfrac{\dot{U}}{\dot{I}} = \dfrac{1}{j\omega C_{eq}}$，$Y = \dfrac{\dot{I}}{\dot{U}} = j\omega C_{eq}$。

其中 R_{eq}、L_{eq} 以及 C_{eq} 表示无源网络的等效电阻、等效电感以及等效电容。

1. 阻抗

阻抗可以表示为

$$Z = \frac{\dot{U}}{\dot{I}} = \frac{U \angle \psi_u}{I \angle \psi_i} = |Z| \angle \varphi_z = |Z| e^{j\varphi_z} = |Z|(\cos\varphi_z + j\sin\varphi_z) = R + jX \quad (4\text{-}7)$$

式中，$|Z| = \dfrac{U}{I}$ 称为阻抗的模；$\varphi_z = \psi_u - \psi_i$ 称为阻抗的辐角，简称阻抗角，反映电压相量与电流相量的相位差；$R = |Z|\cos\varphi_z$ 称为电阻，$X = |Z|\sin\varphi_z$ 称为电抗。阻抗的单位是欧姆(Ω)。

由式(4-7)可得阻抗 Z 的模值为 $|Z| = \sqrt{R^2 + X^2}$，辐角 $\varphi_z = \arctan\dfrac{X}{R}$。一般无源网络的阻抗角总在 $-\dfrac{\pi}{2} \leqslant \varphi_z \leqslant \dfrac{\pi}{2}$ 范围内。

如果无源网络内部仅含单个元件 R、L 或 C，则对应的阻抗如下：

(1)电阻元件：$Z_R = \dfrac{\dot{U}}{\dot{I}} = R + \mathrm{j}0$，电阻为 R，电抗为 0。

(2)电感元件：$Z_L = \dfrac{\dot{U}}{\dot{I}} = 0 + \mathrm{j}\omega L$，电阻为 0，电抗为 ωL，称为感性电抗，简称感抗，用 X_L 表示。

(3)电容元件：$Z_C = \dfrac{\dot{U}}{\dot{I}} = 0 - \mathrm{j}\dfrac{1}{\omega C}$，电阻为 0，电抗为 $-\dfrac{1}{\omega C}$，称为容性电抗，简称容抗，用 X_C 表示。

【例 4-6】　求图 4-13 所示 R、L、C 串联电路的阻抗 Z。

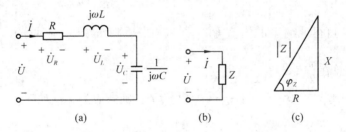

图 4-13　例 4-6 图

解　根据基尔霍夫电压定律，有

$$\dot{U} = \dot{U}_R + \dot{U}_L + \dot{U}_C$$

$$= R\dot{I} + \mathrm{j}\omega L\dot{I} - \mathrm{j}\dfrac{1}{\omega C}\dot{I}$$

$$= \left(R + \mathrm{j}\omega L - \mathrm{j}\dfrac{1}{\omega C}\right)\dot{I}$$

得

$$Z = \dfrac{\dot{U}}{\dot{I}} = R + \mathrm{j}\left(\omega L - \dfrac{1}{\omega C}\right)。$$

从上式可知 Z 的实部为电阻 R，虚部为电抗 $X = \omega L - \dfrac{1}{\omega C}$，

所以 R、L、C 的组合可以看做一个元件，用 Z 等效代替，如

图 4-13(b) 所示。阻抗三角形如图 4-13(c) 所示，若 $X > 0$，即

$\omega L > \dfrac{1}{\omega C}$，$\varphi_Z > 0$，称 Z 呈感性，电路中电压相量超前于电流相

量；若 $X < 0$，即 $\omega L < \dfrac{1}{\omega C}$，$\varphi_Z < 0$，称 Z 呈容性，电路中电压

相量滞后于电流相量。

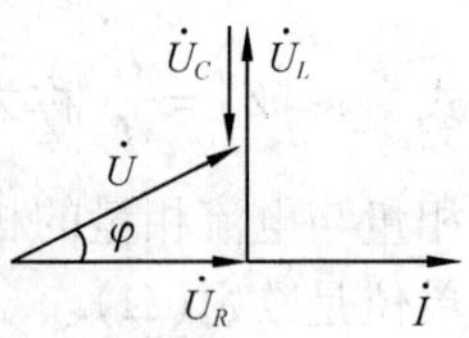

图 4-14　例 4-6 的 *RLC* 串联电路相量图

在画 R、L、C 串联电路的相量图时，以电流为参考相量，依次作出电阻、电感和电容的电压相量，如图 4-14 所示。

2. 导纳

阻抗可以表示为

$$Y = \frac{\dot{I}}{\dot{U}} = \frac{I \angle \psi_i}{U \angle \psi_u} = |Y| \angle \varphi_Y = |Y| e^{j\varphi_Y} = |Y|(\cos\varphi_Y + j\sin\varphi_Y) = G + jB \quad (4\text{-}8)$$

式中，$|Y| = \dfrac{I}{U}$ 称为导纳的模；$\varphi_Y = \psi_i - \psi_u$ 称为导纳的辐角，简称导纳角，反映电流

相量与电压相量的相位差；$G = |Y|\cos\varphi_Y$ 称为电导；$B = |Y|\sin\varphi_Y$ 称为电纳，导纳的

单位是西门子(S)。

由式(4-5)可得导纳 Y 的模值为 $|Y| = \sqrt{G^2 + B^2}$，辐角 $\varphi_Y = \arctan\dfrac{B}{G}$，一般无源

网络的阻抗角总在 $\dfrac{\pi}{2} \leqslant \varphi_Y \leqslant \dfrac{\pi}{2}$ 范围内。

如果无源网络内部仅含单个元件 R、L 或 C，则对应的导纳如下：

(1)电阻元件 $Y_R = \dfrac{\dot{I}}{\dot{U}} = \dfrac{1}{R} = G + j0$，电导为 G，电纳为 0；

(2)电感元件 $Y_L = \dfrac{\dot{I}}{\dot{U}} = \dfrac{1}{j\omega L} = 0 - j\dfrac{1}{\omega L}$，电阻为 0，电纳为 $-\dfrac{1}{\omega L}$，称为感性电纳，

简称感纳，用 B_L 表示；

(3)电容元件 $Y_C = \dfrac{\dot{I}}{\dot{U}} = 0 + j\omega C$，电阻为 0，电抗为 ωC，称为容性电纳，简称容

纳，用 B_C 表示。

【例 4-7】　求图 4-15(a)所示 R、L、C 并联电路的导纳 Y。

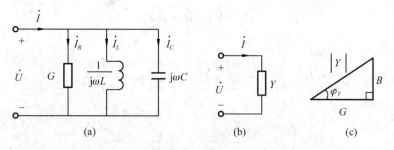

图 4-15　例 4-7 图

解　对于图 4-15(a)所示 R、L、C 并联电路，当端口外施加频率为 ω 的正弦电压时，各个支路将产生同频率的正弦电流，由基尔霍夫电流定律相量形式有

$$\dot{I} = \dot{I}_R + \dot{I}_L + \dot{I}_C$$

根据各元件电压与电流的相量关系：

$$\dot{I}_R = \frac{\dot{U}}{R}, \quad \dot{I}_L = \frac{\dot{U}}{\mathrm{j}\omega L}, \quad \dot{I}_C = \mathrm{j}\omega C \dot{U}$$

代入 KCL 相量形式方程，可得

$$Y = \frac{1}{R} + \mathrm{j}\omega C + \frac{1}{\mathrm{j}\omega L} = \frac{1}{R} + \mathrm{j}\left(\omega C - \frac{1}{\omega L}\right) = G + \mathrm{j}B$$

式中，$B = \omega C - \dfrac{1}{\omega L}$，因此导纳 Y 的模和导纳角分别为

$$|Y| = \sqrt{G^2 + B^2}, \quad \varphi_Y = \arctan\left[\frac{\omega C - \dfrac{1}{\omega L}}{G}\right]$$

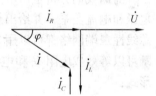

当 $B > 0$，即 $\omega C > \dfrac{1}{\omega L}$ 时，称导纳 Y 呈容性；当 $B < 0$，即 $\omega C < \dfrac{1}{\omega L}$ 时，称导纳 Y 呈感性。

**图 4-16　R、L、C
并联电路相量图**

在画 R、L、C 并联电路的相量图时，以电压为参考相量，依次作出电阻、电感和电容的电流相量，如图 4-16 所示。

【例 4-8】　求图 4-17 所示电路的等效阻抗 Z。

解　图 4-16 所示电路的等效阻抗，根据定义为

$$Z = \frac{\dot{U}}{\dot{I}_1}$$

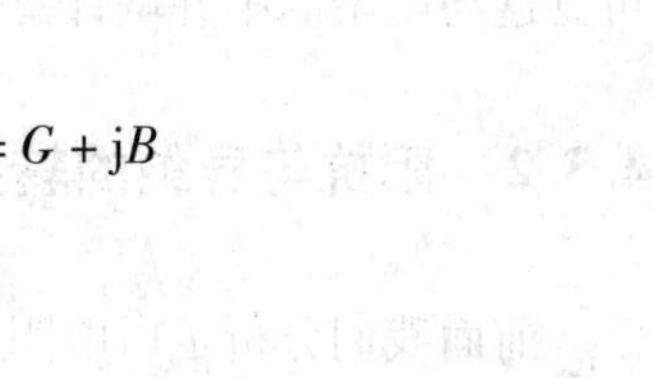

根据 KCL 有

$$\dot{I}_1 = \dot{I}_2 + \dot{I}_3$$

由于阻抗 Z_2 与阻抗 Z_3 上电压相同，与其电流取关联参考方向并分别用 $\dot{U}_2$、$\dot{U}_3$ 表示，因此有

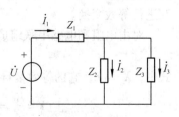

图 4-17　例 4-8 图

$$\dot{U}_2 = \dot{U}_3 = \dot{U} - \dot{I}_1 Z_1$$

则得

$$\dot{I}_2 = \frac{\dot{U}_2}{Z_2} = \frac{\dot{U} - \dot{I}_1 Z_1}{Z_2}, \quad \dot{I}_3 = \frac{\dot{U}_3}{Z_3} = \frac{\dot{U} - \dot{I}_1 Z_1}{Z_3}$$

于是得到

$$\frac{\dot{U}}{\dot{I}_1} = \frac{\dot{U}}{\dot{I}_2 + \dot{I}_3} = \frac{\dot{U}}{\dfrac{\dot{U} - \dot{I}_1 Z_1}{Z_2} + \dfrac{\dot{U} - \dot{I}_1 Z_1}{Z_3}}$$

推导得

$$(Z_1 Z_2 + Z_1 Z_3 + Z_2 Z_3)\dot{I}_1 = (Z_2 + Z_3)\dot{U}$$

因此有

$$Z = \frac{\dot{U}}{\dot{I}_1} = Z_1 + \frac{Z_2 Z_3}{Z_2 + Z_3}$$

可见这与电阻的串并联计算形式完全相同。

4.3.2　阻抗与导纳的转换

前面我们分析了由电阻、电感和电容分别串联和并联组成的电路在正弦激励下的电压和电流关系，并给出了复阻抗和复导纳的概念。在引入这些概念后，任何一个无源线性二端网络都可以用参数 Z 和 Y 来表征，即对外部电路而言，线性无源二端网络既可以等效成电阻 R 和电抗 X 的串联形式，也可以等效成电导 G 和电纳 B 的并联形式：

$$Z = R + jX, \quad Y = G + jB$$

事实上对任何无源网络来说，它的复阻抗和复导纳互为倒数，即

$$Y = \frac{1}{Z} \ 或 \ Z = \frac{1}{Y}$$

这就是说，对同一个支路既可用阻抗 Z 表示，也可用导纳 Y 表示，所以 Z 与 Y 可相互进行等效变换。

对由电阻和电感串联组成的电路，如图 4-18（a）所示，它的复阻抗为

$$Z = R + jX$$

式中，$X = \omega L$，它的等效复导纳为

$$Y = \frac{1}{Z} = \frac{1}{R + jX} = \frac{R}{R^2 + X^2} - j\frac{X}{R^2 + X^2} = G + jB$$

可见，并联的等效电导和电纳分别为 $G = \dfrac{R}{R^2 + X^2}$，$B = \dfrac{-X}{R^2 + X^2}$。

注意，一般情况下 $G \neq \dfrac{1}{R}$，$B \neq \dfrac{1}{\omega L}$。表示等效复导纳的并联电路如图 4-18(b)所示。

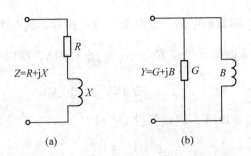

图 4-18　复阻抗与复导纳的等效变换

对于由电导 G 和电纳 B(电感 L)并联组成的电路，如图 4-18(b)所示，它的复阻抗为

$$Z = \frac{1}{Y} = \frac{1}{G + \mathrm{j}B} = \frac{G}{G^2 + B^2} - \mathrm{j}\,\frac{B}{G^2 + B^2} = R + \mathrm{j}X$$

式中，$B = \dfrac{1}{\omega L}$，$R = \dfrac{G}{G^2 + B^2}$，$X = \dfrac{-B}{G^2 + B^2}$。同样，一般情况下 $R \neq \dfrac{1}{G}$，$X \neq \dfrac{1}{B}$。表示等效复阻抗的串联电路如图 4-18(a)所示。

【例 4-9】　电路如图 4-19(a)所示，若各电流表读数相等，求各电流两两之间相位差。

解　由图 4-19(a)可知 $\dot{I}_1 = \dot{I}_2 + \dot{I}_3$，根据已知条件有 $|\dot{I}_1| = |\dot{I}_2| = |\dot{I}_3|$，用相量图表示 3 个电流构成的正三角形，如图 4-19(b)或(c)所示。由此可看出 $\dot{I}_2$ 和 $\dot{I}_3$ 相差 120°，$\dot{I}_1$ 和 $\dot{I}_3$ 相差 60°，$\dot{I}_1$ 和 $\dot{I}_2$ 相差 60°。

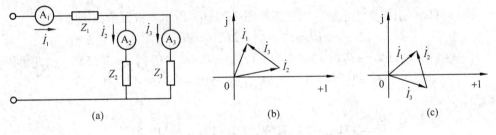

图 4-19　例 4-9 图

【例 4-10】　电路如图 4-20 所示，各交流电压表的读数分别为 $V = 100\text{V}$，$V_1 = 171\text{V}$，$V_2 = 240\text{V}$，$Z_2 = \mathrm{j}60\Omega$，试求阻抗 Z_1。

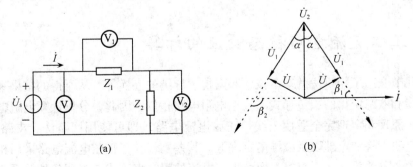

图 4-20　例 4-10 图

解 对于 Z_1 和 Z_2 串联的电路，设电流为参考相量，其电流相量 $\dot{I} = I\angle 0°$。

由 $V_2 = 240\text{V}$，$Z_2 = \text{j}60\Omega$，可知 $I = \dfrac{U_2}{|Z_2|} = \dfrac{240}{60}\text{A} = 4\text{A}$，所以有

$$\dot{U}_2 = Z_2\,\dot{I}_2 = \text{j}60 \times 4\text{V} = 240\angle 90°\,\text{V}$$

已知 $V = 100\text{V}$，$V_1 = 171\text{V}$，因此可设 $\dot{U}_1 = 171\angle\varphi_1\text{V}$，$\dot{U} = 100\angle\varphi\text{V}$。由 KVL 知

$$\dot{U} = \dot{U}_1 + \dot{U}_2$$

因此有
$$100\angle\varphi = 171\angle\varphi_1 + 240\angle 90°$$

得到
$$100\cos\varphi = 171\cos\varphi_1,\quad 100\sin\varphi = 171\sin\varphi_1 + 240$$

解得
$$\varphi_1 = -69.42°\text{或}\ \varphi_1 = -110.58°$$

当 $\varphi_1 = -69.42°$ 时，求得

$$Z_1 = \frac{\dot{U}_1}{\dot{I}} = \frac{171\angle -69.42°}{4\angle 0°}\Omega = 42.75\angle -69.42°\Omega = (15.03 - \text{j}40.02)\,\Omega$$

该阻抗呈容性；

当 $\varphi_1 = -110.58°$ 时，求得 $Z = (-15.03 - \text{j}40.02)\,\Omega$，得到阻抗为负电阻，不满足要求，为无效解。

同样可以利用相量法求解，相量图如图 4-20(b) 所示。根据余弦定理有
$$U^2 = U_1^2 + U_2^2 - 2U_1U_2\cos\alpha$$

代入数据，有 $100^2 = 171^2 + 240^2 - 2\times 171\times 240\cos\alpha$，得到 $\alpha = 20.58°$，由此解得
$$\beta_1 = 90° - \alpha = 110.58°,\quad \beta_2 = 90° + \alpha = 69.42°$$

因此有
$$\dot{U}_1 = 171\angle -69.42°\text{V},\quad \dot{U}_1 = 171\angle -110.58°\text{V}$$

同样可以求得

$$Z_1 = \frac{\dot{U}_1}{\dot{I}} = \frac{171\angle -69.42°}{4\angle 0°}\Omega = 42.75\angle -69.42°\Omega = (15.03 - \text{j}40.02\ )\,\Omega$$

4.4　正弦交流电路稳态响应的计算

前几节介绍了相量法的基本概念和阻抗、导纳的互换等，从所得的结果来看基尔霍夫定律和欧姆定律的相量形式与线性电阻电路相似。因此，分析计算电阻电路的各种方法、原理和定理完全适用于线性正弦电流电路，即可使用回路法、支路(电流)法、节点法、叠加定理以及戴维南定理等。其差别仅在于正弦电流电路采用相量的形式来表示各种关系，而不直接引用电压、电流的瞬时表达式来表征各种关系。虽然正

弦电路的计算可以采用直流电路的计算方法，但是其实际计算过程很复杂。而交流计算中列出的方程都是复数方程，各变量的计算既要考虑有效值，又要考虑相位角的问题，相应计算应为复数运算。

【**例4-11**】 电路如图4-21(a)所示，已知$R_1 = 10\Omega$，$L = 0.5H$，$C = 10\mu F$，$R_2 = 10\Omega$，$U = 100V$，$\omega = 314rad/s$。求：(1)辐角$\psi_u - \psi_i$；(2)电流相量$\dot{I}$、$\dot{I}_1$、$\dot{I}_2$。

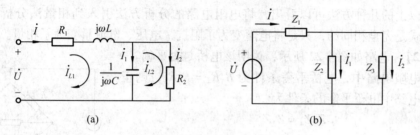

(a)　　　　　　　　　　　　(b)

图4-21　例4-11图

解 方法一：等效变换法。由图4-21(b)得

$$Z_1 = R_1 + j\omega L = (10 + j157)\Omega, \quad Z_2 = -j\frac{1}{\omega C} = -j\frac{1}{314 \times 10 \times 10^{-6}}\Omega, \quad Z_3 = R_2 = 10\Omega$$

电路的等效阻抗Z为

$$Z = Z_1 + \frac{Z_2 Z_3}{Z_2 + Z_3}$$

代入数值得

$$Z = 166.99\angle -52.3°\Omega$$

从而得到

$$\psi_u - \psi_i = -52.3°$$

设$\dot{U} = U\angle 0°$为参考相量，则有

$$\dot{I} = \frac{\dot{U}}{Z} = 0.60\angle 52.3°A$$

因此有

$$\dot{I}_1 = \frac{Z_3}{Z_2 + Z_3}\dot{I} = 0.57\angle 69.97°A, \quad \dot{I}_2 = \frac{Z_2}{Z_2 + Z_3}\dot{I} = 0.18\angle -20.03°A$$

方法二：系统分析法。设$\dot{U} = U\angle 0°$为参考相量。

①用回路电流法列方程：

$$(Z_1 + Z_2)\dot{I}_{L1} - Z_2\dot{I}_{L2} = \dot{U}$$

$$-Z_2\dot{I}_{L1} + (Z_2 + Z_3)\dot{I}_{L2} = 0$$

上述2个方程联立，可求得回路电流$\dot{I}_{L1}$和$\dot{I}_{L2}$，由图4-21可知

$$\dot{I} = \dot{I}_{L1}, \quad \dot{I}_1 = \dot{I}_{L1} - \dot{I}_{L2}, \quad \dot{I}_2 = \dot{I}_{L2}$$

②用节点电压法。设$\dot{U} = U\angle 0°$为参考相量，则有

$$\left(\frac{1}{Z_1}+\frac{1}{Z_2}+\frac{1}{Z_3}\right)\dot{U}_{n1}=\frac{\dot{U}}{Z_1}$$

可解得 $\dot{U}_{n1}$，由于 $\dot{I}=\dfrac{\dot{U}-\dot{U}_{n1}}{Z_1}$，$\dot{I}_1=\dfrac{\dot{U}_{n1}}{Z_2}$，$\dot{I}_2=\dfrac{\dot{U}_{n1}}{Z_3}$，因此可求解得到电流相量 $\dot{I}$、$\dot{I}_1$、$\dot{I}_2$。

从以上的几种方法可以看出，将电阻电路的分析方法引入到相量法分析的电路中，形式是完全相同的，只是将电阻变为了阻抗，电压、电流量变为了相量。

【例 4-12】　电路如图 4-22 所示，说明该电桥是否平衡。

解　在电阻电路中，电桥平衡条件为 $R_1R_4=R_2R_3$，则正弦交流电路中电桥平衡的条件为

$$Z_1Z_4=Z_2Z_3$$

因此得

$$|Z_1||Z_4|\angle\psi_1+\psi_4=|Z_2||Z_3|\angle\psi_2+\psi_3$$

从而有

$$|Z_1||Z_4|=|Z_2||Z_3|,\ \psi_1+\psi_4=\psi_2+\psi_3$$

当且仅当模和辐角都对应相等时，电桥才能平衡。如

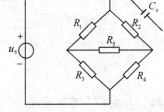

图 4-22　例 4-12 图

将 R_2 换成 C_x，则无论 R_1 如何变化都不可能平衡，因为辐角不可能相等；但若将 R_3 同时换成电感，则能够实现电桥平衡。

令 $Z_2Z_3=\mathrm{j}\omega L\left(-\mathrm{j}\dfrac{1}{\omega C}\right)=\dfrac{L}{C}$，使得 R_1R_4 在数值上等于 $\dfrac{L}{C}$，则此时该电桥满足平衡条件。

4.5　正弦交流电路的功率

4.5.1　瞬时功率、有功功率、无功功率、视在功率和功率因数

在正弦交流电路中，由于电感和电容的存在，使电路中的功率计算比直流电阻电路要复杂得多，因此我们引入平均功率(有功功率)、无功功率、视在功率、复功率和功率因数等概念，来描述正弦交流电路中的功率。

1. 瞬时功率

正弦稳态电路中的瞬时功率反映了一端口网络或元件在能量转换过程中任意时刻的状态。当电压与电流取关联参考方向时，则该端口(元件)吸收的瞬时功率为

$$p(t)=u(t)i(t) \tag{4-9}$$

式中，电压的单位为伏特(V)，电流的电位为安培(A)，瞬时功率的单位为瓦特(W)。

图 4-23(a)所示一端口网络 N 为线性无源一端口网络，其内部不含有独立电源。

选择端口的电压为参考相量，设端口的端电压和电流的函数表达式分别为

$$u(t) = \sqrt{2}U\cos\omega t \qquad i(t) = \sqrt{2}I\cos(\omega t - \varphi)$$

式中，$\varphi = \psi_u - \psi_i$，即电压相量与电流相量的相位差；$U$、$I$ 为电压相量和电流相量的有效值。将上述电压与电流的函数表达式代入式（4-9）得到

$$\begin{aligned} p(t) &= \sqrt{2}U\cos\omega t \cdot \sqrt{2}I\cos(\omega t - \varphi) \\ &= UI\cos\varphi + UI\cos(2\omega t - \varphi) \end{aligned} \tag{4-10}$$

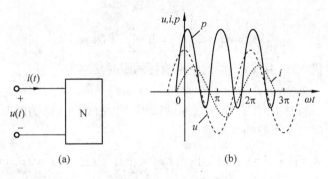

图 4-23　一端口网络的功率

瞬时功率 $p(t)$ 与电压 $u(t)$ 及电流 $i(t)$ 的波形如图 4-23（b）所示。当 $p(t) > 0$ 时，一端口网络吸收功率；当 $p(t) < 0$ 时，一端口网络发出功率。同时式（4-10）表明，正弦稳态一端口网络的瞬时功率包含 2 个部分：第一部分为不随时间变化的 $UI\cos\varphi$，是恒定量；第二部分为 $p_2 = UI\cos(2\omega t - \varphi)$，是以电压（电流）2 倍频率变化的正弦量。这两部分不足以清晰反应瞬时功率的物理本质，因此利用三角函数关系对式（4-10）进一步展开得到

$$\begin{aligned} p(t) &= UI\cos\varphi + UI\cos2\omega t\cos\varphi + UI\sin\varphi\sin2\omega t \\ &= UI\cos\varphi(1 + \cos2\omega t) + UI\sin\varphi\sin2\omega t \\ &= p_1(t) + p_2(t) \end{aligned} \tag{4-11}$$

式中，$p_1(t) = UI\cos\varphi(1 + \cos2\omega t)$，$p_2(t) = UI\sin\varphi\sin2\omega t$。

可见式（4-11）将瞬时功率重新分解为 2 个分量 $p_1(t)$ 和 $p_2(t)$，下面针对这 2 个分量逐一讨论。

对图 4-24（a）所示的一端口网络 N，其在正弦电流电路中所起的作用总可以用一个阻抗 $Z = R + jX$ 来等效代替，如图 4-24 所示。

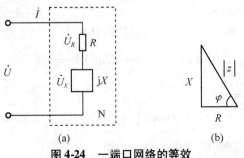

图 4-24　一端口网络的等效

将等效阻抗写成极坐标形式为

$$Z = R + jX = |Z| \angle \varphi$$

式中，φ 为阻抗角，同时也是 $\dot{U}$ 与 $\dot{I}$ 的相位差。若等效阻抗 $Z = R$，$jX = 0$，则阻抗角 $\varphi = 0$，因此有 $\sin\varphi = 0$，$\cos\varphi = 1$，且 $U = U_R$，代入式(4-9)有

$$p(t) = U_R I(1 + \cos 2\omega t) = p_R(t) \tag{4-12}$$

式(4-12)为电阻消耗的瞬时功率，在图 4-24(a)所示的一端口网络中，U_R 可以表示为

$$U_R = RI = R\frac{U}{|Z|} = U\frac{R}{|Z|} = U\cos\varphi \tag{4-13}$$

将式(4-13)代入式(4-12)，得到电阻消耗的瞬时功率为

$$p_R(t) = UI\cos\varphi(1 + \cos 2\omega t) = p_1(t) \tag{4-14}$$

可见 $p_1(t)$ 表征一端口网络实际消耗功率的瞬时值，故称 $p_1(t)$ 为瞬时功率的有功分量，该分量随时间按非正弦周期规律变化。

若等效阻抗 $Z = jX$，$R = 0$，则阻抗角 $|\varphi| = \dfrac{\pi}{2}$，因此 $\cos\varphi = 0$，$\sin\varphi = 1$，且 $U = U_X$，代入式(4-11)有

$$p(t) = U_X I\sin 2\omega t = p_X(t) \tag{4-15}$$

式(4-15)为电抗吸收的瞬时功率，在图 4-25(a)所示的一端口网络中，U_X 可以表示为

$$U_X = XI = X\frac{U}{|Z|} = U\frac{X}{|Z|} = U\sin\varphi \tag{4-16}$$

将式(4-16)代入式(4-15)，得到电抗吸收的瞬时功率为

$$p_X(t) = UI\sin\varphi\sin 2\omega t = p_2(t) \tag{4-17}$$

由电抗的储能特性知，$p_2(t)$ 表征一端口网络与外电路进行功率交换的瞬时值，故称 $p_2(t)$ 为瞬时功率的无功分量，该分量随时间以电压(电流)2 倍频按正弦规律变化。

综上所述，等效为阻抗 $Z = R + jX$ 的线性无源一端口网络，其吸收的瞬时功率是有功分量与无功分量的线性叠加。

2. 有功功率(平均功率)

由于有功分量随时间按非正弦周期规律变化，不便于计量，因此引入平均功率的概念，用大写的字母 P 表示，使其在一个周期内消耗的电能与有功分量在一个周期内消耗的电能相等，从而有效反映实际消耗的功率值。从定义可知

$$\int_0^T UI\cos\varphi(1 + \cos 2\omega t)\,\mathrm{d}t = PT$$

整理得到

$$P = \frac{1}{T}\int_0^T UI\cos\varphi(1 + \cos 2\omega t)\,\mathrm{d}t = UI\cos\varphi \tag{4-18}$$

这与瞬时功率在一个周期内的平均值相等，即

$$\frac{1}{T}\int_0^T p(t)\,\mathrm{d}t = \frac{1}{T}\int_0^T UI[\cos\varphi + \cos(2\omega t + \varphi)]\mathrm{d}t = UI\cos\varphi = P \quad (4\text{-}19)$$

因此有功功率又称平均功率。有功功率的国际单位是瓦特，简称瓦（W）。

假设一端口网络的等效阻抗 Z 仅由单一参数元件构成，当端口电压和电流有效值一定时，根据式（4-19）可知：

（1）对于电阻性阻抗，$Z = R$，$X = 0$，$\varphi = 0$，$\cos\varphi = 1$，则

$$P_R = UI = I^2 R = \frac{U^2}{R} > 0$$

显然这与直流电路中的公式相同，只不过这里的 U 和 I 分别表示电阻元件两端电压的有效值和流经电阻元件的电流有效值。

（2）对于电感性阻抗，$X = \omega L$，$R = 0$，$\varphi = \dfrac{\pi}{2}$，$\cos\varphi = 0$，则

$$P_L = 0$$

（3）对于电容性阻抗，$X = 1/(j\omega C)$，$R = 0$，$\varphi = -\dfrac{\pi}{2}$，$\cos\varphi = 0$，则

$$P_C = 0$$

这说明电感元件和电容元件不消耗功率，真正消耗功率的是电阻元件。

3. 无功功率

由于瞬时功率中的无功分量随时间以 2 倍频按正弦规律变换，且在一个周期内的平均值为零，因此引入无功功率的概念，将其定义为无功分量的最大值，用以衡量储能元件与外部电路进行能量交换的规模，它代表与外部电路进行能量交换的最高速率，用大写字母 Q 来表示，其单位为乏（var），因此有

$$Q = UI\sin\varphi\sin 2\omega t\,\big|_{\omega t = \frac{\pi}{4} + k\pi} = UI\sin\varphi \quad (4\text{-}20)$$

假设一端口网络的等效阻抗 Z 仅由单一参数元件构成，当端口电压和电流有效值一定时，根据式（4-20）可知：

（1）对于电阻性阻抗，$Z = R$，$X = 0$，$\varphi = 0$，$\sin\varphi = 0$，则

$$Q_R = 0$$

（2）对于电感性阻抗，$Z = X = \omega L$，$R = 0$，$\varphi = \dfrac{\pi}{2}$，$\sin\varphi = 1$，则

$$Q_L = UI$$

（3）对于电容性阻抗，$Z = X = 1/(j\omega C)$，$R = 0$，$\varphi = -\dfrac{\pi}{2}$，$\sin\varphi = -1$，则

$$Q_C = -UI$$

这说明电阻元件的无功功率为零，电感元件吸收无功功率，电容元件发出无功功率。

4. 视在功率

视在功率又称表观功率，定义为端口的电压有效值与电流有效值之积，用大写字

母 S 表示, 即

$$S = UI \qquad\qquad (4\text{-}21)$$

它是满足一端口网络有功功率和无功功率需要时, 外部电路提供的功率容量, 如发电机和变压器的容量用视在功率来表征, 其单位为伏安 (V·A)。

有功功率、无功功率与视在功率三者之间的关系为

$$P = S\cos\varphi, \quad Q = S\sin\varphi, \quad S = \sqrt{P^2 + Q^2}$$

因此可以得到功率三角形如图 4-25(a) 所示。

图 4-25　功率与阻抗三角形

(a) 功率三角形；(b) 阻抗三角形

对比图 4-25(b) 所示阻抗三角形, 若设阻抗 $Z = R + jX$, 则有功功率为

$$P = UI\cos\varphi = UI\frac{R}{|Z|} = UI(R/\frac{U}{I}) = RI^2$$

无功功率为

$$Q = UI\sin\varphi = UI\frac{X}{|Z|} = UI\left(X/\frac{U}{I}\right) = XI^2 = (X_L - X_C)I^2$$

视在功率为

$$S = UI = I|Z|I = |Z|I^2$$

由上面几式可以看出, 视在功率、有功功率和无功功率所构成的功率三角形, 可以由阻抗三角形的每一边乘以 I^2 得到。

上面所有的单位 W、var 和 V·A, 其量纲相同, 采用不同符号的目的是为了区分 3 个不同的功率。

5. 功率因数

功率因数是衡量电能传输效果的一个非常重要的指标, 定义为系统有功功率与视在功率之比, 用字母 λ 表示, 即

$$\lambda = \frac{P}{S} = \frac{UI\cos\varphi}{UI} = \cos\varphi \qquad\qquad (4\text{-}22)$$

在电力系统中将 $\cos\varphi$ 称为功率因数, φ 称为功率因数角, 对于不发出有功功率的一端口网络, 当端口电压与电流取关联参考方向时有 $P = UI\cos\varphi \geqslant 0$, 因此 $0 \leqslant \cos\varphi \leqslant 1$, $-\dfrac{\pi}{2} \leqslant \varphi \leqslant \dfrac{\pi}{2}$。由于 φ 也是阻抗角, 如图 4-25(b) 所示, 反映端口电压相量与电流相量的相位差, 若电抗 $X > 0$ 呈电感性, 有 $0 < \varphi \leqslant \dfrac{\pi}{2}$, 表明电压相量超前于电

流相量，此时的 $\cos\varphi$ 称为超前的功率因数；若电抗 $X < 0$ 呈电容性，有 $-\dfrac{\pi}{2} \leqslant \varphi < 0$，表明电压相量滞后于电流相量，此时的 $\cos\varphi$ 称为滞后的功率因数；若电抗 $X = 0$，有 $\varphi = 0$，说明一端口网络为纯电阻网络，其功率因数达最大值 $\cos\varphi = 1$。

联立式(4-19)和(4-20)可得功率因数角为

$$\varphi = \arctan\left(\frac{Q}{p}\right) \tag{4-23}$$

【例4-13】　有一负载，其阻抗 $Z_L = (8 + jX)\Omega$，当有电流 $\dot{I}_1 = 5\angle 20°\mathrm{A}$ 及 $\dot{I}_2 = (2 + j5)$ A 分别流过时，试计算负载所吸收的平均功率。

解　根据阻抗与功率三角形，有功功率为

$$P = UI\cos\varphi = UI\frac{R}{|Z|} = UI \cdot (R / \frac{U}{I}) = RI^2$$

代入 $\dot{I}$ 及 $\dot{I}_2$ 数据得

$$P_1 = 5^2 \times 8\mathrm{W} = 200\mathrm{W}, \quad P_2 = (2^2 + 5^2) \times 8\mathrm{W} = 232\mathrm{W}$$

本例可以看出有功功率只有电路中的电阻元件才消耗。

【例4-14】　电路如图4-26所示，已知 Z_1 呈感性，当开关 k 闭合时，$V = 220\mathrm{V}$，$A = 10\mathrm{A}$，$W = 1000\mathrm{W}$（有功功率）；当 k 断开时，$V = 220\mathrm{V}$，$A = 12\mathrm{A}$，$W = 1600\mathrm{W}$（有功功率）。求阻抗 Z_1 和 Z_2。

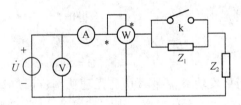

图 4-26　例 4-14 图

解　设 $Z_1 = R_1 + jX_1$，$Z_2 = R_2 + jX_2$，当 k 闭合时，Z_1 被短路，电路总阻抗为 Z_2。已知

$$S_2 = 220 \times 10\mathrm{V} \cdot \mathrm{A} = 2200\mathrm{V} \cdot \mathrm{A}, \quad P_2 = 1000\mathrm{W}$$

有

$$\cos\varphi_2 = \frac{P_2}{S_2} = \frac{P_2}{U_2 I_2} = \frac{1000}{220 \times 10} = 0.45$$

得 $\varphi_2 = \arccos 0.45 = \pm 62.96°$。

由于 $|Z_2| = \dfrac{U}{I} = \dfrac{220}{10}\Omega = 22\Omega$，因此得到

$$Z_2 = (10 \pm j19.596)\Omega$$

当 k 断开后，Z_1、Z_2 串联，电路总阻抗 $Z = Z_1 + Z_2$，功率因数

$$\cos\varphi = \frac{P}{S} = \frac{1600}{220 \times 12} = 0.606$$

解得 $\varphi = \pm 52.695°$。

由于 $Z = Z_1 + Z_2 = \dfrac{U}{I} \angle \varphi = \dfrac{220}{12} \angle \pm 52.695°$，故可得

$$Z = (11.11 \pm j14.58)\Omega$$

因为 Z_1 呈感性，即 $Z_1 = R_1 + jX_1$，其中 $X_1 > 0$，所以 Z_2 只能取 $Z_2 = (10 - j19.596)\Omega$。

由于 $Z_1 = Z - Z_2$，当 $Z = (11.11 + j14.58)\Omega$，$Z_2 = (10 - j19.596)\Omega$ 时，有

$$Z_1 = [11.11 + j14.58 - (10 - j19.596)]\Omega = 1.11 + j34.176\Omega = 34.194 \angle 88.14°\Omega$$

当 $Z = (11.11 - j14.58)\Omega$，$Z_2 = (10 - j19.596)\Omega$ 时，有

$$Z_1 = [11.11 - j14.58 - (10 - j19.596)]\Omega = (1.11 + j5.016)\Omega = 5.137 \angle 77.52°\Omega$$

4.5.2 复功率

通过对瞬时功率的分析可以知道，瞬时功率等于 2 个同频率正弦量即电压相量与电流相量的乘积，瞬时功率的变化频率是电压或电流的频率的 2 倍，乘积结果是一个非正弦周期量，所以不能引用相量法来讨论。这里所指的复功率，定义为一端口网络或元件的电压相量与共轭电流相量的乘积，用字母 $\bar{S}$ 表示，复功率的单位用 V·A。即

$$\bar{S} = \dot{U}\dot{I}^* \tag{4-24}$$

式中，$\dot{I}^*$ 表示 $\dot{I}$ 的共轭。将 $\dot{U} = U\angle\psi_u$，$\dot{I} = I\angle\psi_i$，$\dot{I}^* = I\angle -\psi_i$ 代入式(4-15)有

$$\bar{S} = \dot{U}\dot{I}^* = UI\angle\psi_u - \psi_i$$
$$= UI\angle\varphi = S\angle\varphi = S(\cos\varphi + j\sin\varphi) = P + jQ \tag{4-25}$$

式(4-25)实部 P 为平均功率，虚部 Q 为无功功率，辐角 φ 为功率因数角。可以看出复功率可以将有功功率、无功功率、视在功率及功率因数统一用一个式子表示，因此用电压相量及电流相量的共轭之乘积求出复功率，实际上就确定了上述各量。复功率这种表达方式常应用于电力系统计算中。应当注意，$\bar{S}$ 是一个复数，但不是正弦量，不能写成 $\dot{S}$，而且 $\dot{U}\dot{I}$ 也是没有意义的。显然复功率的概念不仅适用于单个电路元件也适用于任何一端口电路。

对于无源一端口网络，其端口可以用等效阻抗 Z 或等效导纳 Y 来表示。

设一端口无源网络的等效阻抗为 $Z = R + jX$，则端口电压相量与电流量的关系为 $\dot{U} = Z\dot{I} = (R + jX)\dot{I}$，复功率 $\bar{S}$ 可以写为

$$\bar{S} = \dot{U}\dot{I}^* = \dot{I}Z\dot{I}^* = \dot{I}\dot{I}^*Z = I^2Z = I^2(R + jX) \tag{4-26}$$

当 $Z = R$ 时，复功率为 $\bar{S_R} = \dot{U}\dot{I}^* = I^2Z = RI^2$；

当 $Z = j\omega L$ 时，复功率为 $\bar{S_L} = \dot{U}\dot{I}^* = I^2Z = j\omega LI^2$；

当 $Z = \dfrac{1}{j\omega C}$ 时，复功率为 $\bar{S_C} = \dot{U}\dot{I}^* = I^2Z = -j\dfrac{1}{\omega C}I^2$。

设一端口无源网络的等效导纳为 $Y = G + jB$，则端口电压相量与电流量的关系为 $\dot{I} = \dot{Y}U = (B + jG)\dot{U}$，复功率 $\bar{S}$ 可以写为

$$\bar{S} = \dot{U}\dot{I}^* = \dot{U}(\dot{Y}U)^* = \dot{U}\dot{U}^*Y^* = U^2Y^* = U^2(B - jG) \tag{4-27}$$

在整个电路中满足复功率守恒、有功功率守恒以及无功功率守恒。下面简要证明这个结论：

若一个复杂电路有 n 个节点，其编号分别为 1，2，3，…，n，选第一节点为参考节点，设 $\dot{U}_1 = 0$，其他节点的电压相量分别用 $\dot{U}_2$，$\dot{U}_3$，…，$\dot{U}_n$ 表示。由前面的讨论可知，连于节点 i 与节点 j 支路上元件的复功率为

$$\bar{S}_{ij} = (\dot{U}_i - \dot{U}_j)\dot{I}_{ij}^*$$

式中，$i \neq j$，$\dot{I}_{ij}^*$ 为由节点 i 流入、由节点 j 流出的电流相量的共轭复数。

整个电路的各个支路的复功率之和为

$$\sum \bar{S} = \frac{1}{2}\sum_{i=1}^{n}\sum_{j=1}^{n}\bar{S}_{ij} = \frac{1}{2}\sum_{i=1}^{n}\sum_{j=1}^{n}(\dot{U}_i - \dot{U}_j)\cdot\dot{I}_{ij}^*$$

$$= \frac{1}{2}\sum_{i=1}^{n}\dot{U}_i\sum_{j=1}^{n}\dot{I}_{ij}^* - \sum_{j=1}^{n}\dot{U}_j\sum_{i=1}^{n}\dot{I}_{ij}^*$$

式中，$i \neq j$。由基尔霍夫电流定律可知

$$\sum_{j=1}^{n}\dot{I}_{ij}^* = \sum_{i=1}^{n}\dot{I}_{ij}^* = 0$$

故此 $\sum \bar{S} = 0$，即 $\sum(P + jQ) = 0$。因此得到 $\sum P = 0$，$\sum Q = 0$。

【例 4-15】 电路如图 4-27 所示，若电压源电压相量与各个支路电流相量已知，试分析电源发出的复功率、视在功率与阻抗吸收的复功率和视在功率是否守恒。

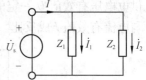

图 4-27　例 4-15 图

解　电源发出复功率为 $\bar{S} = \dot{U}_s\dot{I}^*$，视在功率为 $S = U_sI$；

阻抗 Z_1 吸收的复功率为 $\bar{S}_1 = \dot{U}_s\dot{I}_1^*$，视在功率为 $S = U_sI_1$；

阻抗 Z_2 吸收的复功率为 $\bar{S}_2 = \dot{U}_s\dot{I}_2^*$，视在功率为 $S = U_sI_2$；

由基尔霍夫电流定律可知 $\dot{I}^* = \dot{I}_1^* + \dot{I}_2^*$，除电阻性电路外，其他情况 $I_1 + I_2 \neq I$。因此有复功率守恒而视在功率不守恒。

【例 4-16】 电路如图 4-28 所示，已知 $I_s = 10A$，$\omega = 1000\text{rad/s}$，$R_1 = 10\Omega$，$j\omega L_1 = j25\Omega$，$R_2 = 5\Omega$，$-j\dfrac{1}{\omega C} = -j15\Omega$，求各支路的复功率。

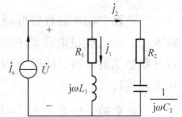

图 4-28　例 4-12 图

解　选定电源电流为参考相量，设 $\dot{I}_s = 10\angle 0°$。根据分流公式有

$$\dot{I}_1 = \dot{I}_s \frac{R_2 - j\dfrac{1}{\omega C_2}}{R_1 + j\omega L_1 + R_2 - j\dfrac{1}{\omega C_2}} = 10 \times \frac{5 - j15}{10 + j25 + 5 - j15}A = 8.77\angle -105.25°A$$

$$= (-2.3 - j8.46)A$$

$$\dot{I}_2 = \dot{I}_s - \dot{I}_1 = (12.31 + j8.46)A$$

各支路吸收的复功率为

$$\bar{S}_1 = \dot{U}\dot{I}_1{}^* = Z_1\dot{I}_1\dot{I}_1{}^* = Z_1 I_1{}^2 = (769 + j1923)V \cdot A$$

$$\bar{S}_2 = \dot{U}\dot{I}_2{}^* = Z_2\dot{I}_2\dot{I}_2{}^* = Z_2 I_2{}^2 = (1116 - j3347)V \cdot A$$

$$\bar{S} = \dot{U}\dot{I}{}^*_s = Z_1\dot{I}_1\dot{I}{}^*_s = (1884 - j1424)V \cdot A$$

电流源发出的复功率为

$$\bar{S} = \bar{S}_1 + \bar{S}_2 = (1885 - j1424)V \cdot A$$

4.5.3 功率因数的提高

在电力系统中的电力负荷如电机设备、变压器、荧光灯及高频感应炉等，大多属于电感性负荷，这些电感性的设备在运行过程中不仅需要向电力系统吸收有功功率，还同时吸收无功功率。

低压供配电系统如图 4-29 所示，当用电设备确定后，设备所需要的有功功率与无功功率也相应确定。若某企业的等效复阻抗为 $Z_L = R + jX$，在吸收的有功功率 P 及供电电压有效值 U 一定的条件下，由有功功率 $P = UI\cos\varphi$ 关系，可知功率因数 $\cos\varphi$ 与电流有效值 I 成反比。

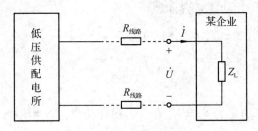

图 4-29 低压供配电系统

当电路中功率因数较低时，电流有效值 I 较大，将增加线路的功率损耗 $P_{线路} = 2I^2 R_{线路}$，而且使供电容量不能充分利用。提高功率因数的一种方法是在感性负载两端并联适当的电容，使得无功功率的转换基本在企业内部进行，而不是与低压供配电所之间进行。

该企业的供电容量为 $S = UI = \sqrt{P^2 + Q^2}$，并联电容的作用是在不改变有功功率前提下减小无功功率，从而减小了供电容量，在电压一定的情况下使得供电电流有效值降低，从而达到了减少线路及供配电设备损耗的目的。功率因数 $\cos\varphi = \dfrac{P}{S}$，由于 P 不变，S 减小便使得功率因数得到了提高。

【例 4-17】　电路如图 4-30 所示，已知 $f = 50\,\text{Hz}$，$U = 380\,\text{V}$，有功功率 $P = 20\,\text{kW}$，功率因数 $\lambda_1 = 0.6$（感性），要使得功率因数提高到 $\lambda_1 = 0.9$，试求需要并联多大的电容。

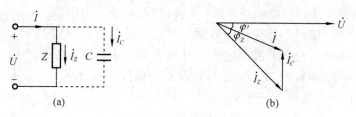

图 4-30　功率因数的提高

解　可以通过相量图法进行求解。选择电压相量为参考相量，在并联电容前，功率因数为 $\lambda_1 = 0.6$（感性），设阻抗角为 $\varphi_Z = \arccos 0.6 = -53.13°$，则有

$$\sin\varphi_Z = -0.8$$

$$I_Z = \frac{P}{U\lambda_1} = \frac{20000}{380 \times 0.6}\text{A} = 87.7\,\text{A}$$

当并联电容后，功率因数为 $\lambda_1 = 0.9$，设阻抗角为 $\varphi' = \arccos 0.9 = \pm 25.8°$，这里选择阻抗角为 $\varphi' = -25.8°$，总阻抗呈感性（当 $\varphi' = 25.8°$ 时称为过补偿），$\sin\varphi' = -0.435$，总电流为

$$I = \frac{P}{U\lambda_1} = \frac{20000}{380 \times 0.9}\text{A} = 58.48\,\text{A}$$

根据基尔霍夫电流定律有

$$\dot{I} = \dot{I}_Z + \dot{I}_C$$

相量图如图 4-31（b）所示，根据三角函数关系可得

$$I\cos\varphi' = I_Z\cos\varphi_Z \tag{4-28}$$

$$I\sin\varphi' + I_C = I_Z\sin\varphi_Z \tag{4-29}$$

代入数据，可求得

$$I_C = 44.69\,\text{A}$$

因此得到

$$C = \frac{I_C}{\omega U^2} = 375\,\mu\text{F}\,。$$

也可以根据并联电容不改变有功功率只减少无功功率这一点出发进行求解。

在并联电容前，无功功率 $Q_Z = P\tan\varphi_Z$；

在并联电容后，无功功率为 $Q = P\tan\varphi'$，因而

$$Q_C = Q_Z - Q = U\omega C$$

因此得到

$$C = \frac{P}{U^2 \omega}(\tan\varphi_Z - \tan\varphi') \qquad (4-30)$$

式(4 – 30)可以通过联立方程(4-28)和(4-29)得到。

4.5.4　最大功率传输

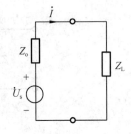

电路为含源一端口网络向外电路(负载)传输功率,当传输的功率很小时,一般不必计算传输效率,常常要研究使负载获得最大功率的条件。根据戴维南定理,可将含源一端口网络等效为电压源和阻抗串联的形式,接入负载 Z_L,如图 4-31 所示,下面分析 Z_L 在什么条件下获得最大功率。

图 4-31　最大功率传输

设 $Z_o = R_o + jX_o$,$Z_l = R_L + jX_L$,则负载电流相量为

$$\dot{I} = \frac{\dot{U}_s}{Z_o + Z_l} = \frac{\dot{U}_s}{(R_o + R_L) + j(X_o + X_L)}$$

负载获得的有功功率为

$$P = R_L I^2 = \frac{U_s{}^2 R_L}{(R_o + R_L)^2 + (X_o + X_L)^2}$$

首先考虑使得有功功率最大,显然需要满足 $X_o + X_L = 0$,即 $X_L = -X_o$,这时有

$$P = \frac{R_L}{(R_o + R_L)^2} U_s{}^2$$

获得最大功率时,R_L 需满足如下条件:

$$\frac{dP}{dR_L} = \frac{d}{dR_L}\frac{R_L U_s{}^2}{(R_o + R_L)^2} = \frac{U_s{}^2 (R_o + R_L)^2 - R_L U_s{}^2 2(R_o + R_L)}{(R_o + R_L)^4} = U_s{}^2 \frac{R_o - R_L}{(R_o + R_L)^3} = 0$$

于是得到 $R_o = R_L$。

所以当 $R_L + jX_L = R_o - jX_o$,即负载复阻抗与电源的复阻抗互为共轭复数 $Z_L = Z_o^*$ 时,Z_L 将获得最大功率,其值为 $P_{max} = \frac{U_s{}^2}{4R_o}$。

当 $Z_L = Z_o{}^*$ 时,电源输出的电流为

$$I = \frac{U_s}{R_o + R_L} = \frac{U_s}{2R_o}$$

电源输出的功率

$$P_s = U_s I = \frac{U_s{}^2}{2R_o}$$

因此 Z_L 获得的最大功率 P_{max} 与电源输出功率的比值为

$$\eta = \frac{U_s{}^2/4R_o}{U_s^2/2R_o} \times 100\% = 50\%$$

显然这种低效率的传输在电力系统中不能采用,但在弱电系统(如通信、自动控制)中,这种获得最大功率的方式是常常采用的。这一条件称为最佳匹配,而电路处

于串联谐振状态。

【例 4-18】　电路如图 4-32(a)所示，已知 $u_s = 2\sin(0.5t + 120°)\,\text{V}$，$\gamma_m = 1$，$Z_L$ 为负载，试计算当负载从电源获得最大功率时 Z_L 的值。

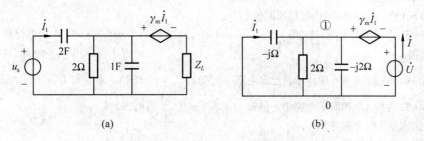

图 4-32　例 4-18 图

解　利用外施激励法求取该有源网络的等效阻抗，将电压源 u_s 置零后所示。在外部施加一个电压源，该电压源电压相量为 $\dot{U}$ 如图 4-32(b)，在其端口处所产生的电流相量为 $\dot{I}$ 。

节点电压方程为

$$\dot{U}_{n1}\left(\frac{1}{2} + \frac{1}{-j} + \frac{1}{-j2}\right) = \dot{I}$$

由于 $\dot{U}_{n1} = \gamma_m \dot{I}_1 + \dot{U} = \dot{I}_1 + \dot{U}$，$\dot{I}_1 = -\dfrac{\dot{U}_{n1}}{-j} = -j\dot{U}_{n1}$，联立得到 $\dot{U}_{n1} = \dfrac{\dot{U}}{1+j}$，代入节点电压方程得

$$\frac{\dot{U}}{1+j}\left(\frac{1}{2} + \frac{1}{-j} + \frac{1}{-j2}\right) = \dot{I}$$

因此有

$$Z_o = \frac{\dot{U}}{\dot{I}} = \frac{1+j}{\dfrac{1}{2} + j\dfrac{3}{2}}\,\Omega = 0.89\angle -26.8°\,\Omega$$

根据最大功率传输定理，当 $Z_L = Z_o{}^* = 0.89\angle 26.8°\,\Omega$ 时，得到最大功率。

习　题

题 4-1. 将下列复数化为代数式：

(1) $F_1 = 0.8\angle 30°$；(2) $F_2 = 100\angle -90°$；(3) $F_3 = 120\text{e}^{-150°}$；(4) $F_4 = 5\angle -145°$；(5) $F_5 = 220\text{e}^{120°}$；(6) $F_6 = 1.5\angle 45°$

题 4-2. 将下列复数化为极坐标式：

(1) $F_1 = j100$；(2) $F_2 = 4 - j3$；(3) $F_3 = -5 + j5$；(4) $F_4 = -20 - j10$；(5) $F_5 = 6 + j8$；(6) $F_6 = 0.9 + j0.92$

题 4-3. 求题 4-2 中的 $F_3 + F_4$，$F_5 \cdot F_2$ 和 $\dfrac{F_5}{F_2}$。

题 4 - 4. 已知正弦电压 $u = 300\sin\left(314 + \dfrac{\pi}{6}\right)$V，求：

（1）振幅、相位、频率和周期值；

（2）画出电压波形图；

（3）$t = 0$ 和 $t = 0.015$s 时电压的瞬时值。

题 4 - 5. 求两正弦电流 $i_1(t) = -15\sin(\omega t - 120°)$A，$i_2(t) = 8\cos(\omega t + 60°)$A 的电位差 φ_{12}，并画出相量图。

题 4 - 6. 电路如题 4-6 图所示，已知电阻 $R = 50\Omega$，$I_R = I_C = 50$A，求 $\dot{I}$ 和 $\dot{U}_S$。

题 4 - 7. 在题 4-7 图所示电路中，已知 $\dot{U} = 20\angle 60°$，$\dot{I} = 8\angle 30°$A。

（1）试求复阻抗 Z 和导纳 Y；

（2）画出等效电路图。

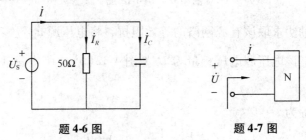

题 4-6 图　　　　　　　　　　题 4-7 图

题 4 - 8. 电路如题 4-8 图所示，已知 $R_1 = 30\Omega$，$L = 0.5$H，$R_2 = 60\Omega$，$C = 50\mu$F，电压 $u = 110\sqrt{2}\sin(314t + 30°)$V，求 $\dot{I}_1$，$\dot{I}_2$ 和 $\dot{I}$。

题 4 - 9. 电路如题 4-9 图所示，试用外施激励法求输入阻抗。

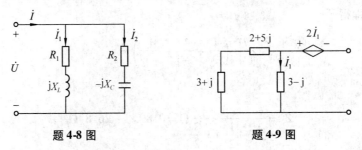

题 4-8 图　　　　　　　　　　题 4-9 图

题 4 - 10. 在题 4-10 图所示电路中，已知电压表读数分别为 $V_1 = 15$V，$V_2 = 80$V，$V_3 = 110$V，试求该电路输入电压 $\dot{U}$。

题 4 - 11. 在题 4-11 图所示的电路中，$\dot{U} = 220\angle 0°$V，$X_L = 100\Omega$，$X_C = 200\Omega$，$R_1 = 50\Omega$，$R_2 = 25\Omega$，试求该电路的有功功率 P、无功功率 Q、视在功率 S 和功率因数 $\cos\varphi$。

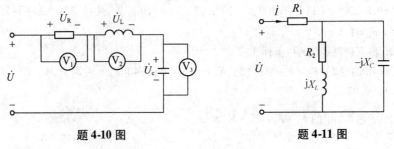

题 4-10 图　　　　　　　　　　题 4-11 图

题 4 – 12. 在题 4-12 图所示电路中，已知 $u_1 = 20\sqrt{2}\sin(10^3 t + 20°)\text{V}$，$u_2 = 10\sqrt{2}\cos(10^3 t - 30°)\text{V}$，$\beta = 0.5$，$R_1 = 8\Omega$，$R_2 = 4\Omega$，$R_3 = 6\Omega$，$R_4 = 5\Omega$，$C_1 = 500\mu\text{F}$，$C_2 = 20\text{mF}$，$L = 4\text{mH}$。列出电路的回路电流方程和节点电压方程。

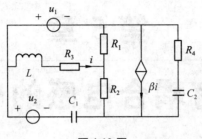

题 4-12 图

题 4 – 13. 已知感性负载的端电压为 380V，电源频率 $f = 50\text{Hz}$，吸收的有功功率为 10kW，功率因数 $\cos\varphi_1 = 0.7$，若把功率因数提高到 $\cos\varphi_2 = 0.96$，求并联电容 C 的值，并比较电容并联前后负载的电流。

题 4 – 14. 电路如图题 4-14 图所示，已知电压源分别为 $\dot{U}_1 = 380\text{V}$，$\dot{U}_2 = 380\angle -150°\text{V}$，$\dot{U}_3 = 380\angle 150°\text{V}$，$Z = \text{j}60\Omega$，$Z_{12} = (100 + \text{j}200)\Omega$，$Z_{23} = (100 - \text{j}200)\Omega$，求各电压源输出的复数功率。

题 4 – 15. 在如图题 4-15 图所示电路中，已知 $R_1 = 10\Omega$，$R_2 = 25\Omega$，$C = 10^3\mu\text{F}$，$L = 0.4\text{mH}$，$\dot{U}_\text{S} = 20\angle 45°\text{V}$，$\omega = 10^3\text{rad/s}$，求阻抗 Z 能吸收的最大功率。

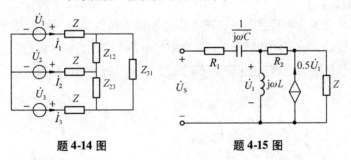

题 4-14 图　　　　　　　**题 4-15 图**

第 5 章

含有耦合电感的电路

[**本章提要**]

　　本章主要介绍耦合电感的基本概念和基本特性，同名端的概念及使用方法，重点介绍采用消耦法求解含有耦合电感电路的分析计算方法，最后介绍空心变压器及理想变压器的工作原理、特性及其分析计算方法。

　　5.1　互感

　　5.2　耦合电感电路的解耦方法

　　5.3　含有耦合电感电路的计算

　　5.4　变压器的基本原理

5.1　互感

当一个线圈通过电流时，在线圈的周围建立磁场，如果这个线圈邻近还有其他线圈，则载流线圈产生的磁通不仅和自身交链，而且也和位于它附近的线圈交链，称这两线圈之间具有磁的耦合或说存在互感。载流线圈的磁通与自身线圈交链的部分称为自感磁通，与其他线圈交链的部分称为互感磁通。

5.1.1　互感及互感电压

如图 5-1 所示，两组相邻线圈分别为线圈 I 和线圈 II，线圈 I 的匝数为 N_1，线圈 II 的匝数为 N_2。设电流 i_1 自线圈 I 的"1"端流入，按右手螺旋定则确定磁通正方向。由 i_1 产生的磁通 φ_{11} 全部交链线圈 I 的 N_1 匝线圈，而其中一部分 φ_{21} 不仅交链线圈 I，而且交链线圈 II 的 N_2 匝线圈，我们定义 φ_{11} 是线圈 I 的自感磁通，φ_{21} 是线圈 I 对线圈 II 的互感磁通。这里的线圈 I 通过电流 i_1 产生了磁通，我们将这种通有电流的线圈称为载流线圈或施感线圈，流经线圈的电流称为施感电流。同理，如果

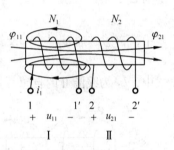

图 5-1　互感和互感电压

在线圈 II 中通入电流 i_2，由电流 i_2 也会产生线圈 II 的自感磁通 φ_{22} 和线圈 II 对线圈 I 的互感磁通 φ_{12}。

说明：磁通（链）下标的第一个数字表示该磁通链所在线圈的编号，第二个数字表示产生该磁通（链）的施感电流的编号，接下来研究的使用双下标符号的物理量，其双下标的含义均同上。

当载流线圈中的施感电流随着时间变化时，其产生的磁通链也随之变化。根据法拉第电磁感应定律，这种时变磁通在载流线圈内将会产生感应电压。

设通过线圈 I 的总磁通为 φ_1，则有

$$\varphi_1 = \varphi_{11} + \varphi_{12} \tag{5-1}$$

式中，自感磁通 φ_{11} 与 N_1 匝线圈交链。对于线性电感，则有自感磁通链 ψ_{11} 为

$$\psi_{11} = N_1\varphi_{11} = L_1 i_1 \tag{5-2}$$

式中，L_1 称为线圈 I 的自感系数，简称自感，单位为亨利，简称亨（H）。

当感应电压与施感电流取关联参考方向时，自感电压与施感电流的关系式为

$$u_{11} = \frac{\mathrm{d}\psi_{11}}{\mathrm{d}t} = \frac{\mathrm{d}(L_1 i_1)}{\mathrm{d}t} = L_1\frac{\mathrm{d}i_1}{\mathrm{d}t} \tag{5-3}$$

设由 i_2 产生的磁通中部分磁通 φ_{12} 与线圈 I 的 N_1 匝交链，则有互感磁通链为

$$\psi_{12} = N_1 \varphi_{12} = M_{12} i_2 \tag{5-4}$$

式中，M_{12} 称为线圈 II 对线圈 I 的互感系数，简称互感，单位也为亨利。

当载流线圈的施感电流随着时间变化时，其产生的互感磁通链也随之变化。根据法拉第电磁感应定律，这种时变磁通在与其具有磁耦合的线圈内将产生感应电压，称为互感电压。

当互感电压的参考方向与互感磁通满足右手螺旋关系时，则有

$$u_{12} = \frac{\mathrm{d}\psi_{12}}{\mathrm{d}t} = \frac{\mathrm{d}(M_{12} i_2)}{\mathrm{d}t} = M_{12} \frac{\mathrm{d}i_2}{\mathrm{d}t} \tag{5-5}$$

把具有磁耦合的一对线圈理想化，即忽略线圈的电阻和匝间电容，称为耦合电感。

同理，设电流 i_2 自线圈 II 的"2"端流入，如图 5-2(a)所示，设通过线圈 II 的总磁通为 φ_2，有

$$\varphi_2 = \varphi_{22} + \varphi_{12}$$

式中，自感磁通 φ_{22} 与 N_2 交链，则有自感磁通链为

$$\psi_{22} = N_2 \varphi_{22} = L_2 i_2 \tag{5-6}$$

式中，L_2 为线圈 II 的自感系数。

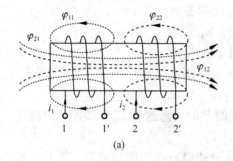 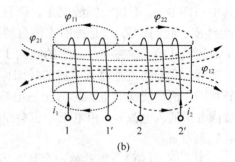

图 5-2 耦合电感

设 i_1 所产生的磁通中有部分 φ_{21} 与线圈 II 的 N_2 匝线圈交链，则互感磁通链为

$$\psi_{21} = N_2 \varphi_{21} = M_{21} i_1 \tag{5-7}$$

式中 M_{21} 为线圈 I 对线圈 II 的互感系数，可以证明 $M_{21} = M_{12} = M$。

在图 5-2(a)中，自感磁通与互感磁通具有相同的方向，因此每个线圈的总的磁通链分别为自感磁通链与互感磁通链之和，即

$$\psi_1 = \psi_{11} + \psi_{12} = N_1(\varphi_{11} + \varphi_{12}) = L_1 i_1 + M i_2 \tag{5-8}$$

$$\psi_2 = \psi_{22} + \psi_{21} = N_2(\varphi_{22} + \varphi_{21}) = L_2 i_2 + M i_1 \tag{5-9}$$

当施感电流与该线圈的端口电压取关联参考方向时有

$$u_1 = \frac{\mathrm{d}\psi_1}{\mathrm{d}t} = L_1 \frac{\mathrm{d}i_1}{\mathrm{d}t} + M \frac{\mathrm{d}i_2}{\mathrm{d}t} = u_{11} + u_{12} \tag{5-10}$$

$$u_2 = \frac{\mathrm{d}\psi_2}{\mathrm{d}t} = L_2 \frac{\mathrm{d}i_2}{\mathrm{d}t} + M \frac{\mathrm{d}i_1}{\mathrm{d}t} = u_{22} + u_{21} \tag{5-11}$$

式中 u_{11}，u_{22} 表示自感电压；u_{12}，u_{21} 表示互感电压。可见端口 1 - 1′处的电压 u_1 和端口 2 - 2′处的电压 u_2 是自感电压与互感电压之和。

在不改变绕线方向的前提下，将电流 i_2 自线圈 Ⅱ 的"2′"端流入，如图 5-2(b)所示。根据右手螺旋定则，可以判定自感磁通与互感磁通方向相反，因此每个线圈的总的磁通链分别为自感磁通链与互感磁通链之差，即

$$\psi_1 = \psi_{11} - \psi_{12} = N_1(\varphi_1 - \varphi_{12}) = L_1 i_1 - M i_2$$
$$\psi_2 = \psi_{22} - \psi_{21} = N_2(\varphi_2 - \varphi_{21}) = L_2 i_2 - M i_1$$

当施感电流与该线圈的端口电压取关联参考方向时有

$$u_1 = \frac{\mathrm{d}\psi_1}{\mathrm{d}t} = L_1 \frac{\mathrm{d}i_1}{\mathrm{d}t} - M \frac{\mathrm{d}i_2}{\mathrm{d}t} = u_{11} - u_{12} \tag{5-12}$$

$$u_2 = \frac{\mathrm{d}\psi_2}{\mathrm{d}t} = L_2 \frac{\mathrm{d}i_2}{\mathrm{d}t} - M \frac{\mathrm{d}i_1}{\mathrm{d}t} = u_{22} - u_{21} \tag{5-13}$$

可见这时端口 1 - 1′处的电压 u_1 和端口 2 - 2′处的电压 u_2 是自感电压与互感电压之差。

通过上述分析可知，在磁耦合中互感的作用有 2 种：一种是互感磁通链与自感磁通链方向一致，同极性叠加使磁场得到了加强，称为同向耦合；一种是互感磁通链总是与自感磁通链方向相反，反极性叠加使得磁场削弱，此时称为反向耦合。互感磁通与自感磁通的方向相同还是相反，不仅与线圈的绕行方向有关，而且与施感电流的方向也有关。

5.1.2　同名端

当施感线圈中的电流参考方向与自感电压取关联参考方向时，自感电压前的符号为正，即 $L \dfrac{\mathrm{d}i}{\mathrm{d}t}$ 前取正；当施感线圈中的电流参考方向与自感电压取非关联参考方向时，自感电压前的符号取负。互感电压 $M \dfrac{\mathrm{d}i}{\mathrm{d}t}$ 前的符号也可为正或为负，具体要由两线圈的绕向以及施感电流的参考方向、受感线圈电压的参考方向来决定。

工程实际中，一般线圈都是要包上绝缘层密封起来的，因此绕组的实际绕向不易看出，并且在电路图中画出线圈的绕向是很不方便的。为了在电路分析中避免显示线圈的绕向，习惯上通过标记同名端来判断互感电压前的正负号。

所谓同名端就是在 2 个线圈上事先标上记号"·"，标有"·"的 2 个端钮即称为同名端，不标"."的 2 个端钮也是同名端。如图 5-3 所示，电流 i_1 和 i_2 分别从同名端的端子流入时，则 2 个线圈中的自感磁通与互感磁通是相互增强的，互感电压前的符号为"+"；当电流 i_1 和 i_2 分别自异名端流入时，则 2 个线圈中的自感磁通与互感磁通是相互削弱的，互感电压前的符号为"-"。

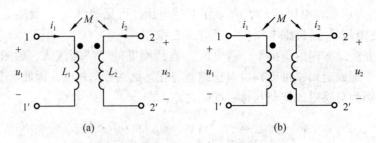

图5-3 耦合电感的符号和同名端

在施感电流与自感电压取关联参考方向下，有

$$\begin{cases} u_1 = \dfrac{\mathrm{d}\psi_1}{\mathrm{d}t} = L_1 \dfrac{\mathrm{d}i_1}{\mathrm{d}t} \pm M \dfrac{\mathrm{d}i_2}{\mathrm{d}t} \\ u_2 = \dfrac{\mathrm{d}\psi_2}{\mathrm{d}t} = L_2 \dfrac{\mathrm{d}i_2}{\mathrm{d}t} \pm M \dfrac{\mathrm{d}i_1}{\mathrm{d}t} \end{cases} \tag{5-14}$$

式(5-14)即为耦合电感的伏安特性。在图5-3(a)电路中 M 取"＋"号，在图5-3(b)电路中 M 取"－"号。

在工程上，有时耦合线圈被封闭，同名端不确定，可以用以下试验来测定同名端，如图5-4所示。当开关 k 闭合时，电压表正向偏转，表明"1"与"2"为同名端，这是因为当电流 i_1 自线圈Ⅰ的"1"流入时，电压表正向偏转说明在线圈Ⅱ感应的互感电压的高电位端在"2"端。

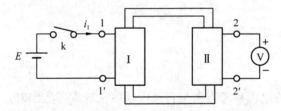

图5-4 同名端测试

上述实验同时也表明，电流自一个线圈的同名端流入，则在另一个线圈中感应的互感电压的"＋"极在同名端(即互感电压的高电位在同名端)。

【例5-1】 电路如图5-5所示，试分析当开关 k 断开瞬间，端钮2、2′的极性。

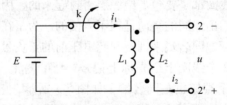

图5-5 例5-1图

解 取端口 2′-2 处电压 u 与电流 i_2 为关联参考方向，则有

$$u = 0 + M \frac{\mathrm{d}i_1}{\mathrm{d}t}$$

开关断开瞬间有 $\dfrac{\mathrm{d}i_1}{\mathrm{d}t} < 0$，所以 $u < 0$，得知正极实际在 2 端。

【**例 5-2**】　耦合电感如图 5-6 所示，试列写端口电压表达式。

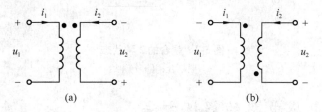

图 5-6　例 5-2 图

解　对于图 5-6(a) 有：$u_1 = L_1 \dfrac{\mathrm{d}i_1}{\mathrm{d}t} + M \dfrac{\mathrm{d}i_2}{\mathrm{d}t}$，$-u_2 = L_2 \dfrac{\mathrm{d}i_2}{\mathrm{d}t} + M \dfrac{\mathrm{d}i_1}{\mathrm{d}t}$；

对于 5-6(b) 有：$-u_1 = L_1 \dfrac{\mathrm{d}i_1}{\mathrm{d}t} - M \dfrac{\mathrm{d}i_2}{\mathrm{d}t}$，$u_2 = L_2 \dfrac{\mathrm{d}i_2}{\mathrm{d}t} - M \dfrac{\mathrm{d}i_1}{\mathrm{d}t}$。

说明：

(1) 表达式中第一项为自感电压，在电压和电流取关联参考方向时为正，反之为负。

(2) 表达式中第二项为由一个线圈的电流在另一个线圈中感应的互感电压，当电流从同名端流入时取"+"，即自感电压与互感电压的极性相同；当电流从异名端流入时取"-"，即自感电压与互感电压的极性相反。

工程上为了定量描述 2 个耦合线圈的耦合紧疏程度，把两线圈的互感磁通链与自感磁通链比值的几何平均值定义为耦合系数，用小写字母 k 表示：

$$k = \sqrt{\frac{\psi_{12}\psi_{21}}{\psi_{11}\psi_{22}}} \tag{5-15}$$

式中，$\psi_{11} = L_1 i_1$，$\psi_{12} = M i_2$，$\psi_{21} = M i_1$，$\psi_{22} = L_2 i_2$，代入式(5-15) 有：

$$k = \frac{M}{\sqrt{L_1 L_2}} \tag{5-16}$$

根据自感和互感的定义，可知 k 的取值范围为 $0 \leqslant k \leqslant 1$。当 $k = 1$ 时，$M_{\max} = \sqrt{L_1 L_2}$，这种情况称为全耦合，是一种理想状态；当 k 接近于 1 时，称为紧耦合；当 k 远小于 1 时，称为疏耦合；当 $k = 0$ 时，说明 2 个线圈不存在磁的耦合。耦合的紧疏程度可以通过改变位置实现，从而改变 k 值，如图 5-7 所示。为了使得 k 值尽可能接近于 1，可以采用双线绕制，如图 5-7(a) 所示；还可以在两组线圈内部加入铁磁性材料制成的心。若要使 k 值尽可能小，一般采用屏蔽手段，大大减小互感的作用；还可将两线圈的轴线相互垂直布置，如图 5-7(b) 所示。

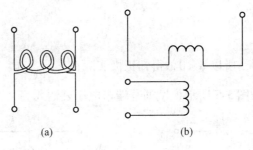

图 5-7 耦合的 2 种状态

（a）紧耦合；（b）疏耦合

5.2 耦合电感电路的解耦方法

正弦激励作用下的含有耦合电感电路的计算，与前面介绍的正弦稳态电路的分析不同之处在于：耦合电感的端口电压不仅与自身线圈内的电流有关，还和与其具有耦合关系的线圈内的电流有关，若能把这种具有磁耦合关系的电感进行等效变换解除耦合关系即完成去耦，就可以将含有耦合电感电路的计算问题运用正弦稳态电路的分析方法来进行处理。因此解决含有耦合电感电路的计算问题，关键在于解耦。

下面讨论几种常用的解耦方法。

5.2.1 等效参数法

等效参数法是耦合电感分别为串联和并联方式下，求取其等效电感参数，则耦合电感在电路中的电磁作用可以用求取的等效电感代替，从而实现解耦。

1. 耦合电感的串联

首先分析耦合电感的串联，如图 5-8 所示，这样可将四端元件耦合电感变为二端元件。图 5-8(a) 所示接法称为顺接，其电流从同名端流入；图 5-8(b) 所示接法称为反接，其电流从异名端流入。

图 5-8 耦合电感的串联

（a）顺接；（b）反接

在图 5-8(a)中有

$$u_1 = L_1 \frac{\mathrm{d}i}{\mathrm{d}t} + M \frac{\mathrm{d}i}{\mathrm{d}t}, \quad u_2 = L_2 \frac{\mathrm{d}i}{\mathrm{d}t} + M \frac{\mathrm{d}i}{\mathrm{d}t}$$

$$u_{ab} = u_1 + u_2 = (L_1 + L_2 + 2M) \frac{\mathrm{d}i}{\mathrm{d}t} = L \frac{\mathrm{d}i}{\mathrm{d}t}$$

将 $L = L_1 + L_2 + 2M$ 称为顺接串联耦合电感的等效电感。

在图 5-8(b)中有

$$u_1 = L_1 \frac{\mathrm{d}i}{\mathrm{d}t} - M \frac{\mathrm{d}i}{\mathrm{d}t}, \ u_2 = L_2 \frac{\mathrm{d}i}{\mathrm{d}t} - M \frac{\mathrm{d}i}{\mathrm{d}t}$$

$$u_{ab} = u_1 + u_2 = (L_1 + L_2 - 2M)\frac{\mathrm{d}i}{\mathrm{d}t} = L \frac{\mathrm{d}i}{\mathrm{d}t}$$

将 $L = L_1 + L_2 - 2M$ 称为反接时串联耦合电感的等效电感。

当 $k = 1$ 时, $M_{max} = \sqrt{L_1 L_2}$, 因此 $L = L_1 + L_2 - 2M_{max} = L_1 + L_2 - 2\sqrt{L_1 L_2} = (\sqrt{L_1} - \sqrt{L_2})^2 > 0$, 因此等效电感 $L > 0$ 。

可见, 串联耦合电感在电路中所起的作用可以用一个电感元件 $L = L_1 + L_2 \pm 2M$ 来等效代替, 其 ± 的选取由顺、反接决定。

在正弦电流的情况下, 由相量法有

$$\dot{U}_1 = \mathrm{j}\omega L_1 \dot{I} \pm \mathrm{j}\omega M \dot{I} = \mathrm{j}X_{L1} \dot{I} \pm \mathrm{j}X_M \dot{I}$$

$$\dot{U}_2 = \mathrm{j}\omega L_2 \dot{I} \pm \mathrm{j}\omega M \dot{I} = \mathrm{j}X_{L2} \dot{I} \pm \mathrm{j}X_M \dot{I}$$

$$\dot{U}_{ab} = \mathrm{j}\omega(L_1 + L_2 \pm 2M) \dot{I} = Z_{eq} \dot{I}$$

式中, ωL_1 和 ωL_2 称为自感抗, 用 X_{L1} 和 X_{L2} 表示; ωM 称为互感抗, 用 X_M 表示; $Z_{eq} = \mathrm{j}\omega(L_1 + L_2 \pm 2M)$, 称为等效复阻抗。

2. 耦合电感的并联

耦合电感的并联同样也有 2 种接法, 如图 5-9 所示。图 5-9(a)电路中, 线圈的同名端在同一侧, 称为同侧并联; 当异名端连接在同一节点上时, 如图 5-9(b)所示, 称为异侧并联。

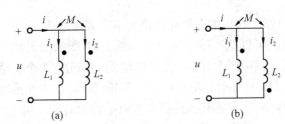

图 5-9　耦合电感的并联

(a)同侧并联; (b)异侧并联

同侧并联情况:

$$u = L_1 \frac{\mathrm{d}i_1}{\mathrm{d}t} + M \frac{\mathrm{d}i_2}{\mathrm{d}t}$$

$$u = L_2 \frac{\mathrm{d}i_2}{\mathrm{d}t} + M \frac{\mathrm{d}i_1}{\mathrm{d}t}$$

$$i = i_1 + i_2$$

异侧并联情况:

$$u = L_1 \frac{\mathrm{d}i_1}{\mathrm{d}t} - M \frac{\mathrm{d}i_2}{\mathrm{d}t}$$

$$u = L_2 \frac{\mathrm{d}i_2}{\mathrm{d}t} - M \frac{\mathrm{d}i_1}{\mathrm{d}t}$$

$$i = i_1 + i_2$$

在正弦电流的情况下,按照图5-9中所示的参考方向和极性可得下列方程:

$$\dot{U} = \mathrm{j}\omega L_1 \dot{I}_1 \pm \mathrm{j}\omega M \dot{I}_2$$

$$\dot{U} = \mathrm{j}\omega L_2 \dot{I}_2 \pm \mathrm{j}\omega M \dot{I}_1$$

$$\dot{I} = \dot{I}_1 + \dot{I}_2$$

±号的选取由同侧并联和异侧并联决定,同侧并联时取 +,异侧并联时取 −。可得

$$\dot{I}_1 = \frac{L_2 \pm M}{\mathrm{j}\omega(L_1 L_2 - M^2)} \dot{U}$$

$$\dot{I}_2 = \frac{L_1 \pm M}{\mathrm{j}\omega(L_1 L_2 - M^2)} \dot{U}$$

又因 $\dot{I} = \dot{I}_1 + \dot{I}_2$,经整理得

$$\dot{U} = \mathrm{j}\omega \frac{L_1 L_2 - M^2}{L_1 + L_2 \pm 2M} \dot{I} = \mathrm{j}\omega L \dot{I}$$

式中,$L = \dfrac{L_1 L_2 - M^2}{L_1 + L_2 \pm 2M}$为等效电感,同侧连接时取负号,异侧连接时取正号。

5.2.2　互感消去法

图5-10所示的电路,有磁耦合的两线圈只有一端相连接在节点③上,另一端分别与节点①、②相连。可以把这种电路化为如图5-11所示的无耦合等效电路,这种方法称为互感消去法。其中图5-10(a)为某电路的一部分,2个互感支路的同名端连接在一起,并与图5-11(a)所示电路对应;图5-10(b)为2个互感支路的异名端连接在一起,则与图5-11(b)所示无互感的耦合等效电路相对应。用上述等效方法求含有互感耦合电路的等值阻抗特别方便。

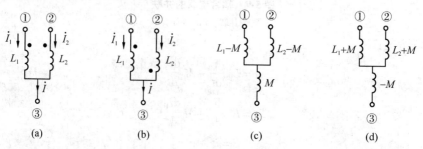

(a)　　　　　　(b)　　　　　　(c)　　　　　　(d)

图5-10　两耦合线圈一端相连　　　　图5-11　去耦等效电路

(a)同侧;(b)异侧　　　　　　　　(a)同侧;(b)异侧

对于图 5-10(a)所示电路有

$$\dot{U}_{13} = j\omega L_1 \dot{I}_1 + j\omega M \dot{I}_2, \quad \dot{U}_{23} = j\omega L_2 \dot{I}_2 + j\omega M \dot{I}_1$$

由于 $\dot{I} = \dot{I}_1 + \dot{I}_2$，则电压 $\dot{U}_{13}$ 和 $\dot{U}_{23}$ 可写为

$$\dot{U}_{13} = j\omega L_1 \dot{I}_1 + j\omega M(\dot{I} - \dot{I}_1) = j\omega(L_1 - M)\dot{I}_1 + j\omega M \dot{I} \tag{5-17}$$

$$\dot{U}_{23} = j\omega L_2 \dot{I}_2 + j\omega M(\dot{I} - \dot{I}_2) = j\omega(L_2 - M)\dot{I}_2 + j\omega M \dot{I} \tag{5-18}$$

根据式(5-17)和式(5-18)建立的去耦等效电路如图 5-11(a)所示，该等效电路中的电感元件之间已经不存在磁耦合，成为电感系数确定的独立线性电感元件，对于这样结构和参数确定的电路进行分析，其响应与参考方向的选取无关。因此，尽管去耦等效电路是在指定的电压和电流参考方向后推导得到的，但等效电路中的元件参数仅取决于耦合电感的连接方式，而与电压、电流的参考方向无关。

同理，对于图 5-10(b)所示电路有

$$\dot{U}_{13} = j\omega L_1 \dot{I}_1 - j\omega M \dot{I}_2 \quad \dot{U}_{23} = j\omega L_2 \dot{I}_2 - j\omega M \dot{I}_1$$

由于 $\dot{I} = \dot{I}_1 + \dot{I}_2$，则电压相量 $\dot{U}_{13}$ 和 $\dot{U}_{23}$ 可写为

$$\dot{U}_{13} = j\omega L_1 \dot{I}_1 - j\omega M(\dot{I} - \dot{I}_1) = j\omega(L_1 + M)\dot{I}_1 - j\omega M \dot{I} \tag{5-19}$$

$$\dot{U}_{23} = j\omega L_2 \dot{I}_2 + j\omega M(\dot{I} - \dot{I}_2) = j\omega(L_2 + M)\dot{I}_2 - j\omega M \dot{I} \tag{5-20}$$

根据式(5-19)和式(5-20)建立的去耦等效电路如图 5-11(b)所示。

由此可得出结论：当有耦合的两线圈有一端相连于同一节点时，可通过连接于此节点的第三条支路消去耦合。前面所述的两磁耦合线圈的并联属于这种情况的特例，所以可以用这种方法消去磁耦合，读者可以自行验证。应当注意的是采用互感消去法所需满足的电路结构条件是必须有 3 条支路汇于一点，且其中 2 条支路上有磁耦合的线圈，这是因为在上述推导过程中使用了 $\dot{I} = \dot{I}_1 + \dot{I}_2$ 的约束条件，因此电路结构必须满足此约束条件。当电路中不满足上述互感耦合支路的连接结构条件时，不能采用此法解耦，可考虑采用其他方法解耦，如采用等效受控源法。

5.2.3　等效受控源法

等效受控源法是从耦合电感的端口电压与电流的相量表达式出发，引入电流控制电压源实现耦合电感的解耦的方法，其适用于一切耦合电感电路，是处理含耦合电感电路的有效方法。

图 5-12(a)、(c)所示的耦合电感，其端口电压、电流关系的相量形式为

$$\dot{U}_1 = j\omega L_1 \dot{I}_1 \pm j\omega M \dot{I}_2$$

$$\dot{U}_2 = j\omega L_2 \dot{I}_2 \pm j\omega M \dot{I}_1$$

式中，同向耦合取正，反向耦合取负。

根据上述表达式，引入受控电压源，如图 5-12(b)、(c)所示的等效电路。

综上所述，处理含有耦合电感的电路的方法有 3 种：第一种是等效参数法，处理耦合电感的直接并联或串联；第二种是消耦法，处理有一个公共支路的耦合电感；第三种是等效受控源法，适用于任何情况。

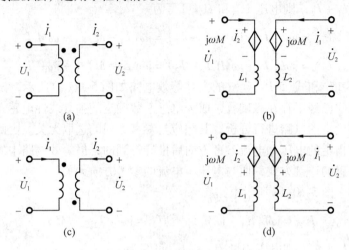

图 5-12　等效受控源法

(a)同向耦合的耦合电感；(b)同向耦合等效电路；
(c)反向耦合的耦合电感；(d)反向耦合等效电路

5.3　含有耦合电感电路的计算

耦合电感在工程中有着广泛的应用，是现行电路中一个重要的多端元件。分析含有耦合电感元件的电路问题，重点是把握这类多端元件的特征。耦合电感的电压不仅与本电感的电流有关，还与其他耦合电感的电流有关，这种情况类似于含有电流控制电压源的电路。

分析含耦合电感的电路，一般常用的方法包括列方程分析和等效电路分析 2 类。考虑到耦合电感的特性，在分析中要注意以下特殊性：

(1)耦合电感上的电压与电流关系(VCR)的形式与同名端位置有关，与其上电压和电流参考方向有关，这是正确列写方程及正确进行解耦等效的关键。

(2)由于耦合电感上的电压是自感电压和互感电压之和，因此列方程分析这类电路时，如不做解耦等效，则多采用支路电流法，不可直接应用节点电压法。

(3)采用受控源模型解耦不受电路结构条件限制，是一种普遍适用的解耦方法，且对解耦后的无耦电路可采用等效变换法、支路法、回路法、节点法等各种分析方法来求解电路响应。

(4)采用等效参数法或互感消去法解耦时，需要满足特定的电路结构条件。

(5)应用戴维南定理(或诺顿定理)分析时，等效内阻抗应按含受控源电路的内阻抗求解，但负载与有源二端网络内部有耦合电感存在时，戴维南定理(或诺顿定理)不便使用。

【例 5-3】 电路如图 5-13(a)所示,若电源频率及元件参数均已知,试列写求取支路电流 $\dot{I}_{C2}$ 的方程。

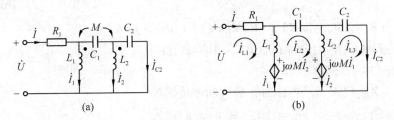

图 5-13 例 5-3 图

解 应用等效受控源法。等效解耦电路如图 5-13(b)所示,有

$$(R_1 + j\omega L_1)\dot{I}_{L1} - j\omega L_1\dot{I}_{L2} = \dot{U} - j\omega M\dot{I}_2$$

$$\left(j\omega L_1 + j\omega L_2 + \frac{1}{j\omega C_1}\right)\dot{I}_{L2} - j\omega L_1\dot{I}_{L1} - j\omega L_2\dot{I}_{L3} = j\omega M\dot{I}_2 - j\omega M\dot{I}_1$$

$$\left(\frac{1}{j\omega C_2} + j\omega L_2\right)\dot{I}_{L3} - j\omega L_2\dot{I}_{L2} = j\omega M\dot{I}_1$$

$$\dot{I}_1 = \dot{I}_{L1} - \dot{I}_{L2}$$

$$\dot{I}_2 = \dot{I}_{L2} - \dot{I}_{L3}$$

联立上述方程可求得回路电流 $\dot{I}_{L3}$,支路电流 $\dot{I}_{C2} = \dot{I}_{L3}$。

【例 5-4】 电路如图 5-14(a)所示,已知 $\omega L_1 = \omega L_2 = 10\Omega$, $\omega M = 5\Omega$, $R_1 = R_2 = 6\Omega$, $U_1 = 6\text{V}$,求端口的戴维南等效电路及最大传输功率。

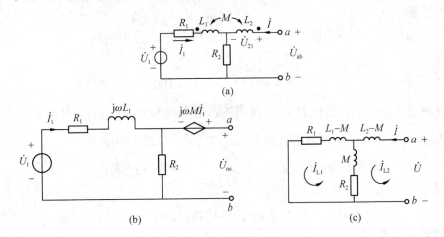

图 5-14 例 5-4 图

解 (1)采用受控源等效法,将电路等效为图 5-14(b)。设 $\dot{U}_1 = 6\angle 0°\text{V}$,则有

$$\dot{I}_1 = \frac{\dot{U}_1}{R_1 + R_2 + j\omega L_1} = \frac{6}{12 + j10}\text{A} = \frac{6\angle 0°}{15.6\angle 39.8°}\text{A} = 0.38\angle -39.8°\text{A}$$

$$\dot{U}_{oc} = \dot{I}_1 R_2 + j\omega M \dot{I}_1 = (6+5j) \times 0.38 \angle -39.8° \text{V} = 7.8 \angle 39.8° \times 0.38 \angle -39.8° \text{V} = 2.96 \text{V}$$

（2）采用互感消去法，将电路等效为图5-14（c），直接应用阻抗串并联求等效阻抗：

$$Z_{eq} = \left[(R_1 + j\omega L_1 - j\omega M) \parallel (R_2 + j\omega M) \right] + j\omega L_2 - j\omega M$$

$$= \left[(6 + j10 - j5) \parallel (6 + j5) + j10 - j5 \right] \Omega$$

$$= (3 + j7.5) \Omega$$

当 $Z_L = Z_{eq}^* = (3 - 7.5j) \Omega$ 时，最大功率传输为

$$P_{max} = \frac{U_{oc}^2}{4R_{eq}} = \frac{8.8}{12} \text{W} = 0.73 \text{W}$$

【例5-5】　求图5-15（a）所示电路中的网孔电流。

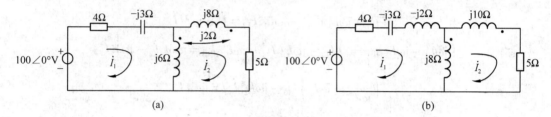

图5-15　例5-5图

解　（1）方法一：分别对2个网孔列写回路电压方程求解。

在网孔1内，取自感抗为j6的线圈的自感电压相量与电流 $\dot{I}_1$ 为关联参考方向，支路电流 $\dot{I}_1 - \dot{I}_2$ 从"."端流入该线圈，电流 $\dot{I}_2$ 从异名端流入自感为j8的线圈。根据KVL，有

$$-100 + (4 - j3)\dot{I}_1 + j6(\dot{I}_1 - \dot{I}_2) - j2\dot{I}_2 = 2$$

整理得

$$(4 + j3)\dot{I}_1 - j8\dot{I}_2 = 100$$

在网孔2内，取自感抗为j8的线圈的自感电压相量与电流 $\dot{I}_2$ 为关联参考方向，电流 $\dot{I}_2$ 和支路电流 $\dot{I}_1 - \dot{I}_2$ 分别从异名端流入线圈。根据KVL，有

$$(5 + j8)\dot{I}_2 + j6(\dot{I}_2 - \dot{I}_1) + j2\dot{I}_2 + j2(\dot{I}_2 - \dot{I}_1) = 0$$

整理得

$$-j8\dot{I}_1 + (5 + j18)\dot{I}_2 = 0$$

联立求解得

$$\dot{I}_1 = 20.3 \angle 3.5° \text{A}$$

$$\dot{I}_2 = 8.693 \angle 19° \text{A}$$

（2）方法二：互感消去法。画出等效电路如图5-15（b）所示，其中一对耦合电感是异侧相连。

列网孔方程为

$$(4 - \mathrm{j}5)\dot{I}_1 + \mathrm{j}8(\dot{I}_1 - \dot{I}_2) = 100$$

$$\mathrm{j}8(\dot{I}_2 - \dot{I}_1) + (5 + \mathrm{j}10)\dot{I}_2 = 0$$

整理得

$$(4 + \mathrm{j}3)\dot{I}_1 - \mathrm{j}8\dot{I}_2 = 100$$

$$-\mathrm{j}8\dot{I}_1 + (5 + \mathrm{j}18)\dot{I}_2 = 0$$

可见，利用互感消去法可以使分析变得简便。

【例 5-6】　电路如图 5-16（a）所示，已知 $R_1 = 3\Omega$，$R_2 = 5\Omega$，$\omega L_1 = 7.5\Omega$，$\omega L_2 = 12.5\Omega$，$\omega M = 6\Omega$，$U = 50\mathrm{V}$，试求开关 K 断开及闭合时电流 $\dot{I}$。

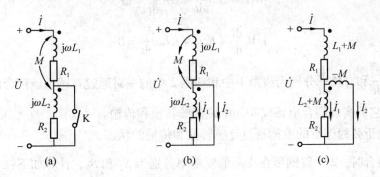

图 5-16　例 5-6 图

解　（1）当开关 K 断开时，耦合电感为顺接串联，设 $\dot{U} = 50\angle 0°$，则有

$$\dot{I} = \frac{\dot{U}}{R_1 + R_2 + \mathrm{j}\omega(L_1 + L_2 + 2M)} = \frac{50}{8 + \mathrm{j}(12.5 + 7.5 + 6)}\mathrm{A} = \frac{50}{8 + \mathrm{j}26}\mathrm{A}$$

$$= 1.52 \angle -75.96° \mathrm{A}$$

（2）当开关 K 闭合时，如图 5-16（b）所示，这时有

$$(R_1 + \mathrm{j}\omega L_1)\dot{I} + \mathrm{j}\omega M \dot{I}_1 = \dot{U}$$

$$\mathrm{j}\omega M \dot{I} + (R_2 + \mathrm{j}\omega L_2)\dot{I}_1 = 0$$

代入数据，联立得到

$$\dot{I} = \frac{5 + 12.5\mathrm{j}}{-6\mathrm{j}}\dot{I}_1 = \frac{13.46\angle 68.2°}{6\angle -90°}\dot{I}_1 = 2.24\angle 158.2° \dot{I}_1$$

代入 $(3 + 7.5\mathrm{j})\dot{I} + \mathrm{j}6\dot{I}_1 = 50$，解得

$$\dot{I}_1 = 3.52\angle 150.55° \mathrm{A}, \quad \dot{I} = 7.88\angle -51.25° \mathrm{A}$$

同样可以采用互感消去法求解，等效电路 5-16 图（c）所示。列方程得

$$\dot{I}[\mathrm{j}\omega(L_1 + M) + R_1] + \dot{I}_1[\mathrm{j}\omega(L_2 + M) + R_2] = \dot{U}$$

$$\dot{I}_1[\mathrm{j}\omega(L_2 + M) + R_2] = -\mathrm{j}\omega M \dot{I}_2$$

$$\dot{I}_1 + \dot{I}_2 = \dot{I}$$

可见当 $\dot{I} \neq 0$，则 $\dot{I}_1 \neq 0$。若原电路中 L_1 与 L_2 间不存在互感耦合，则 K 闭合后 $\dot{i}_1$ 必为 0，而这里其值不为零，说明有电磁能从耦合电感 L_1 一边传输到 L_2 一边。

根据图 5-16 所示参考方向，电路方程为

$$R_1 i + L_1 \frac{\mathrm{d}i}{\mathrm{d}t} + M \frac{\mathrm{d}i_1}{\mathrm{d}t} = u$$

$$M \frac{\mathrm{d}i}{\mathrm{d}t} + R_2 i_1 + L_2 \frac{\mathrm{d}i_1}{\mathrm{d}t} = 0$$

瞬时吸收的功率为

$$R_1 i^2 + i L_1 \frac{\mathrm{d}i}{\mathrm{d}t} + i M \frac{\mathrm{d}i_1}{\mathrm{d}t} = ui$$

$$i_1 M \frac{\mathrm{d}i}{\mathrm{d}t} + R_2 i_1^2 + i_1 L_2 \frac{\mathrm{d}i_1}{\mathrm{d}t} = 0$$

式中，$i M \dfrac{\mathrm{d}i_1}{\mathrm{d}t}$ 和 $i_1 M \dfrac{\mathrm{d}i}{\mathrm{d}t}$ 分别为线圈 1 中和线圈 2 中的一对通过互感电压耦合的功率（吸收），通过它们实现耦合电感线圈间电磁能的转换和传输。

现讨论正弦稳态下的电能通过互感转换和传输的状态。

开关闭合时，2 个线圈所在支路的复功率分别为 $\bar{S}_1$ 和 $\bar{S}_2$，计算如下：

$$\bar{S}_1 = \dot{U}_1 \dot{I}^* = \dot{U} \dot{I}^* = \left[(R_1 + \mathrm{j}\omega L_1) \dot{I} + \mathrm{j}\omega M \dot{I}_1 \right] \dot{I}^* = (R_1 + \mathrm{j}\omega L_1) I^2 + \mathrm{j}\omega M \dot{I}_1 \dot{I}^*$$

$$\bar{S}_2 = \dot{U}_2 \dot{I}_1^* = \left[\mathrm{j}\omega M \dot{I} + (R_2 + \mathrm{j}\omega L_2) \dot{I}_1 \right] \dot{I}_1^* = \mathrm{j}\omega M \dot{I} \dot{I}_1^* + (R_2 + \mathrm{j}\omega L_2) I_1^{\,2} = 0$$

式中，互感电压耦合的复功率 $\mathrm{j}\omega M \dot{I}_1 \dot{I}^*$ 和 $\mathrm{j}\omega M \dot{I} \dot{I}_1^*$ 虚部同号，实部异号，这说明耦合复功率中的有功功率是大小相等且相互异号的，即有功功率从一个端口进入必须从另一个端口输出，是互感非耗能特性的体现；虚部同号说明耦合复功率中的无功功率是相同的，也就是说互感电压在 2 个线圈中产生的无功功率对自感电压在两线圈中产生的无功功率的影响、性质是相同的，这是耦合电感本身的电磁特性确定的。需要特别指出的是互感 M 在储能特性上不仅可能呈现电感效应，也有可能呈现电容效应，当同向耦合时呈现电感效应，反向耦合时呈现电容效应，与自感储存的磁能进行互补。

【例 5-7】 电路如图 5-17 所示，已知电压源 $\dot{U}_1 = \dot{U}_2$，其有效值为 50V，$R_1 = 3\Omega$，$R_2 = 5\Omega$，$\omega L_1 = 7.5\Omega$，$\omega L_2 = 12.5\Omega$，$\omega M = 6\Omega$，分别计算线圈所在支路的复功率。

解 根据图 5-17 所示，电压与电流关系方程为

$$\dot{U}_1 = \mathrm{j}\omega L_1 \dot{I}_1 + \mathrm{j}\omega M \dot{I}_2 + R_1 \dot{I}_1$$

$$\dot{U}_2 = \mathrm{j}\omega L_2 \dot{I}_2 + \mathrm{j}\omega M \dot{I}_1 + R_2 \dot{I}_2$$

已知 $\dot{U}_1 = \dot{U}_2$，联立方程可得到

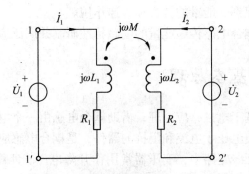

图 5-17 例 5-7 图

$$\dot{I}_1 = \frac{(j\omega L_2 + R_2 - j\omega M)\dot{U}_1}{(j\omega L_1 + R_1)(j\omega L_2 + R_2) + (\omega M)^2}$$

$$\dot{I}_2 = \frac{(j\omega L_1 + R_1 - j\omega M)\dot{U}_2}{(j\omega L_1 + R_1)(j\omega L_2 + R_2) + (\omega M)^2}$$

设 $\dot{U}_1 = \dot{U}_2 = 50\angle 0° V$，代入数据得

$$\dot{I}_1 = \frac{(j\omega L_2 + R_2 - j\omega M)\dot{U}_1}{(j\omega L_1 + R_1)(j\omega L_2 + R_2) + (\omega M)^2} = \frac{250 + j325}{-42.75 + j75}A$$

$$= \frac{410\angle 52.43°}{86.33\angle 119.69°}A = 4.7\angle -67.26°A$$

$$\dot{I}_2 = \frac{(j\omega L_1 + R_1 - j\omega M)\dot{U}_2}{(j\omega L_1 + R_1)(j\omega L_2 + R_2) + (\omega M)^2} = \frac{150 + j75}{-42.75 + j75}A$$

$$= \frac{167.7\angle 26.57°}{86.33\angle 119.69°}A = 1.94\angle -93.12°A$$

线圈 1 和线圈 2 所在支路吸收的复功率分别为

$$\bar{S}_1 = \dot{U}_1 \dot{I}_1^* = [(j\omega L_1 + R_1)I_1^2 + j\omega M \dot{I}_2 \dot{I}_1^*$$

$$= [(3 + j7.5) \times 4.7^2 + 6j \times 1.94\angle -93.12° \times 4.7\angle 67.26°]V \cdot A$$

$$= [(66.27 + j165.68) + (23.86 + j49.23)]V \cdot A$$

$$\bar{S}_2 = \dot{U}_2 \dot{I}_2^* = (j\omega L_2 + R_2)I_2^2 + j\omega M \dot{I}_1 \dot{I}_2^*$$

$$= [(5 + j12.5) \times 1.94^2 + 6j \times 4.7\angle -67.26° \times 1.94\angle 93.12°]V \cdot A$$

$$= [(18.82 + j47.05) + (-23.86 + j49.23)]V \cdot A$$

可以看出耦合互感复功率吸收的无功功率使得 2 个线圈自感吸收的无功功率增加了相同的值，这是互感 M 同向耦合作用的结果。耦合互感 M 从线圈 1 所在支路吸收了 23.86W 有功功率传输给线圈 2，被 R_2 消耗了 18.82W 后仍有 5.04W 剩余，返回给电压源 $\dot{U}_2$，这种对有功功率过量吸收的现象称为"过冲"。清晰可见有功功率从左边电源 $\dot{U}_1$ 发出，供给了 R_1 和 R_2 消耗后仍有剩余，传输给了右边电源 $\dot{U}_2$ 吸收。耦

合电感在这个过程中起到了能量的转换和传递作用。

变压器正是基于耦合电感传递能量的电磁特性研制并广泛应用的。

5.4 变压器的基本原理

变压器就是一种基于电磁感应原理,借助耦合电感由一个电路向另一个电路传输能量或信号,同时变换电压、电流和阻抗的器件,是耦合电感应用于工程实际的典型实例。在电器设备和无线电路中,变压器常用作升降电压、匹配阻抗和安全隔离等,这将在其他专业课程中专门阐述,这里仅对电路原理进行简要的介绍。

本章研究的变压器是由 2 个耦合线圈围绕在 1 个公共的芯子上制成的。其中,一个线圈作为输入端口,接入电源后形成回路,称为一次回路(或初级回路,旧称原边);另一个线圈作为输出端口,接入负载后形成回路,称为二次回路(或次级回路,旧称副边)。

5.4.1 空心变压器

不含铁心(或磁心)的变压器称为空心变压器,是线性电感电路,耦合系数较小,多用在无线电技术和某些测量设备中,可以用一般含有互感电路的分析方法来计算,其电路模型如图 5-18 所示。

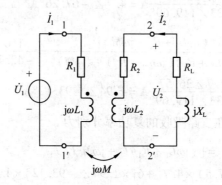

图 5-18 空心变压器电路模型

在正弦稳态条件下,有

$$(R_1 + j\omega L_1) \dot{I}_1 + j\omega M \dot{I}_2 = \dot{U}_1 \tag{5-21}$$

$$(R_2 + j\omega L_2 + R_L + jX_L) \dot{I}_2 + j\omega M \dot{I}_1 = 0 \tag{5-22}$$

令 $Z_{11} = R_1 + j\omega L_1$,称为一次回路阻抗;$Z_{22} = R_2 + j\omega L_2 + R_L + jX_L$,称为二次回路阻抗;$Z_M = j\omega M$,称为互阻抗。由式(5-21)和式(5-22)可求得

$$\dot{I}_1 = \frac{\dot{U}_1}{Z_{11} - Z_M^2 Y_{22}} = \frac{\dot{U}_1}{Z_{11} + (\omega M)^2 Y_{22}} = \frac{\dot{U}_1}{Z_i} \tag{5-23}$$

$$\dot{I}_2 = \frac{-Z_M Y_{11} \dot{U}_1}{Z_{22} - Z_M^2 Y_{11}} = \frac{-\mathrm{j}\omega M Y_{11} \dot{U}_1}{Z_{22} + (\omega M)^2 Y_{11}} \tag{5-24}$$

式中，$Z_i = Z_{11} + (\omega M)^2 Y_{22}$，称为一次等效回路输入阻抗。令 $Z'_1 = (\omega M)^2 Y_{22}$，为二次侧对一次侧的引入阻抗（反映阻抗），是将二次回路由于互感作用对一次回路产生的影响用一个等效参数来表示，即反映阻抗，可简化计算，表现了一次回路与二次回路之间由于互感作用实现复功率传递的平衡关系，令 $Z'_2 = (\omega M)^2 Y_{11}$，为一次侧对二次侧的反映阻抗，是一次回路由于互感作用对二次回路产生的影响，性质与 Z_{22} 相反，即感性（容性）变为容性（感性）。

根据式（5-23），可以得到一次回路等效电路图，如图 5-19（a）所示；同理，根据式（5-24）可以得到二次回路等效电路图，如图 5-19（b）所示。

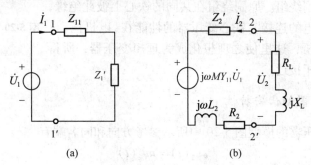

图 5-19　空心变压器的解耦等效电路

(a) 一次侧等效电路；(b) 二次侧等效电路

令 $\dot{I}_2 = 0$，此含源端口在 $2-2'$ 的开路电压 $\dot{U}_{oc} = \mathrm{j}\omega M Y_{11} \dot{U}_1$，戴维南电路等效阻抗 $Z_{eq} = R_2 + \mathrm{j}\omega L_2 + (\omega M)^2 Y_{11}$。

【例 5-8】　电路如图 5-18 所示，已知 $R_1 = R_2 = 0$，$L_1 = 5\mathrm{H}$，$L_2 = 3.2\mathrm{H}$，$M = 4\mathrm{H}$，$u_1 = 100\cos(10t)\mathrm{V}$，$Z_\mathrm{L} = R_\mathrm{L} + \mathrm{j}X_\mathrm{L} = 10\Omega$。试求变压器的耦合因数 k 和一次侧、二次侧电流 i_1 和 i_2。

解　变压器的耦合因数 k 为

$$k = \frac{M}{\sqrt{L_1 L_2}} = 1$$

对二次侧的等效电路有

$$\dot{U}_{22'} = \dot{U}_{oc} = \mathrm{j}\omega M Y_{11} \dot{U}_1 = 0.8 \dot{U}_1, \quad Z_{eq} = (\omega M)^2 Y_{11} + \mathrm{j}\omega L_2 = 0$$

则二次侧的电流为

$$\dot{I}_2 = -\frac{\dot{U}_{oc}}{Z_{eq} + Z_\mathrm{L}} = -0.08 \dot{U}_1$$

一次侧的电流为

$$\dot{I}_1 = \frac{\dot{U}_1}{Z_{11} + (\omega M)^2 Y_{22}} = (0.064 - 0.02\mathrm{j})\dot{U}_1 = 0.067 \dot{U}_1 \angle -17.35°$$

用时域形式表示为

$$i_1 = 6.7\cos(10t - 17.35°)\,\text{A}$$

$$i_2 = -8\cos(10t)\,\text{A}$$

5.4.2　理想变压器

理想变压器是根据铁心变压器的电气特性抽象出来的磁耦合元件，它的电路符号如图 5-20 所示。

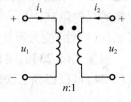

它的 2 个互感线圈又称绕组，与电源相连的线圈称为一次绕组、初级绕组或原绕组，与负载相连的线圈称为二次绕组、次级绕组或副绕组。原副绕组在共同的铁心上彼此绝缘，故负载与电源无电的连接，铁心变压器的性能在《电机拖动》课程中将详细分析，这里使之理想化成为理想变压器，所得结果与实际情况相接近。

图 5-20　理想变压器电路符号

1. 理想变压器的伏安特性

根据理想变压器的模型图 5-20 中所示参考方向和同名端有

$$u_1(t) = nu_2(t) \tag{5-25}$$

$$i_1(t) = -\frac{1}{n}i_2(t) \tag{5-26}$$

式中，N_1 为理想变压器初级绕组的匝数；N_2 为次级绕组的匝数；$n = \dfrac{N_1}{N_2}$ 称为匝数比，又称理想变压器的变比。

若 u_1，u_2 参考方向的"+"极性端都与同名端相连，则 $u_1 = nu_2$；若"+"极性端分别与异名端相连，则 $u_1 = -nu_2$。对电流而言，若 i_1、i_2 参考方向分别从同名端同时流入（或同时流出），则 $i_1 = -\dfrac{1}{n}i_2$；若 i_1，i_2 的参考方向分别从异名端同时流入（或同时流出），则 $i_1 = \dfrac{1}{n}i_2$。

式(5-25)和式(5-26)表明，电压与电流经过理想变压器只是在数值上按比例地进行变化，而不会出现时间上的超前或滞后；理想变压器的特性可只通过一个参数 n 来表征，也就是通过 n 表征一次侧与二次侧之间的电压和电流的变化关系，以及后面将讲到的阻抗的变化关系。

在图 5-20 所示电路中，在任何瞬间，理想变压器吸收的功率为

$$p = p_1 + p_2 = u_1(t)i_1(t) + u_2(t)i_2(t) = u_1(t)i_1(t) + \frac{u_1(t)}{n}[-ni_1(t)] = 0$$

$$\tag{5-27}$$

式(5-27)表明，理想变压器任意时刻吸收的总功率为零，因此，理想变压器是一个既不耗能也不储能的无源元件，它把一次侧输入的功率全部传递到二次侧的负载，在传

输的过程中仅仅将电压、电流按变比作数值变换。

在正弦稳态交流电路中，理想变压器伏安关系的相量形式为

$$\dot{U}_1 = n\dot{U}_2 \tag{5-28}$$

$$\dot{I}_1 = -\frac{1}{n}\dot{I}_2 \tag{5-29}$$

【例 5-9】　理想变压器的电流方向和同名端如图 5-21 所示，试分别写出电压与电流关系式。

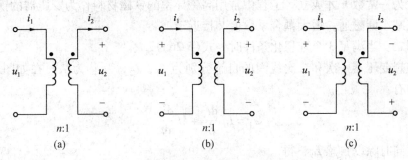

图 5-21　例 5-9 图

解　对图 5-21（a）有：$u_1 = nu_2$，$i_1 = -\frac{1}{n}(-i_2) = \frac{1}{n}i_2$；

对图 5-21（b）有：$u_1 = -nu_2$，$i_1 = -\frac{1}{n}(-i_2) = \frac{1}{n}i_2$；

对图 5-21（c）有：$u_1 = -nu_2$，$i_1 = \frac{1}{n}i_2$。

2. 理想变压器的实现

理想变压器应满足以下 3 个理想化条件：

（1）变压器本身不能消耗能量，即导线的电阻为零，且无铁心损耗（铁心无涡流损耗及磁滞损耗）。

（2）耦合系数 $k = 1$，即没有漏磁。

（3）线圈的自感和互感为无穷大，但仍保持 $\sqrt{\dfrac{L_1}{L_2}} = n$，$n = \dfrac{N_1}{N_2}$。

理想变压器只有满足上述 3 个理想化条件，才能使得式（5-25）和式（5-26）成立。

证明一：当满足 3 个理想化条件时，式（5-25）成立。

当 $k = 1$ 时即全耦合，有 2 个线圈上的总磁通即自感磁通与互感磁通之和相等，即

$$\varphi_1 = \varphi_{11} + \varphi_{22}, \quad \varphi_2 = \varphi_{22} + \varphi_{21}$$

而 $\varphi_{11} = \varphi_{21}$，$\varphi_{22} = \varphi_{12}$，因此有 $\varphi_1 = \varphi_2$。

设一次线圈共 N_1 匝，二次线圈共 N_2 匝，则交链 2 个线圈的磁通链分别为

$$\psi_1 = N_1\varphi_1, \quad \psi_2 = N_2\varphi_2$$

则在两线圈两端产生的感应电压分别为

$$u_1(t) = \frac{d\psi_1}{dt} = N_1 \frac{d\varphi_1}{dt}, \qquad u_2(t) = N_2 \frac{d\varphi_2}{dt}$$

由于 $\varphi_1 = \varphi_2$，所以有

$$u_1(t) = \frac{N_1}{N_2} u_2(t) = n u_2(t)$$

从上述证明过程可以看出，只有在无损耗、无漏磁且 $k = 1$ 时，一次电压和二次电压之比为一常数 n 才成立。工程中常用高磁导率的铁磁材料作为变压器的铁心构成磁路，以减小漏磁通，增大耦合系数使其接近于 1。

证明二：当满足 3 个理想化条件时，式(5-26)成立。

设理想变压器一次和二次线圈的自感分别为 L_1，L_2，互感为 M，在如图 5-18 所示电路中有：

$$u_1 = L_1 \frac{di_1}{dt} + M \frac{di_2}{dt}$$

等式两边同时除以自感 L_1，得

$$\frac{u_1}{L_1} = \frac{di_1}{dt} + \frac{M}{L_1} \frac{di_2}{dt}$$

由于 L_1，L_2 和 M 趋于无穷，则有

$$\frac{di_1}{dt} = -\frac{M}{L_1} \cdot \frac{di_2}{dt}$$

积分得到 $i_1(t) = -\frac{M}{L_1} i_2(t) + C$（仅适用于时变信号，积分常数 C 为 0），即

$$i_1(t) = -\frac{M}{L_1} i_2(t)$$

又因为 $k = \frac{M}{\sqrt{L_1 L_2}} = 1$，即 $M = \sqrt{L_1 L_2}$，因此

$$\frac{L_1}{M} = \sqrt{\frac{L_1}{L_2}} = \frac{N_1}{N_2} = n$$

所以 $i_1(t) = -\frac{1}{n} i_2(t)$ 成立。

3. 理想变压器的阻抗变换特性

理想变压器的一个重要功能——阻抗变换为一次侧的输入电阻。电路如图 5-22 所示，理想变压器在正弦激励作用下，为负载 R_L 供电，其参考方向如图所示。

若负载为 R_L，则有输入电阻为

$$R_{in} = \frac{u_1}{i_1} = \frac{nu_2}{-\frac{1}{n}i_2} = n^2 \left(-\frac{u_2}{i_2} \right) = n^2 R_L$$

由此可知，变压器一次侧的输入阻抗（或电阻）与负载阻抗（或电阻）成 n^2 倍关系，也

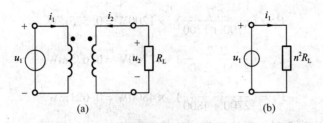

图 5-22　理想变压器的阻抗变换

就是说负载阻抗(或电阻)通过理想变压器进行了数值上的变换,如果需要升值时选 $n > 1$,如果需要降值时选 $n < 1$。理想变压器的这种特性在电子技术中用作阻抗匹配,以便负载获得最大功率。

若负载为阻抗 Z_L,则有输入阻抗为

$$Z_{in} = \frac{\dot{U}_1}{\dot{I}_1} = \frac{n\dot{U}_2}{-\frac{1}{n}\dot{I}_2} = n^2\left(-\frac{\dot{U}_2}{\dot{I}_2}\right) = n^2 Z_L$$

可见若二次侧分别接入 L 或 C 时,则折合到一次侧的元件参数将变为 $n^2 L$ 和 $\dfrac{C}{n^2}$。

【例 5-10】　电路如图 5-23 所示,电压为 $U_s = 2.7\text{V}$ 的电压源,其内阻为 $R_i = 2700\Omega$,向负载 $R_L = 300\Omega$ 传输信号。

(1)如 R_L 和电源直接相连,如图 5-23(a)所示,求负载获得的功率。

(2)若电源经理想变压器与负载连接,如图 5-23(b)所示,设 $n = 2$,3,4,求负载获得的功率。

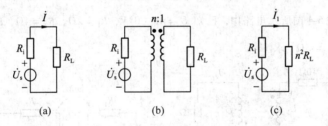

图 5-23　例 5-10 图

解　(1)对于图 5-23(a)有

$$P_L = \left(\frac{U_s}{R_i + R_L}\right)^2 R_L = \left(\frac{2.7}{3000}\right)^2 \times 300\text{W} = 0.243\text{mW}$$

(2)对图 5-23(b),负载电阻变换到一次侧等效电路,如图 5-23(c)所示,当 $n = 2$,3,4 时,分别有

$$n^2 R_L = 2^2 \times 300\Omega = 1200\Omega$$

$$n^2 R_L = 3^2 \times 300\Omega = 2700\Omega$$

$$n^2 R_L = 4^2 \times 300\Omega = 4800\Omega$$

因理想变压器无功率损失,故在 3 种变化情况下,负载所获得功率分别为

$$P_2 = (\frac{2.7}{2700 + 1200})^2 \times 1200\text{W} = 0.575\text{mW}$$

$$P_3 = (\frac{2.7}{2700 + 2700})^2 \times 2700\text{W} = 0.675\text{mW}$$

$$P_4 = (\frac{2.7}{2700 + 4800})^2 \times 4800\text{W} = 0.621\text{mW}$$

可见，在变比为 3 时，阻抗匹配，负载获得最大功率。

习　题

题 5−1. 在题 5-1 图所示电路中，设电压源 $u(t) = 20\sqrt{2}\sin 100t$ V，已知 $R_1 = 5\Omega$，$R_2 = 2\Omega$，$L_1 = 5\text{mH}$，$L_2 = 3\text{mH}$，$M = 1\text{mH}$，求当开关 S 断开和闭合时的电流 $i(t)$。

题 5−2. 电路如题 5-2 图所示，已知 $\dot{U}_1 = 5V$，$R_1 = R_2 = 3\Omega$，$\omega L_1 = \omega L_2 = 4\Omega$，$\omega M = 2\Omega$，试分析当负载阻抗 Z_L 为何值时能获得最大功率，及最大功率为多少。

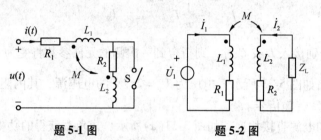

题 5-1 图　　　　题 5-2 图

题 5−3. 在题 5-3 图所示的含有理想变压器的电路中，已知 $\dot{U}_S = 220\angle 0° V$，求 4Ω 电阻上获得的功率。

题 5−4. 在题 5-4 图所示电路中，已知 $\dot{U} = 10\angle 0° V$，$R_1 = 2\Omega$，$R_2 = 4\Omega$，$\omega L_1 = 8\Omega$，$\omega L_2 = 4\Omega$，$\omega M = 4\Omega$，$Z_1 = j3\Omega$，求 $\dot{U}_2$。

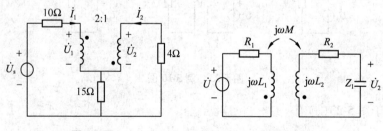

题 5-3 图　　　　题 5-4 图

题 5−5. 已知 $L_1 = 10\text{H}$，$L_2 = 5\text{H}$，$M = 8\text{H}$，求题 5-5 图所示电路的端口等效电感 L_{eq}。

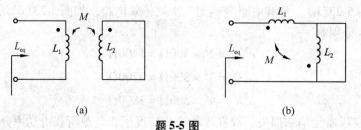

(a)　　　　　　　　(b)

题 5-5 图

题 5 − 6. 电路如题 5-6 图所示，已知 $j\omega L_1 = j\omega L_2 = j4\Omega$，$j\omega M = j8\Omega$，$\dot{I}_s = 10\angle 0°A$，求端口开路电压 $\dot{U}_{oc}$。

题 5 − 7. 含理想变压器的电路如题 5-7 图所示，求 $\dot{U}_s$，$\dot{I}_2$，$\dot{U}_1$，$\dot{U}_2$ 及电流源发出的平均功率 P。

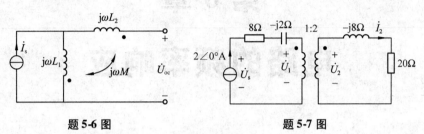

题 5-6 图　　　　　　　题 5-7 图

题 5 − 8. 有一台理想变压器，一次侧绕组电压为 220V，二次侧绕组电压为 15V，一次侧绕组为 2200 匝，如果二次侧绕组两端接入阻抗为 5Ω。试求：

(1) 变压器的变压比；

(2) 二次侧绕组的匝数；

(3) 一次侧及二次侧绕组中的电流。

题 5 − 9. 根据题 5-9 图所示电路中的回路，列写回路电流方程。

题 5 − 10. 题 5-10 图所示为含有耦合电感的电路，已知 $\omega = 2\text{rad/s}$，$R = 2\Omega$，$M = 2\text{H}$，$L_1 = 1\text{H}$，$L_2 = 4\text{H}$，$C = 2\text{F}$，$\dot{I}_s = 2\angle 0°A$，$\dot{U}_s = 2\angle 90°$，求 $\dot{I}_1$ 和 $\dot{I}_2$。

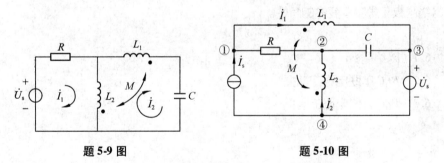

题 5-9 图　　　　　　　题 5-10 图

题 5 − 11. 对题 5-11 图所示电路，求电流有效值 I_1，I_2 和 R_2 吸收的平均功率 P_2 的值。

题 5 − 12. 题 5-12 图所示为含耦合电感的电路，已知 $\omega = 100\text{rad/s}$，$R = 1\Omega$，$M = 2\text{H}$，$C = 2\text{F}$，$L_1 = 4\text{H}$，$L_2 = 5\text{H}$，$\dot{I}_s = 2\angle 0°A$，$\dot{U}_s = 1\angle 60°\text{V}$，试分别用回路法和节点求取 $\dot{I}_1$ 和 $\dot{U}_2$。

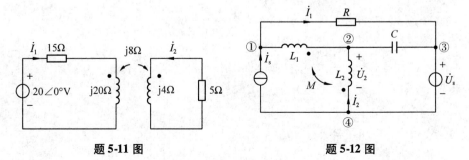

题 5-11 图　　　　　　　题 5-12 图

第6章

电路的频率响应

[**本章提要**]
　　本章的主要内容是介绍网络函数，通过分析 RLC 串联、并联谐振电路研究网络函数随角频率变换的特性。

6.1　网络函数

6.2　RLC 串联电路的谐振

6.3　RLC 并联电路的谐振

6.1　网络函数

　　由于电路和系统中存在着电感和电容，当电路中激励源的频率变换时，电路中的感抗、容抗将随频率变化，从而导致电路的工作状态跟随频率变化。我们将电路或系统的工作状态跟随频率而变化的现象称为电路或系统的频率特性，又称频率响应。

　　对于频率特性的分析通常是采用单输入—单输出的方式，在输入变量和输出变量之间建立函数关系，来描述电路的频率特性，这一函数关系就称为电路或系统的网络函数。

　　本章仅对正弦稳态电路的频率特性做初步的分析和研究。

　　电路在一个正弦电源激励下稳定时，各部分的响应都是同频率的正弦量，采用相量表示正弦量，网络函数 $H(\omega)$ 定义为

$$H(\omega) \stackrel{\text{def}}{=} \frac{\dot{R}_k(\omega)}{\dot{E}_{sj}(\omega)} \tag{6-1}$$

式中，$\dot{R}_k(\omega)$ 为输出的第 k 个端口的响应，一般为电压相量 $\dot{U}_k(\omega)$ 或电流相量 $\dot{I}_k(\omega)$；$\dot{E}_{sj}(\omega)$ 为输入端口的第 j 个的输入变量（正弦激励），一般为电压源相量 $\dot{U}_{sj}(\omega)$ 或电流源相量 $\dot{I}_{sj}(\omega)$。

　　当 $k = j$ 时表示同一端口，网络函数又称驱动点函数，阻抗 $Z = \dfrac{\dot{U}k}{\dot{I}sj}$ 又称驱动点阻抗，同理导纳 $Y = \dfrac{\dot{I}sj}{\dot{U}k}$ 又称驱动点导纳；当 $k \neq j$ 时表示不同端口，网络函数又称转移函数或传递函数，分别定义为转移阻抗 $\dfrac{\dot{U}k}{\dot{I}sj}$，转移电流比 $\dfrac{\dot{I}k}{\dot{I}sj}$，转移电压比 $\dfrac{\dot{U}sj}{\dot{U}k}$，转移导纳 $Y = \dfrac{\dot{I}sj}{\dot{U}k}$。

　　容易发现，网络函数不仅与电路的结构、参数有关，还与输入、输出变量的类型及端口的相互位置有关。

　　这里网络函数是一个复数，它的频率特性分为 2 个部分：模值 $|H(j\omega)|$ 是 2 个正弦量的有效值（或幅值）之比，它随频率 ω 的变换关系称为幅频特性；幅角 $\varphi(\omega) = \angle H(\omega)$，是 2 个正弦量的相位差（又称相移），它随频率 ω 的变换关系称为相频特性。这 2 种特性都可以在图上用曲线表示，分别称为幅频特性曲线和相频特性曲线，

统称频率特性曲线。

在正弦稳态电路中，网络函数可以用相量分析法中任意一种分析方法求得，频率 ω 对于电路的影响，归根结底是对于电路阻抗的影响，若在某一电源频率下使得阻抗呈电阻性，则说明电路发生了谐振，这是频率对于电路最具特点的影响。下面简要介绍 RLC 串联及并联谐振电路。

6.2 RLC 串联电路的谐振

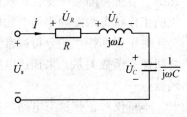

在正弦交流电路中，含有储能元件时，储能元件与电流有着周期性的能量交换，如果一个电路中含有电感和电容两类不同性质的储能元件，在一定条件下，它们的能量交换可以完全相互补偿，而与电源之间不再有能量交换，电流增加只提高有功功率，这时，电路是呈电阻性的，功率因数等于1，电路的这种工作状态称为谐振。

图 6-1 串联谐振电路

RLC 串联电路如图 6-1 所示，当电路发生谐振时，称为串联谐振。

1. 谐振的条件

在图 6-1 所示电路中，其输入阻抗为

$$Z(\omega) = R + j\left(\omega L - \frac{1}{\omega C}\right)$$

当 RLC 参数不变，保持电源电压的幅值不变仅改变电源频率时，使得电路呈电阻性，此时对应的角频率 ω_0 称为谐振角频率。电路发生串联谐振的条件为

$$X(\omega_0) = \omega_0 L - \frac{1}{\omega_0 C} = 0 \tag{6-2}$$

$$\omega_0 = \frac{1}{\sqrt{LC}} \tag{6-3}$$

电路谐振频率为

$$f_0 = \frac{1}{2\pi \sqrt{LC}} \tag{6-4}$$

谐振频率 f_0 又称为 RLC 串联电路的固有频率，是由电路结构和参数决定的。串联电路中谐振频率只有一个，由串联电路中的 L，C 决定，与 R 无关。可以通过改变 L，C 的值改变电路的固有频率。

2. 串联谐振特点

（1）发生串联谐振时，电路的复阻抗的模值最小，且复阻抗的性质为纯电阻，即

$$Z(\omega_0) = R + j\left(\omega_0 L - \frac{1}{\omega_0 C}\right) = R \tag{6-5}$$

由于 $Z(\omega_0) = \dfrac{\dot{U}_s}{\dot{I}_0} = R$，因此有 $\dot{U}_s = R\dot{I}_0 = \dot{U}_R$，其中 $\dot{I}_0$ 相量为串联谐振时的电流相

量，且 $\dot{I}_0$ 与 $\dot{U}_s$ 保持同相位。

（2）在输入电压有效值 U 不变时，发生谐振时的电流有效值 I_0 和电阻两端电压有

效值 U_R 为最大：

$$I_0 = \frac{U_s}{|Z|} = \frac{U_s}{R} \tag{6-6}$$

$$U_R = RI_0 = U_s \tag{6-7}$$

实验时可根据此特点判别串联谐振电路是否发生了谐振。可以看出电阻 R 虽然不影响谐振频率，但是有控制和调节谐振时的电流值的作用。

（3）在串联谐振时，感抗和容抗相等，与电阻之比定义为谐振电路的品质因数，用 Q 表示，即

$$Q = \frac{\omega_0 L}{R} = \frac{1}{\omega_0 CR} = \frac{1}{R}\sqrt{\frac{L}{C}} \tag{6-8}$$

品质因数 Q 仅在谐振时才有意义，工程上简称为 Q 值。Q 值的大小由电路的参数决定，与电源的频率无关，是一个无量纲的量。Q 的大小决定着谐振电路的一些重要品质，所以称为品质因数。

（4）若在串联谐振时电路中电流为

$$i_0(t) = I_m \cos\omega_0 t \tag{6-9}$$

则电感在一周期内储存的能量为

$$W_L(t) = \frac{1}{2}Li_0^2(t) = \frac{1}{2}LI_m^2\cos^2\omega_0 t \tag{6-10}$$

电容在一周期内储存的能量为

$$W_C(t) = \frac{1}{2}Cu_C^2(t) \tag{6-11}$$

由于在谐振时电源电压全部加在电阻上，而电感电压与电容电压有效值相等，是电源电压有效值的 Q 倍，电容电压的相位落后于电流 $90°$，因此有

$$W_C(t) = \frac{1}{2}Cu_C^2(t) = \frac{1}{2}C(QRI_m)^2\cos^2(\omega_0 t - 90°)$$

$$= \frac{1}{2}C(QRI_m)^2\sin^2\omega_0 t \tag{6-12}$$

将 $Q = \dfrac{1}{R}\sqrt{\dfrac{L}{C}}$ 代入得

$$W_C = \frac{1}{2}C(QRI_m)^2\sin^2\omega_0 t = \frac{1}{2}LI_m^2\sin^2\omega_0 t \tag{6-13}$$

因此电路中储能元件储存的总的电磁能为

$$W_X(t) = W_L(t) + W_C(t) = \frac{1}{2}LI_m^2\cos^2\omega_0 t + \frac{1}{2}LI_m^2\sin^2\omega_0 t = \frac{1}{2}LI_m^2 \tag{6-14}$$

在谐振时同时有 $U_{\text{Cm}} = \dfrac{1}{\omega_0 C} I_{\text{m}} = \sqrt{\dfrac{L}{C}} I_{\text{m}}$ ，则可得

$$\frac{1}{2} C U_{\text{Cm}}^2 = \frac{1}{2} C \cdot \frac{L}{C} I_{\text{m}}^2 = \frac{1}{2} L I_{\text{m}}^2 \tag{6-15}$$

因此有

$$W_X(t) = \frac{1}{2} L I_{\text{m}}^2 = \frac{1}{2} C U_{\text{Cm}}^2 = \frac{1}{2} C Q^2 U_{\text{sm}}^2 \tag{6-16}$$

式(6-16)表明，当电源电压幅值一定时，谐振时电路的储能为一常量，其大小与品质因数的平方成正比。

在一个谐振周期 T_0 内，电阻上消耗的能量为

$$W_R(t) = R I_0^2 T_0 \tag{6-17}$$

在一个周期内，电路中储存的能量与消耗的能量之比为

$$\frac{W_X(t)}{W_R(t)} = \frac{\dfrac{1}{2} L I_{\text{m}}^2}{I_0^2 R T_0} = \frac{L I_0^2}{I_0^2 R 2\pi / \omega_0} = \frac{1}{2\pi} \frac{\omega_0 L}{R} = \frac{1}{2\pi} Q \tag{6-18}$$

式(6-18)表明，Q 值的大小与电路在谐振时一周期内储存能量的多少和一周期内消耗的能量的大小有着密切的关系，事实上 Q 值的大小就是这 2 种能量相对大小的度量。即

$$Q = 2\pi \cdot \frac{\text{谐振时电路在一个周期内储存的能量}}{\text{谐振时电路在一个周期内消耗的能量}}$$

(5)在串联谐振时，电感和电容的电压相量分别为

$$\dot{U}_L = \text{j}\omega_0 L \dot{I}_0 = \text{j}\omega_0 L \frac{U}{R} = \text{j} Q \dot{U}_{\text{s}} \tag{6-19}$$

$$\dot{U}_C = -\text{j} \frac{1}{\omega_0 C} \dot{I}_0 = -\text{j} \frac{1}{\omega_0 C} \frac{U}{R} = -\text{j} Q \dot{U}_{\text{s}} \tag{6-20}$$

因此可得

$$\dot{U}_L + \dot{U}_C = 0 \tag{6-21}$$

可见电感和电容的电压大小相等、相位相反，其和为零，所以串联谐振又称电压谐振。

在电信和无线电工程中，电路的 Q 值一般为几十到几百之间，电路谐振时，电阻两端的电压等于电源电压，而电感和电容的电压有效值均为电源电压有效值的 Q 倍。当 $Q \gg 1$ 时，这个特性表明在谐振时会在电感和电容两端出现大大高于外施电压 U 的电压，这一特性在无线电及通信工程中有重要应用。

3. 频率特性

电路如图 6-1 所示，设输入激励为 $\dot{U}_{\text{s}}$ ，输出响应为电阻电压 $\dot{U}_R$ ，则网络函数为

$$H_R(\omega) = \frac{\dot{U}_R}{\dot{U}_{\text{s}}} = \frac{R \dot{I}}{\left(R + \text{j}\omega L + \dfrac{1}{\text{j}\omega C} \right) \dot{I}} = \frac{R}{R + \text{j}\left(\omega L - \dfrac{1}{\omega C} \right)} \tag{6-22}$$

所对应的幅频特性关系式为

$$|H_R(\omega)| = \frac{R}{\sqrt{R^2 + \left(\omega L - \dfrac{1}{\omega C}\right)^2}} \tag{6-23}$$

所对应的相频特性关系式为

$$\varphi_R(\omega) = \angle H_R(\omega) = -\arctan\left(\frac{\omega L - \dfrac{1}{\omega C}}{R}\right) \tag{6-24}$$

当电路的参数 R，L，C 确定，可以根据式(6-23)和式(6-24)定性地绘制该电路的幅频特性曲线以及相频特性曲线，如图 6-2 所示。

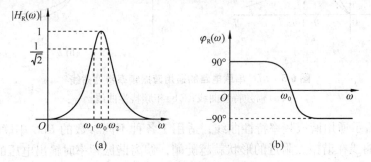

图 6-2　RLC 串联电路的频率特性曲线
(a)幅频特性曲线；(b)相频特性曲线

由图 6-2 所示的幅频特性曲线可以看出，在电源为谐振频率时，输出电压最大，偏离谐振频率则输出减小，减小的程度与电路参数有关。为了对比不同参数的 RLC 串联电路在电源频率变化时的工作情况，我们以 $\dfrac{\omega}{\omega_0}$ 为变量研究式(6-22)表示的网络函数关系。

令 $\eta = \dfrac{\omega}{\omega_0}$，则网络函数变为

$$H_R(\eta) = \frac{\dot{U}_R}{\dot{U}_s} = \frac{R\dot{I}}{\left(R + j\omega L + \dfrac{1}{j\omega C}\right)\dot{I}} = \frac{1}{1 + j\left(\dfrac{\omega L}{R} - \dfrac{1}{\omega CR}\right)} = \frac{1}{1 + jQ\left(\eta - \dfrac{1}{\eta}\right)} \tag{6-25}$$

由式(6-25)可以看出，当 RLC 串联电路参数不同时，其在频率响应上的差异可以通过各自的品质因数 Q 体现出来。

幅频特性为

$$|H_R(\eta)| = \frac{\dot{U}_R}{\dot{U}_s} = \frac{1}{\sqrt{1 + Q^2\left(\eta - \dfrac{1}{\eta}\right)^2}} \tag{6-26}$$

相频特性为

$$\varphi_R(\eta) = -\arctan\left[Q\left(\eta - \frac{1}{\eta}\right)\right] \qquad (6-27)$$

这样根据式(6-26)和式(6-27)绘制的频率特性曲线由 Q 决定，称为通用谐振频率特性曲线，如图 6-3 所示。

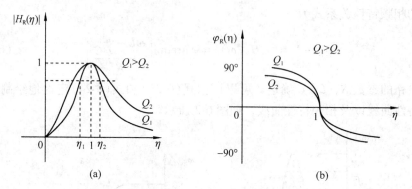

图 6-3 RLC 串联电路的通用谐振频率特性曲线

（a）幅频特性曲线；（b）相频特性曲线

图 6-3 所示通用谐振频率特性曲线，适用于各种不同参数的 RLC 串联谐振电路，Q 值越大，曲线在谐振点附近的形状就越陡峭，偏离谐振频率时输出电压的下降就越明显，这说明只有频率在谐振频率附近的信号才能保持较大幅值通过，其他频率的信号都受到很强的抑制，产生不同程序的幅值衰减，这种性质称为谐振电路，选频特性。Q 值越大，电路的选择性越好。为了说明一个谐振电路允许哪些频率范围的信号通过，工程上设定一个输出幅度指标，从而界定该频率（角频率）范围。当 $|H_R(\eta)| \geqslant \frac{1}{\sqrt{2}}$ 时，所对应的频率（角频率）范围称为通频带，其频率范围的大小用带宽来衡量，记作 BW，可以用角频率表示，也可以用频率表示。

当 $|H_R(\eta)| = \frac{1}{\sqrt{2}}$ 时，由式(6-26)可得 $Q\left(\eta - \frac{1}{\eta}\right) = \pm 1$，对应求得的 η_1（谐振点左侧）和 η_2（谐振点右侧）如图 6-3（a）所示，考虑到 $\eta > 0$，上式中的 2 个正值解为

$$\eta_1 = -\frac{1}{2Q} + \sqrt{1 + \frac{1}{4Q^2}}, \quad \eta_2 = \frac{1}{2Q} + \sqrt{1 + \frac{1}{4Q^2}}$$

η_1 所对应的电源角频率 ω_1 和频率 f_1 称为上限截止角频率（频率），分别为

$$\omega_1 = \eta_1 \omega_0, \quad f_1 = \frac{\omega_1}{2\pi} = \frac{\eta_1}{2\pi} \omega_0$$

η_2 所对应的电源角频率 ω_2 和频率 f_2 称为下限截止角频率（频率），分别为

$$\omega_2 = \eta_2 \omega_0, \quad f_2 = \frac{\omega_2}{2\pi} = \frac{\eta_2}{2\pi} \omega_0$$

带宽 BW 为

$$\mathrm{BW} = \omega_2 - \omega_1 = \omega_0(\eta_2 - \eta_1) = \frac{\omega_0}{Q} \qquad (6-28)$$

或

$$BW = f_2 - f_1 = \frac{\omega_0}{2\pi}(\eta_2 - \eta_1) = \frac{\omega_0}{2\pi Q} = \frac{f_0}{Q} \qquad (6\text{-}29)$$

由式(6-28)和式(6-29)可以看出，BW 与 Q 值成反比。Q 值越大，BW 越窄，电路的频率选择性越好，对偏离中心频率信号的抑制能力越强，但信号传输的不失真度越差，且对信号传输的速率越低；反之，Q 值越小，BW 越宽，频率选择性越差，但是信号传输的不失真度越高，且信号传输的速率越高。工程中常常需要根据实际要求综合考虑各种因素来选择一个适宜的带宽指标。由于角频率 ω_1 与角频率 ω_2 关于谐振角频率 ω_0 对称，因此又称 ω_0 为中心频率，且满足 $\omega_0 = \sqrt{\omega_1 \omega_2}$，$\omega_1 \leqslant \omega_0 \leqslant \omega_2$。该频率界定的通频带位于频率中段，呈带状，因此网络函数 $H_R(\eta)$ 称为带通函数。

串联谐振的这一特点常用于信号选择，如收音机的输入电路就属于串联谐振电路。图 6-4 所示为收音机的输入电路，各广播电台不同频率的信号由天线 A 接收以后，通过线圈 L_1 和 L_2 的磁耦合，将信号传递到电容 C 和 L_2 组成的回路，当调节 C 使电路发生对某一广播频率的谐振时，信号的电流最大，且远远大于其他频率的信号电流，这样就把所需要的电台信号选了出来，这个电台的信号电流再通过 L_2 和 L_3 的耦合，送到收音机的后接电路中进行处理，即可得到相应的广播节目。

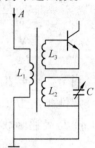

图 6-4　收音机的输入电路

但是，在电力系统中的电源电压往往很高，谐振发生时，过高的局部电压会造成电器设备的损坏，因此在设计中必须考虑这一因素，适当选择电路参数，以避免发生谐振。

同理，当输入激励为 $\dot{U}_s$ 时，以电感电压 $\dot{U}_L$ 和电容电压 $\dot{U}_C$ 为输出变量的网络函数分别为

$$H_L(\eta) = \frac{\dot{U}_L}{\dot{U}_s} = \frac{j\omega L \dot{I}}{\left(R + j\omega L + \dfrac{1}{j\omega C}\right)\dot{I}} = \frac{j\omega L}{R + j\left(\omega L - \dfrac{1}{\omega C}\right)} = \frac{jQ}{\dfrac{1}{\eta} + jQ\left(1 - \dfrac{1}{\eta^2}\right)}$$

$$H_C(\eta) = \frac{\dot{U}_C}{\dot{U}_s} = \frac{\dfrac{1}{j\omega C}\dot{I}}{\left(R + j\omega L + \dfrac{1}{j\omega C}\right)\dot{I}} = \frac{\dfrac{1}{j\omega C}}{R + j\left(\omega L - \dfrac{1}{\omega C}\right)} = \frac{-jQ}{\eta + jQ(\eta^2 - 1)}$$

$H_L(\eta)$ 和 $H_C(\eta)$ 的辐角分别超前和滞后于 $H_R(\eta)$ 辐角90°，这里不再予以分析，仅研究其幅频特性。

$H_L(\eta)$ 幅频特性关系式为

$$\left|H_L(\eta)\right| = \frac{U_L}{U_s} = \frac{-Q}{\sqrt{\dfrac{1}{\eta^2} + Q^2\left(1 - \dfrac{1}{\eta^2}\right)^2}}$$

可求得 3 个极值点，分别为 η_{L1}, η_{L2} 和 η_{L3}。

当 $\eta_{L_1} = 0$ 时，$\left|H_L(\eta)\right| = 0$；

当 $\eta_{L_2} = \sqrt{\dfrac{2Q^2}{2Q^2-1}}$ 时，使得 $\dfrac{\mathrm{d}}{\mathrm{d}\eta}[\,|H_L(\eta)|\,] = 0$，得 $|H_L(\eta)| = \dfrac{Q}{\sqrt{1-\dfrac{1}{4Q^2}}}$；

当 $\eta_{L_3} = \infty$ 时，$|H_L(\eta)| = 1$。

同理，得到 $H_L(\eta)$ 幅频特性关系式为

$$|H_C(\eta)| = \frac{U_C}{U_s} = \frac{-Q}{\sqrt{\eta^2 + Q^2(\eta^2-1)^2}}$$

可求得 3 个极值点，分别为 η_{C1}，η_{C2} 和 η_{C3}。

当 $\eta_{C1} = 0$ 时，$|H_C(\eta)| = 1$；

当 $\eta_{C2} = \sqrt{1-\dfrac{1}{2Q^2}}$ 时，使得 $\dfrac{\mathrm{d}}{\mathrm{d}\eta}[\,|H_C(\eta)|\,] = 0$，得 $|H_C(\eta)| = \dfrac{Q}{\sqrt{1-\dfrac{1}{4Q^2}}}$；

当 $\eta_{C3} = \infty$ 时，$|H_C(\eta)| = 0$。

定性画出 $H_L(\eta)$ 和 $H_C(\eta)$ 的通用谐振幅频特性曲线，如图 6-5 所示，可见，$H_L(\eta)$ 是高通函数，$H_C(\eta)$ 是低通函数。

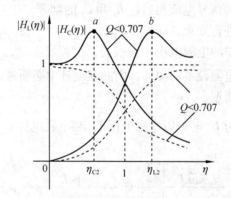

图 6-5 $H_L(\eta)$ 和 $H_C(\eta)$ 的通用谐振幅频特性曲线

【例 6-1】 RLC 串联电路如图 6-1 所示，已知 $U_s = 10\mathrm{V}$，$R = 10\Omega$，$L = 20\mathrm{mH}$，当 $C = 200\mathrm{pF}$ 时，电流 $I = 1\mathrm{A}$。试求 ω、U_L、U_C 和 Q。

解　令 $\dot{U} = 10\angle 0°$，根据电流值有 $\left|\dfrac{\dot{U}}{R+\mathrm{j}X}\right| = \left|\dfrac{10}{10+\mathrm{j}X}\right| = 1$，显然 $X(\omega) = 0$，表明电路处于谐振状态，所以有

$$\omega_0 = \frac{1}{\sqrt{LC}} = \frac{1}{\sqrt{20\times 10^{-3}\times 200\times 10^{-12}}}\mathrm{rad/s} = 5\times 10^5\mathrm{rad/s}$$

$$Q = \frac{\omega_0 L}{R} = \frac{5\times 10^5\times 20\times 10^{-3}}{10} = 1000 \qquad \text{或 } Q = \frac{\omega_0 L}{R} = \frac{1}{R}\sqrt{\frac{L}{C}}$$

$$U_L = U_C = QU_s 10000\mathrm{V}$$

6.3　*RLC* 并联电路的谐振

串联谐振电路适用于信号源内阻很小的情况。如果信号源电阻较大，将使回路 Q 值降低，电路的选频特性变差。通常在这种情况下采用并联谐振电路。与串联谐振的定义相同，端口上的电压 $\dot{U}_s$ 与输入电流 $\dot{I}$ 同相的工作状态称为谐振，又由于谐振发生在并联电路中，因此称为并联谐振。对图 6-6 所示的 *RLC* 并联电路，分析方法与串联谐振电路相同。

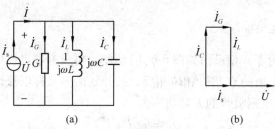

图 6-6　*RLC* 并联谐振电路及其相量图

1. 并联谐振的条件及谐振频率

谐振时 $\dot{U}$ 与 $\dot{I}_s$ 同相，其关系式为

$$\dot{I}_s = \left[G + \mathrm{j}\left(\omega C - \frac{1}{\omega L} \right) \right] \cdot \dot{U} = Y \cdot \dot{U} \tag{6-30}$$

谐振条件为 $\omega C - \dfrac{1}{\omega L} = 0$，解得谐振角频率 ω_0 和谐振频率 f_0 分别为

$$\omega = \omega_0 = \frac{1}{\sqrt{LC}}, \qquad f_0 = \frac{1}{2\pi\sqrt{LC}}$$

频率 f_0 又称为电路的固有频率。

2. 并联谐振的特点

(1) 并联谐振电路如图 6-6(a) 所示，其导纳为

$$Y = G + \mathrm{j}B = G + \mathrm{j}\left(\omega C - \frac{1}{\omega L} \right) \tag{6-31}$$

当 $\omega = \omega_0$ 时，则 $Y = G$，导纳呈电阻性，导纳模最小。由式(6-30)知 $\dot{I}_s = G\dot{U}$，即电流源电流仅流经电导，$\dot{I}_s = \dot{I}_G$，电感与电容的并联相当于开路。

(2) 电流源 $\dot{I}_s$ 作为激励，其有效值一定时，电流源两端电压 U 最大，即

$$U = \frac{I_G}{G} = \frac{I_s}{G} \tag{6-32}$$

可以根据这一现象判断并联电路是否发生了谐振。

(3) 在并联谐振时，感纳和容纳相等，与电导之比定义并联谐振电路的品质因

数，用 Q 表示，即

$$Q = \frac{1}{\omega_0 LG} = \frac{\omega_0 C}{G} = \frac{1}{G}\sqrt{\frac{C}{L}} \tag{6-33}$$

该品质因数与串联谐振的品质因数具有对偶性。

谐振时，电感元件和电容元件上电流分别为

$$\dot{I}_L = -j\frac{1}{\omega_0 L}\dot{U} = -jQ\dot{I}_s \tag{6-34}$$

$$\dot{I}_C = j\omega_0 C\dot{U} = j\frac{\omega_0 C}{G}\dot{I}_s = jQ\dot{I}_s \tag{6-35}$$

因此有 $\dot{I}_C + \dot{I}_L = 0$。

设电压 $\dot{U}$ 初相为零，相量图如图6-6(b)所示。可见并联谐振时 $\dot{I}_C$ 与 $\dot{I}_L$ 有效值相等，其值为电流源 I_s 值的 Q 倍，相位相反，故并联谐振又称电流谐振。

(4)在谐振时，电感吸收的无功功率为

$$Q_L = \omega_0 L \cdot I_s^2 \tag{6-36}$$

电容吸收的无功功率为

$$Q_C = -\frac{1}{\omega_0 C} \cdot I_s^2 \tag{6-37}$$

因此有 $Q_L + Q_C = 0$，这表明在谐振时，电感的磁场能量与电容的电场能量彼此相互交换，完全补偿。电导吸收的有功功率与电感或电容的无功功率之比为

$$\frac{\dfrac{I_s^2}{G}}{\dfrac{1}{\omega_0 C}I_s^2} = \frac{\dfrac{I_s^2}{G}}{\omega_0 L \cdot I_s^2} = \frac{\omega_0 C}{G} = \frac{1}{\omega_0 LG} = Q \tag{6-38}$$

3. 频率特性

电路如图6-6所示，设输入激励为 $\dot{I}_s$，输出响应为电阻电压 $\dot{I}_R$，则网络函数为

$$H_R(\omega) = \frac{\dot{I}_R}{\dot{I}_s} = \frac{G\dot{U}}{\left(G + j\omega C + \dfrac{1}{j\omega L}\right)\dot{U}} = \frac{G}{G + j\omega C + \dfrac{1}{j\omega L}} \tag{6-39}$$

表示成通用谐振频率关系的网络函数为

$$H_R(\eta) = \frac{\dot{I}_R}{\dot{I}_s} = \frac{G\dot{U}}{\left(G + j\omega C + \dfrac{1}{j\omega L}\right)\dot{U}} = \frac{G}{G + j\omega C + \dfrac{1}{j\omega L}} = \frac{1}{1 + jQ\left(\eta - \dfrac{1}{\eta}\right)}$$

$$\tag{6-40}$$

这与串联谐振时分析频率特性相同，此处不再赘述。

工程实际中采用的并联谐振电路由电感线圈和电容器并联组成，其电路模型如图6-7(a)所示。

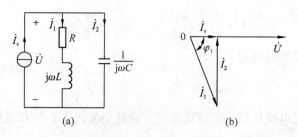

图 6-7　并联谐振电路及其相量图

在电路发生谐振时 $\dot{I}_s$ 与 $\dot{U}$ 同相，其关系式为

$$\frac{\dot{U}}{\dot{I}_s} = Y(\omega) = \frac{1}{R + j\omega L} + j\omega C = \frac{R}{R^2 + (\omega L)^2} + j\left[\omega C - \frac{\omega L}{R^2 + (\omega L)^2}\right]$$

$$(6\text{-}41)$$

谐振条件为当 $\omega = \omega_0$ 时，$I_m[Y(\omega_0)] = \omega_0 C - \dfrac{\omega_0 L}{R^2 + (\omega_0 L)^2} = 0$，因此得到谐振角

频率 ω_0 和谐振频率 f_0 分别为

$$\omega_0 = \frac{1}{\sqrt{LC}}\sqrt{1 - \frac{R^2 C}{L}}, \qquad f_0 = \frac{1}{2\pi\sqrt{LC}}\sqrt{1 - \frac{R^2 C}{L}} \qquad (6\text{-}42)$$

仅当 $1 - \dfrac{R^2 C}{L} > 0$ 时电路才可能谐振，因此谐振需满足 $R < \sqrt{\dfrac{L}{C}}$ 条件。当 $R \ll$

$\sqrt{\dfrac{L}{C}}$ 时，$\omega_0 \approx \dfrac{1}{\sqrt{LC}}$，$f_0 \approx \dfrac{1}{2\pi\sqrt{LC}}$，才与上述讨论的 RLC 并联电路谐振特点相近。

并联谐振时，$Y(\omega_0) = \dfrac{R}{R^2 + (\omega_0 L)^2} = \dfrac{RC}{L}$，为电流源两端电压

$$\dot{U}(\omega_0) = \frac{\dot{I}_s}{Y(\omega_0)} = \dot{I}_s \frac{L}{RC}$$

设 $\dot{I}_s$ 初相为零，谐振时各支路电流为

$$\dot{I}_1 = \frac{\dot{U}}{R + j\omega_0 L} = \frac{L}{RC\sqrt{R^2 + (\omega_0 L)^2}}\dot{I}_s \angle -\varphi_1 \qquad (6\text{-}43)$$

$$\dot{I}_2 = j\omega_0 C\dot{U} = j\omega_0 C \frac{L}{RC}\dot{I}_s = \frac{\omega_0 L}{R}\dot{I}_s \angle 90° \qquad (6\text{-}44)$$

式中，$\varphi_1 = \arctan\dfrac{\omega_0 L}{R}$，其相量图如图 6-7(b) 所示。当 $\omega_0 L \gg R$ 时，$\dot{I}_1$ 与 $\dot{I}_2$ 几乎有效值相等，相位上反相，且 $I_1 \approx I_2$，故也称为电流谐振。

当 $\omega_0 L \gg R$，同时满足 $R \ll \sqrt{\dfrac{L}{C}}$ 时，$I_1 \approx \dfrac{L}{RC\omega_0 L}I_s = \dfrac{1}{\omega_0 CR}I_s$，$I_2 = \dfrac{\omega_0 L}{R}I_s$，把电容

支路中电流 I_2 同总电流 I_s 之比定义为 RL 与 C 并联谐振电路的品质因数，即

$$Q = \frac{I_2}{I_s} = \frac{\omega_0 L}{R} \approx \frac{1}{\omega_0 CR} \approx \frac{1}{R}\sqrt{\frac{L}{C}} \tag{6-45}$$

从而在谐振时的阻抗为

$$Z(\omega_0) = \frac{L}{RC} = \frac{1}{R}\frac{L}{C} = Q\sqrt{\frac{L}{C}} \tag{6-46}$$

这样在并联谐振时电源只供电阻消耗能量，能量交换仅在 L 与 C 之间进行。

习 题

题 6–1. 已知网络的冲击响应，求下述响应的网络函数：

（1）$h(t) = 2e^{-2}\xi(t)$ ；（2）$h(t) = (e^{-t} + e^{-2t})\xi(t)$

题 6–2. 电路如题 6-2 图所示，求该网络的转移阻抗 $\dfrac{U_0(s)}{I(s)}$

题 6–3. 对题 6-3 图所示电路，求电压转移函数 $H(s) = \dfrac{U_2(s)}{U_1(s)}$ 和单位阶跃响应 $u_2(t)$。

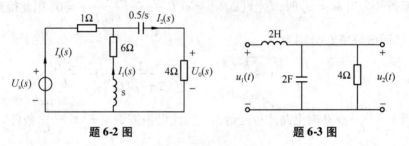

题 6-2 图　　　　　　题 6-3 图

题 6–4. 已知某网络函数 $H(s)$ 的零、极点分布如题 6-4 图所示（0 为零点，× 为极点），$H(0) = \dfrac{1}{2}$ ，试写出网络函数并求其冲击响应和阶跃响应。

题 6–5. 在题 6-5 图所示电路中，求网络函数 $H(s) = \dfrac{U_2(s)}{U_1(s)}$。

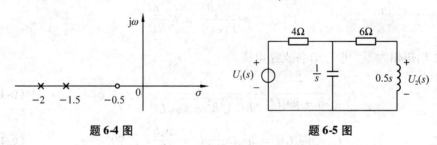

题 6-4 图　　　　　　题 6-5 图

题 6–6. 若 RLC 串联电路中，$R = 10\Omega$ ，$C = 800\text{pF}$ ，$L = 200\mu\text{H}$ ，$U_s = 25\mu\text{V}$ ，试求谐振频率 ω_0，谐振阻抗 Z_0，谐振电流 I_0，品质因数 Q 以及有功功率 P。

题 6–7. 将 RLC 串联后接到 $U_s = 200\text{V}$，$f = 50\text{Hz}$ 的正弦电压源上，已知 $R = 25\Omega$，$L = 40\text{mH}$，电路发生谐振时的电流 $I_0 = 20\text{A}$，现又将此 R、L、C 并联后接到同一个电压源上，试求电阻、电感、电容中的电流。

题 6–8. 在题 6-8 图所示电路中，已知 $u(t) = 40\sqrt{2}(314t + 60°)V$，$R_1 = R_2 = 10\Omega$，$L_1 = 150\text{mH}$，$L_2 = 300\text{mH}$，若 $C = 2.5\mu\text{F}$，电流表的读数达到的最大值为 $I = 4\text{A}$，试求互感 M、回路的

品质因数 Q 值及 U_C 的最大值。

题 6 – 9. 求题 6-9 图所示电路发生谐振时的角频率。

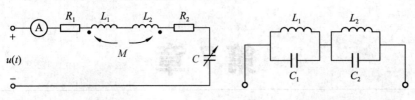

题 6-8 图
题 6-9 图

题 6 – 10. 在题 6-10 图所示电路中，已知 $R_1 = R_2 = 25\Omega$，$L_1 = L_2 = 100\text{mH}$，$C_1 = C_2 = 40\text{pF}$，$M = 0.8\mu\text{H}$，$U_s(s) = 12\text{V}$，$\omega = 4 \times 10^7$，$R_s = 60\text{k}\Omega$，试求 $H(s) = \dfrac{U_{C2}(s)}{U_S}$。

题 6 – 11. 谐振电路如题 6-11 图所示，已知 $R = 5\Omega$，$L = 40\mu\text{F}$，$C = 500\text{pF}$，$R_i = 60\text{k}\Omega$，试求：

(1) 整个电路的 Q 值和通频带；

(2) 若 R_i 增大，那么通频带将如何变化。

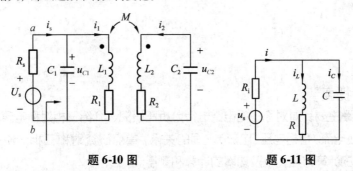

题 6-10 图
题 6-11 图

题 6 – 12. 如图题 6-12 图所示的电路中，已知 $R = 100\Omega$，$L_1 = 1\text{H}$，$L_2 = 4\text{H}$，$M = 4\text{H}$，谐振时的角频率 $\omega_0 = 10^3\text{rad/s}$，试求满足谐振时的电容。

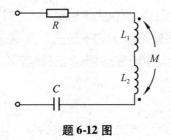

题 6-12 图

第 7 章

三相电路

[本章提要]

　　本章主要针对对称三相电路进行分析和研究，介绍三相对称电源，阐述线电压(电流)与相电压(电流)之间的关系，重点研究对称三相电流三相化归一相的计算方法，以及功率的计算和测量。

　　三相交流电广泛应用于电力系统中，三相发电机比同样尺寸的单相发电机发出的功率大，在输出相同功率的条件下，三相电线比单相电线可节省25%的铜料，使用三相变压器不仅比单相变压器经济，而且可以提供2种数值不同的电压。三相电路的总瞬时功率是恒定的，在转换为机械能时，三相电动机产生恒定转矩。铁路电气化供电系统都是应用三相供电系统。

7.1　三相电路的概念

7.2　线电压(电流)与相电压(电流)的关系

7.3　对称三相电路的计算

7.4　三相电路的功率及其测量方法

7.1　三相电路的概念

三相电路主要由三相电源、三相负载和三相输电线路 3 部分组成。输电线从结构到材料都是相同的，因此可以看做阻抗相同。下面主要研究三相电源以及负载在电路中的作用及影响。

7.1.1　对称三相电路

对称三相电路是指三相电源对称、三相负载相等的电路。基本的三相电路如图 7-1 所示。

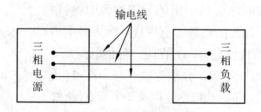

图 7-1　基本的三相电路

对于三相电路的电源和负载具有 2 种连接方式，分别是 Y 连接和 △ 连接方式，因此三相电路有表 7-1 所列的 4 种不同的组合形式。

表 7-1　三相电路的组合连接方式

电源	负载
Y	Y
Y	△
△	Y
△	△

对称的三相电压源是由 3 个同频率、等幅值、初相依次相差 120° 的正弦电压源连接成星形(Y)或三角形(△)组成，如图 7-2 所示。

3 个电源依次称为 A 相、B 相和 C 相(有时为避免混淆，也可标为 U 相、V 相和 W 相)，其电压的瞬时表达式以及对应的相量(见图 7-3)分别为

$$u_A = \sqrt{2}U\cos\omega t \qquad\qquad \dot{U}_A = U\angle 0°$$

$$u_B = \sqrt{2}U\cos(\omega t - 120°) \qquad\qquad \dot{U}_B = U\angle -120°$$

$$u_C = \sqrt{2}U\cos(\omega t + 120°) \qquad\qquad \dot{U}_C = U\angle 120°$$

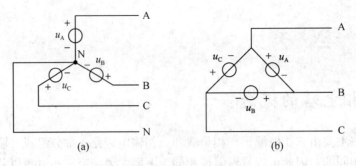

图 7-2　电源的连接

(a)电源的 Y 连接；(b)电源的 △ 连接

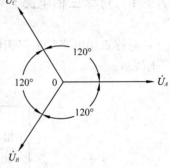

若后一相依次滞后于前一相 120°，称为正序，反之称为逆序或反序。在电力系统中一般采用正序 A→B→C。

我国三相系统电源频率 $f = 50\text{H}_z$，入户电压为 220V。从电源正极性端子 A、B、C 向外引出的导线称为端线(俗称火线)，从 Y 连接的中性点 N 引出的导线称为中线(俗称零线)。可见只有 Y 连接的电源才有中线。国内外电力系统中多采用 Y 连接方式供电，因为在同一种供电模式下可以提供 2 种不同的电压等级，分别为端点与中性点(火线与零线)之间的电压，称为相电压，以及 2 个端点(火线与火线)之间的电压，称为线电压。

图 7-3　电压相量图

根据图 7-3 可知，若交换电源任意两相的位置，可以改变其相序。工程上为方便而引入的相量算子 $a = 1\angle 120° = -\dfrac{1}{2} + j\dfrac{\sqrt{3}}{2}$，则有 $a^2 = 1\angle 240° = 1\angle -120° = -\dfrac{1}{2} - j\dfrac{\sqrt{3}}{2}$，因此三相电压的相量引入相量算子后的表达式为

$$\dot{U}_A = U\angle 0 , \dot{U}_B = U\angle -120° = a^2 \dot{U}_A , \dot{U}_C = U\angle 120° = a\dot{U}_A$$

在对称三相电路中，电源电压满足 $\dot{U}_A + \dot{U}_B + \dot{U}_C = 0$，即 $u_A + u_B + u_C = 0$，负载满足 $Z_1 = Z_2 = Z_3$。负载的两种连接方式如图 7-4 所示。

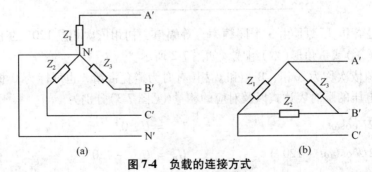

图 7-4　负载的连接方式

(a)负载的 Y 连接；(b)负载的 △ 连接

7.1.2 不对称三相电路

在三相电路中，只要电源或负载有一部分不对称，就称为不对称电路，例如三相负载不对称，其中一相开路或短路，即使得对称三相电路失去了对称性。对于不对称的三相电路，需要根据具体情况应用相量法进行分析，这里举例介绍负载不对称情况的三相电路的计算，进一步说明中线的作用。

【例 7-1】 电路如图 7-5（a）所示，对称电压 $U_{AN} = 220V$，负载是 3 个白炽灯，其额定电压为 220V，A、B 两相灯泡为 100W，C 相灯泡为 25W。求各灯泡上所承受的电压及中点间的电压 $U_{N'N}$；若 N'、N 两点间接上中线即闭合开关 S，求流过中线的电流 $\dot{I}_{N'N}$。

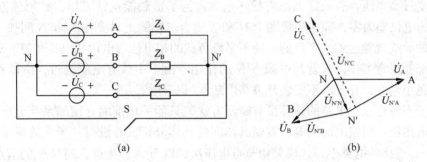

（a） （b）

图 7-5 例 5-1 图

解 $R_A = R_B = \dfrac{U^2}{P_A} = \dfrac{220^2}{100}\Omega = 484\Omega$，$R_C = \dfrac{220^2}{25}\Omega = 1936\Omega$

采用节点电压法，以 N 为参考节点，对 N' 建立节点电压方程。令 $\dot{U}_A = 220\angle 0°$，则 $\dot{U}_B = U\angle -120°$，$\dot{U}_C = U\angle +120°$，得方程如下：

$$\left(\frac{1}{R_A} + \frac{1}{R_B} + \frac{1}{R_C}\right)\dot{U}_{N'N} = \frac{\dot{U}_{AN}}{R_A} + \frac{\dot{U}_{BN}}{R_B} + \frac{\dot{U}_{CN}}{R_C}$$

解得

$$\dot{U}_{N'N} = \frac{220 \times \frac{1}{484} + 220\angle -120° \times \frac{1}{484} + 220\angle 120° \times \frac{1}{1936}}{\frac{1}{1936} + \frac{2}{484}}V = 73.14\angle -60°V$$

各灯泡承担的电压为

$$\dot{U}_{AN'} = \dot{U}_{AN} - \dot{U}_{N'N} = (220 - 73.14\angle -60°)V = 194.1\angle 19.05°V$$

$$\dot{U}_{BN'} = \dot{U}_{BN} - \dot{U}_{N'N} = (220\angle -120° - 73.14\angle -60°)V = 194.1\angle 139.05°V$$

$$\dot{U}_{CN'} = \dot{U}_{CN} - \dot{U}_{N'N} = (220\angle 120° - 73.14\angle -60°)V = 293.1\angle 120°V$$

当开关 S 闭合时，有

$$\dot{I}_{\text{N'N}} = \frac{\dot{U}_{\text{AN}}}{R_{\text{A}}} + \frac{\dot{U}_{\text{BN}}}{R_{\text{B}}} + \frac{\dot{U}_{\text{CN}}}{R_{\text{C}}} = \left(\frac{220\angle 0°}{484} + \frac{220\angle -120°}{484} + \frac{220\angle 120°}{1936} \right)\text{A} = 0.34\angle -60°\text{A}$$

$$\dot{U}_{\text{N'N}} = 0\text{V}$$

这种如例 7-1 中将开关 S 闭合，即把三相电源的中性点与负载的中性点连接起来的丫 – 丫供电方式，称为三相四线制。其余不引中线的供电方式均为三相三线制。

当负载不平衡时，在相量图上负载的中性点 N′ 与电源的中性点 N 不重合，$\dot{U}_{\text{N'N}}$ 的模即为 N′ 与 N 之间的距离，如图 7-5(b) 所示，这种现象称为中性点位移，又称中性点偏移，它反映了负载不对称的情况。中性点位移越大，说明负载不对称的情况越显著。

从计算结果来看，负载上承载电压与其额定电压不相符，负载不能正常工作，有的相承受过高电压，若长期工作将损坏电器。为了负载能正常工作，必须强迫 N′ 与 N 点间的电位差为零，即在相量图上 N′ 和 N 重合。实际上只要在 N′ 和 N 间加一条电阻很小的导线就能达到这个目的，使不平衡负载的相电压与电源相电压相等，从而各相负载都能正常工作，这就是中线 N′N 的作用。由于中线有电流流过，所以希望中线电阻越小越好，并要求不安装开关和熔断器(保险丝)。

对于不对称三相电路的计算没有简便方法，只能采用前面介绍的系统分析方法，如节点电压法、回路电流法等，需要具体问题具体分析，并没有一般性的规律可循。在丫 – 丫连接的电路中，建议采用节点电压法，以 N 为参考点，列写 N′ 的节点电压方程。鉴于不对称三相电路的计算分析方法与正弦稳态电路的分析方法相同，这里不再赘述。

7.2　线电压(电流)与相电压(电流)的关系

在三相电路中，每相电源(负载)两端的电压称为相电压，流经每相电源(负载)的电流称为相电流，输电线之间的电压称为线电压，流经输电线的电流称为线电流。

在图 7-6(a) 所示电路中，u_{A}，u_{B}，u_{C} 称为电源相电压，所对应的相量分别为 $\dot{U}_{\text{A}}$，$\dot{U}_{\text{B}}$，$\dot{U}_{\text{C}}$；负载相电压为 $u_{\text{A'N'}}$，$u_{\text{B'N'}}$，$u_{\text{C'N'}}$，所对应的相量分别为 $\dot{U}_{\text{A'N'}}$，$\dot{U}_{\text{B'N'}}$，$\dot{U}_{\text{C'N'}}$，当某相电压无特指时，习惯用 u_{P} 表示，所对应的相量为 $\dot{U}_{\text{P}}$；u_{AB}、u_{BC}、u_{CA}、$u_{\text{A'B'}}$、$u_{\text{B'C'}}$以及 $u_{\text{C'A'}}$ 等为线电压，若某线电压无特指时，习惯用 u_{L} 表示，所对应的相量形式为 $\dot{U}_{\text{L}}$。i_{A}，i_{B}，i_{C} 流经电源和负载，故为相电流，同时也流经输电线，因此也为线电压，其所对应的相量为 $\dot{I}_{\text{A}}$，$\dot{I}_{\text{B}}$，$\dot{I}_{\text{C}}$，当某相电流无特指时，习惯用 i_{P} 表示，所对应的相量用 $\dot{I}_{\text{P}}$ 表示；线电流习惯用 i_{L} 表示，所对应的相量用 $\dot{I}_{\text{L}}$ 表示，可见在丫连接方式下，线电流等于相电流，即 $i_{\text{P}} = i_{\text{L}}$，对应的相量形式为 $\dot{I}_{\text{P}} = \dot{I}_{\text{L}}$。

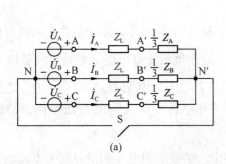
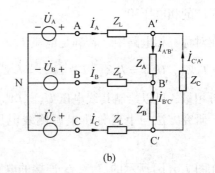

(a)　　　　　　　　　(b)

图 7-6　三相电路

当图 7-6(a)所示电路为对称三相电路时，电源侧线电压与相电压之间关系为

$$u_{AB} = u_A - u_B$$
$$u_{BC} = u_B - u_C$$
$$u_{CA} = u_C - u_A$$

对应的相量关系式为

$$\dot{U}_{AB} = \dot{U}_A - \dot{U}_B$$
$$\dot{U}_{BC} = \dot{U}_B - \dot{U}_C$$
$$\dot{U}_{CA} = \dot{U}_C - \dot{U}_A$$

用相量图来分析 丫 – 丫 电路的对称三相相电压与线电压之间的关系，如图 7-7 所示。

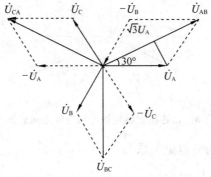

图 7-7　丫连接时线电压与相电压之间的关系

设三相对称电源电压分别为 $\dot{U}_A = U\angle 0°$，$\dot{U}_B = U\angle -120°$，$\dot{U}_C = U\angle 120°$ 则可根据图 7-7 求得

$$\dot{U}_{AB} = \dot{U}_A - \dot{U}_B = \sqrt{3}\dot{U}_A\angle 30° = \sqrt{3}U\angle 30° \tag{7-1}$$

$$\dot{U}_{BC} = \dot{U}_B - \dot{U}_C = \sqrt{3}\dot{U}_B\angle 30° = \sqrt{3}U\angle -90° \tag{7-2}$$

$$\dot{U}_{CA} = \dot{U}_C - \dot{U}_A = \sqrt{3}\dot{U}_C\angle 30° = \sqrt{3}U\angle 150° \tag{7-3}$$

因此线电压三相对称，即 $U_{AB} = U_{BC} = U_{CA}$，相位依次滞后120°，在丫连接方式下线电压的幅值(或有效值)是所对应的相电压幅值(或有效值)的 $\sqrt{3}$ 倍，相位依次超前

于所对应的相电压30°。

在对称三相电路中，若满足电流 $\dot{I}_A$，$\dot{I}_B$ 和 $\dot{I}_C$ 三相对称，由于负载相电压分别为 $\dot{U}_{A'N'} = \dot{I}_A Z_A$，$\dot{U}_{B'N'} = \dot{I}_B Z_B$ 以及 $\dot{U}_{C'N'} = \dot{I}_C Z_C$，故此负载线电压也三相对称。若以 $\dot{U}_{A'N'}$ 为参考相量，可以绘制其线电压 $\dot{U}_{A'B'}$，$\dot{U}_{B'C'}$ 和 $\dot{U}_{C'A'}$ 与相电压 $\dot{U}_{A'N'}$，$\dot{U}_{BN'}$，$\dot{U}_{CN'}$ 之间的关系，研究方法与上述分析电源侧线电压与相电压之间关系的方法相同，结论也相同。

在图 7-6(b) 所示的 Ⅴ－△ 连接的电路中，负载的相电压相量分别为 $\dot{U}_{A'B'}$，$\dot{U}_{B'C'}$ 和 $\dot{U}_{C'A'}$，同时也是负载侧输电线间的电压，因此在△连接方式下，线电压等于相电压，即 $\dot{U}_P = \dot{U}_L$。下面分析负载侧线电流 $\dot{I}_A$，$\dot{I}_B$ 和 $\dot{I}_C$ 与相电流 $\dot{I}_{A'B'}$，$\dot{I}_{B'C'}$ 和 $\dot{I}_{C'A'}$ 之间的关系。

若图 7-6(b) 所示的电路为对称三相电路，当满足相电流 $\dot{I}_{A'B'}$，$\dot{I}_{B'C'}$，$\dot{I}_{C'A'}$ 三相对称时，以电流 $\dot{I}_{A'B'}$ 为参考量，研究相电流与线电流之间的关系，其相量图如图 7-8 所示。

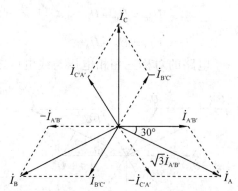

图 7-8 △连接时线电流与相电流之间的关系

根据图 7-8，相电流与线电流关系为

$$
\begin{cases}
\dot{I}_A = \dot{I}_{A'B'} - \dot{I}_{C'A'} = \sqrt{3}\,\dot{I}_{A'B'} \angle -30° \\
\dot{I}_B = \dot{I}_{B'C'} - \dot{I}_{A'B'} = \sqrt{3}\,\dot{I}_{B'C'} \angle -30° \\
\dot{I}_C = \dot{I}_{C'A'} - \dot{I}_{B'C'} = \sqrt{3}\,\dot{I}_{C'A'} \angle -30°
\end{cases}
\tag{7-4}
$$

可见在△电路中，线电流幅值(有效值)是相电流幅值(有效值)的 $\sqrt{3}$ 倍，相位依次滞后于所对应的相电流30°。

综上所述，在Ⅴ连接电路中线电流等于相电流，线电压幅值(有效值)是相电压幅值(有效值)的 $\sqrt{3}$ 倍，相位依次超前于所对应的相电压30°，因此常见的相电压为220V 的正弦交流电，其线电压为380V；在△连接电路中线电压等于相电压，线电流幅值(有效值)是相电流幅值(有效值)的 $\sqrt{3}$ 倍,相位依次滞后于所对应的相电流30°。

7.3 对称三相电路的计算

对称三相电路是一种特殊形式的正弦电路,因此同样可采用正弦电路的分析方法即相量法来进行分析计算。某对称三相电路电路如图 7-9 所示。

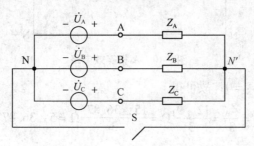

图 7-9 对称三相电路

以 N 为参考点,对 N′建立节点电压方程,有

$$\left(\frac{1}{Z_A} + \frac{1}{Z_B} + \frac{1}{Z_C} \right) \dot{U}_{N'N} = \frac{\dot{U}_A}{Z_A} + \frac{\dot{U}_B}{Z_B} + \frac{\dot{U}_C}{Z_C}$$

$$\dot{U}_{N'N} = \frac{\dfrac{\dot{U}_A}{Z_A} + \dfrac{\dot{U}_B}{Z_B} + \dfrac{\dot{U}_C}{Z_C}}{\dfrac{1}{Z_A} + \dfrac{1}{Z_B} + \dfrac{1}{Z_C}} = \frac{\dfrac{1}{Z}(\dot{U}_A + \dot{U}_B + \dot{U}_C)}{\dfrac{3}{Z}} = 0$$

可见,对称三相电路负载中性点和电源中性点电位相等,相当于 N′N 间短路,开关 S 闭合,因此 $\dot{U}_A - Z_A \dot{I}_A = 0$,则 $\dot{I}_A = \dfrac{\dot{U}_A}{Z_A}$,同理 $\dot{I}_B = \dfrac{\dot{U}_B}{Z_B}$,$\dot{I}_C = \dfrac{\dot{U}_C}{Z_C}$,$\dot{I}_A$,$\dot{I}_B$,$\dot{I}_C$ 对称。

负载相电压分别为

$$\dot{U}_{AN'} = \dot{I}_A Z_A, \quad \dot{U}_{BN'} = \dot{I}_B Z_B, \quad \dot{U}_{CN'} = \dot{I}_C Z_C$$

由于 $\dot{I}_A$,$\dot{I}_B$,$\dot{I}_C$ 仅与本身负载及相电压有关,故称为各相独立,各相独立电路可以先求出一相值,再根据对称性推知其他各相的值,此种计算对称三相电路的算法称为三相化归一相法。

【例 7-2】 已知线路阻抗 $Z_L = (3 + 4j)\Omega$ 和三相对称负载 $Z_A = Z_B = Z_C = (20 + 16j\Omega)$ 采用△连接,电源线电压 $U_L = 380\text{V}$,求负载端的相电流、相电压以及线电压、线电流。

解 根据题意可以得到电路如图 7-6(b)所示,将负载进行△→丫等效变换,可得 $Z'_A = \dfrac{Z_A}{3}$,电路变为丫→丫连接电路,如图 7-6(a)所示。

应用三相归一相法求解。首先设 $\dot{U}_A = U \angle 0°$，因此电源线电压为 $\dot{U}_{AB} = 380 \angle 30°$，则根据线电压与相电压关系 $\dot{U}_{AB} = \sqrt{3}\dot{U}_A \angle 30°$，可得到电源相电压 $\dot{U}_A = 220 \angle 0°$。

（1）建立 A 相等效电路，如图 7-10 所示。

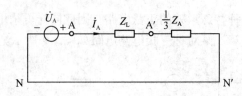

图 7-10　A 相等效电路

由于对称电路 $\dot{U}_{N'N} = 0$，故可得

$$Z'_A = \frac{Z_A}{3} = \frac{12 + 9j}{3}\Omega = \frac{15 \angle 36.87°}{3}\Omega = 5 \angle 36.87°\Omega$$

$$\dot{I}_A = \frac{\dot{U}_A}{Z_L + Z'_A} = \frac{220 \angle 0°}{3 + 4j + 12 + 16j}A = \frac{220 \angle 0°}{25 \angle 53.13°}A = 8.8 \angle -53.13°A$$

$$\dot{U}_{A'N'} = Z'_A \cdot \dot{I}_A = 5 \angle 36.87° \times 8.8 \angle -53.13°V = 44 \angle -16.26°V$$

（2）根据对称性得到线电流为

$$\dot{I}_B = \dot{I}_A \angle -120°A = 8.8 \angle -173.13°A$$

$$\dot{I}_C = \dot{I}_A \angle 120° = 8.8 \angle 66.87°A$$

（3）根据负载线电流与相电流对称关系得

$$\dot{I}_{A'B'} = \frac{\dot{I}_A}{\sqrt{3}} \angle +30° = \frac{8.8 \angle -23.13°}{\sqrt{3}}A = 5.08 \angle -23.13°A$$

$$\dot{I}_{B'C'} = \dot{I}_{A'B'} \angle -120° = 5.08 \angle -143.13°A$$

$$\dot{I}_{C'A'} = \dot{I}_{A'B'} \angle 120° = 5.08 \angle 196.87°A$$

（4）根据相电压和线电压关系，得到负载相电压为

$$\dot{U}_{A'B'} = \sqrt{3}\dot{U}_{A'N'} \angle 30° = 76.21 \angle 13.74°V$$

$$\dot{U}_{B'C'} = \dot{U}_{A'B'} \angle -120° = 76.21 \angle -106.26°V$$

$$\dot{U}_{C'A'} = \dot{U}_{A'B'} \angle 120° = 76.21 \angle 133.74°V$$

7.4　三相电路的功率及其测算方法

对称三相负载每一相的有功功率为

$$P_{PN} = U_P I_P \cos\varphi \tag{7-5}$$

式中，$\cos\varphi$ 为每一相负载的功率因数，也是对称三相电路的功率因数，对称三相负载的总有功功率为单相有功功率的 3 倍，利用线电压（电流）与相电压（关系）得

$$P = 3U_\text{P}I_\text{P}\cos\varphi = \sqrt{3}U_\text{L}I_\text{L}\cos\varphi \tag{7-6}$$

对称三相负载的无功功率、视在功率和复功率分别为

$$Q = 3U_\text{P}I_\text{P}\sin\varphi = \sqrt{3}U_\text{L}I_\text{L}\sin\varphi \tag{7-7}$$

$$S = 3U_\text{P}I_\text{P} = \sqrt{3}U_\text{L}I_\text{L} \tag{7-8}$$

$$\bar{S} = P + \text{j}Q = 3\left(U_P I_P\cos\varphi + \text{j}U_P I_P\sin\varphi\right) = 3\bar{S}_\text{A} \tag{7-9}$$

在实际线路中，由于 U_L 和 I_L 容易测量，所以常用线电压和线电流表征三相功率。

设三相电路的瞬时电压和电流分别为

$$u_\text{AN} = \sqrt{2}U_\text{P}\cos\omega t \qquad\qquad i_A = \sqrt{2}I_P\cos(\omega t - \varphi)$$
$$u_\text{BN} = \sqrt{2}U_\text{P}\cos(\omega t - 120°) \qquad i_B = \sqrt{2}I_P\cos(\omega t - \varphi - 120°)$$
$$u_\text{CN} = \sqrt{2}U_\text{P}\cos(\omega t + 120°) \qquad i_C = \sqrt{2}I_P\cos(\omega t - \varphi + 120°)$$

则瞬时功率为

$$
\begin{aligned}
p &= p_\text{A} + p_\text{B} + p_\text{C} = u_\text{AN}i_\text{A} + u_\text{BN}i_\text{B} + u_\text{CN}i_\text{C}\\
&= U_\text{P}I_\text{P}\left[\cos\varphi + \cos(2\omega t - \varphi)\right] + U_\text{P}I_\text{P}\left[\cos\varphi + \cos(2\omega t - \varphi - 240°)\right]\\
&\quad + U_\text{P}I_\text{P}\left[\cos\varphi + \cos(2\omega t - \varphi - 480°)\right]\\
&= 3U_\text{P}I_\text{P}\cos\varphi = \sqrt{3}U_\text{L}I_\text{L}\cos\varphi \tag{7-10}
\end{aligned}
$$

对称三相电路每一相的瞬时功率是随时间变化的函数，但它的总瞬时功率却不随时间变化，而是等于它的平均功率，这是对称三相电路的一个优越性，对电动机运行有利，不仅免除了电动机在运行时的振动，而且输出的机械转矩是恒定的。

对于三相三线制电路，可以通过 2 个功率表测量三相功率，这样的测量方法称为二瓦计法。无论负载对称与否，都可以通过 $\triangle - \curlyvee$ 变换将负载等效变换成 $\curlyvee$ 连接方式，测量的基本原理如下：

对于 $\curlyvee$ 连接的负载，设 u_A，u_B，u_C 分别为三相负载的相电压，三相负载吸收的瞬时功率为

$$p(t) = p_\text{A} + p_\text{B} + p_\text{C} = u_\text{A}i_\text{A} + u_\text{B}i_\text{B} + u_\text{C}i_\text{C} \tag{7-11}$$

有功功率为

$$P(t) = \frac{1}{T}\int_0^T p(t)\,\text{d}t = \frac{1}{T}\int_0^T (u_\text{AN}i_\text{A} + u_\text{BN}i_\text{B} + u_\text{CN}i_\text{C})\,\text{d}t \tag{7-12}$$

由于在三相三线制中 $i_\text{A} + i_\text{B} + i_\text{C} = 0$，因此有 $i_\text{C} = -i_\text{A} - i_\text{B}$，代入式(7-12)得

$$
\begin{aligned}
P(t) &= \frac{1}{T}\int_0^T \left[u_\text{AN}i_\text{A} + u_\text{BN}i_\text{B} + u_\text{CN}(-i_\text{A} - i_\text{B})\right]\text{d}t\\
&= \frac{1}{T}\int_0^T \left[(u_\text{AN} - u_\text{CN})i_\text{A} + (u_\text{BN} - u_\text{CN})i_\text{B}\right]\text{d}t\\
&= \frac{1}{T}\int_0^T (u_\text{AC}i_\text{A} + u_\text{BC}i_\text{B})\text{d}t = \frac{1}{T}\left[\int_0^T u_\text{AC}i_\text{A}\text{d}t + \int_0^T u_\text{BC}i_\text{B}\text{d}t\right] \tag{7-13}
\end{aligned}
$$

根据前面讲述的瞬时功率与有功功率之间的关系可知

$$P(t) = P_1 + P_2 = U_\text{AC}I_\text{A}\cos\varphi_1 + U_\text{BC}I_\text{B}\cos\varphi_2 \tag{7-14}$$

式中，$P_1 = U_\text{AC}I_\text{A}\cos(\dot{U}_\text{AC}, \dot{I}_\text{A}) = U_\text{AC}I_\text{A}\cos\varphi_1$，$\varphi_1$ 为 $\dot{U}_\text{AC}$ 与 $\dot{I}_\text{A}$ 之间的相位差；

$$P_2 = U_{BC}I_B\cos(\dot{U}_{BC},\dot{I}_B) = U_{BC}I_B\cos\varphi_2 , \varphi_2 \text{ 为 } \dot{U}_{BC} \text{ 与 } \dot{I}_B \text{ 之间的相位差。}$$

P_1 和 P_2 分别是 2 个功率表的读数，根据上述原理推导过程，其功率表的接法如图 7-11 所示。

线电流从功率表的"＊"端流入功率表的电流线圈，电压线圈的非"＊"端共同接入无电流线圈接入的第三条端线上。从上述的推导过程可以看出，这种测量方法只触及端线而与负载和电源的连接方式无关。同时在推导过程中还可以发现，2 个功率表电压线圈"＊"端可接于任意两线上，非"＊"端共同接于第三线，以该第三线的线电流为参考量，在对称三相电路中研究二瓦计法的功率表所接的线电压与线电流之间的相位关系，相量图如图 7-12 所示，其中 φ 为对称负载的阻抗角。

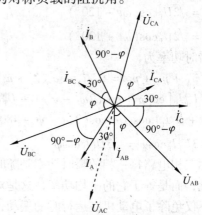

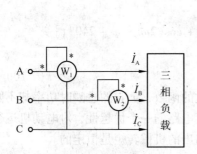

图 7-11　二瓦计法　　　　图 7-12　二瓦计法中的电压与电流的相位关系

在图 7-11 所示的功率表接法中，功率表的读数可以根据图 7-12 确定为

$$P_1 = U_{AC}I_A\cos(\dot{U}_{AC},\dot{I}_A) = U_{AC}I_A\cos(\varphi - 30°)$$

$$P_2 = U_{BC}I_B\cos(\dot{U}_{BC},\dot{I}_B) = U_{BC}I_B\cos(\varphi + 30°)$$

【例 7-3】　已知三相电动机的功率为 2.5kW，其功率因数 $\lambda = \cos\varphi = 0.866$，接于线电压为 380V 的三相电源中，电路如图 7-13 所示，试求两功率表的读数。

解　欲求两表的读数，只要求出它们相关的电压、电流计量即可。由于电动机为一对称负载，所以有

$$P_1 = U_{AB}I_A\cos(\dot{U}_{AB},\dot{I}_A) , \qquad P_2 = U_{CB}I_C\cos(\dot{U}_{CB},\dot{I}_C)$$

三相电动机总的有功功率为 $P = \sqrt{3}U_LI_L\cos\varphi$，其中线电压 $U_L = 380V$，$\cos\varphi = 0.866$，因此求得

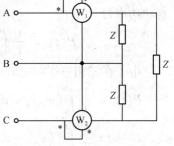

图 7-13　例 5-3 图

$$I_L = \frac{P}{\sqrt{3}U_L\cos\varphi} = \frac{2500}{\sqrt{3}\times 380\times 0.866}A = 4.386A$$

由于 $\varphi = \arccos 0.866 = 30°V$，因此设三相电源的相电压 $\dot{U}_A = \frac{U_L}{\sqrt{3}}\angle 0° =$

$220\angle 0°V$ ，则

$$\dot{U}_{AB} = U_L\angle 30° = 380\angle 30°V, \quad \dot{I}_A = \frac{\dot{U}_A}{Z_A} = 4.386\angle 30°A$$

根据对称性得到

$$\dot{I}_C = 4.386\angle(-30° + 120°)A = 4.386\angle 90°A$$

因为 $\dot{U}_{CB} = -\dot{U}_{BC} = -\dot{U}_{AB}\angle -90° = -380\angle -90°V = 380\angle 90°V$，故此求得

$$P_1 = U_{AB}I_A\cos(30° + 30°) = 833.34W$$
$$P_2 = U_{CB}I_C\cos(90° - 90°) = 1666.68W$$

根据图7-12同样可以确定

$$P_1 = U_{AB}I_A\cos(\varphi + 30°) = U_{AB}I_A\cos(30° + 30°) = 833.34W$$
$$P_2 = U_{CB}I_C\cos(\varphi - 30°) = U_{CB}I_C\cos(30° - 30°) = 1666.68W$$

特别强调的是，采用二瓦计法测量三相负载的总功率有其特定适用范围，由于在前面的原理分析中使用了 $I_A + I_B + I_C = 0$ 的条件，因此二瓦计法的适用范围是：（1）三相三线制对称或不对称电路；（2）三相四线制对称电路。

习　题

题 7-1. 正序对称三相电源星形连接，已知 $u_A = U_m\sin\left(\omega t - \dfrac{\pi}{2}\right)V$，试求 u_{CA}。

题 7-2. 设三相电源为正序，且 $\dot{U}_A = 220\angle 0°V$，如果三相电源星形连接，但把 C 相电源首末端错误倒接，会造成什么后果？试画出线电压相量图加以说明。

题 7-3. 对称三相负载星形连接时，总功率为 10kW，线电流为 10A，若把负载改为三角形连接，再接到同一个对称三相电源上，试求负载总功率和线电流。

题 7-4. 两台三相电动机并联运行，第一台电动机星形连接，功率为 10kW，功率因数为 0.8；第二台电动机三角形连接，功率为 20kW，功率因数为 0.6，试求额定运行条件下，两台电动机消耗的总的有功功率以及总电流的有效值。

题 7-5. 对称三相电路有功功率计算公式 $P = \sqrt{3}U_L I_L\cos\varphi$ 中的功率因数角，对于星形连接负载，φ 是相电压和相电流之间的相位差，试分析对于三角形连接负载，φ 是否为线电压和线电流之间的相位差。

题 7-6. 对称三相电路的线电压为 380V，负载阻抗 $Z_L = (15 + j16)\Omega$，试求星形连接负载的线电流和吸收的总功率。

题 7-7. 对题 7-7 图所示对称的 $\curlyvee - \curlyvee$ 三相电路，电源相电压为 220V，负载阻抗 $Z = (40 + j15)\Omega$，求：（1）电流表的读数；（2）三相负载吸收的功率。

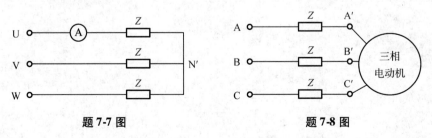

题 7-7 图　　　　　　　　　　　　　**题 7-8 图**

题 7 – 8. 在题 7-8 图所示对称三相电路中，$U_{A'B'} = 380V$，三相电动机吸收的功率为 1.4kW，其功率因数 $\lambda = 0.92$（滞后），$Z_1 = j52.1\Omega$，求 U_{AB} 和电源的功率因数 λ'。

题 7 – 9. 如图题 7-9 图所示电路是测定相序的指示器，已知电源 $U_A = 220V$，$X_C = R = 1\Omega$，试说明当线电压对称时，根据灯泡所承受的不同电压测定相序。

题 7 – 10. 对称三相电路的负载是三角形连接，负载的各相电流均为 10A。（1）当 C 相负载开路时，试求线电流 I_A，I_B；（2）若 B 相端线断开，试求线电流 I_A，I_C。

题 7 – 11. 对题 7-11 图所示电路，已知对称三相电路的星形负载 $Z = (165 + j84)\Omega$，端线阻抗 $Z_1 = (2 + j)\Omega$，中线阻抗 $Z_N = (1 + j)\Omega$，线电压为 380V，试求负载电流和线电压，并作出电路的相量。

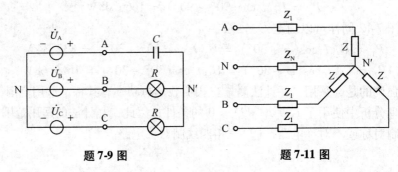

题 7-9 图　　　　　　　　　题 7-11 图

题 7 – 12. 对题 7-12 图所示对称三相电路，电源频率为 50Hz，$Z = (6 + j8)\Omega$，在负载端接入三相电容器组后，使功率因数提高到 0.9，试求每相电容器的电容值。

题 7 – 13. 对题 7-13 图所示对称的 $\curlyvee - \triangle$ 三相电路，$U_{AB} = 380V$，$Z = (30.6 + j52.1)\Omega$。（1）试求开关 S 闭合前后图中功率表的读数；（2）求 U_{AB} 和电源的功率因数。

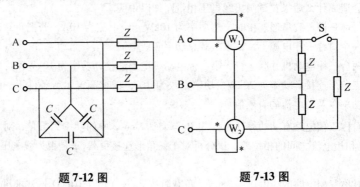

题 7-12 图　　　　　　　　　题 7-13 图

第 8 章

非正弦周期电流电路

[本章提要]

　　本章的重点内容是如何将周期函数分解为傅里叶级数，非正弦周期量的有效值、平均值与平均功率的概念及计算，并介绍简单的滤波器以及非正弦周期电流电路的分析方法——谐波分析法。

8.1　非正弦周期信号及其分解

8.2　非正弦周期信号的有效值、平均值和平均功率

8.3　非正弦周期电流电路的计算

8.1 非正弦周期信号及其分解

前面研究了直流电路和正弦交流电路的性质和分析方法，然而在实际电路中，经常遇到电流、电压按非正弦规律变化的情况，虽然随着时间变化也是周期性的，但是波形却非正弦形态。例如，在电子技术中，通过电路传输音乐、图像的数字信号以及通信工程领域传递的各种信号，其波形都是非正弦型的，其中电压和电流是时间的非正弦周期函数。

我们定义随时间按周期性规律变化的非正弦信号为非正弦周期信号。电路中产生非正弦周期信号的原因主要有 2 个，一是非正弦周期性电源作用于线性或非线性电路，二是正弦交流电源作用于非线性电路。本章仅研究在非正弦周期电源或信号作用下，线性电路的稳态分析和计算方法。

8.1.1 非正弦周期信号

对非正弦周期电路的分析，根据其非正弦周期信号产生的原因大致分为如下 4 种情况：

（1）直流电源和正弦交流电源共同作用。当直流电源和正弦交流电源共同作用时，一般情况下在电路中会产生非正弦周期电流，若作用在线性电路中，可以应用叠加定理分别计算直流和正弦交流电源单独引起的响应，再把响应的瞬时表达式按时域形式叠加，得到直流电源和正弦交流电源合成的非正弦周期电流或电压。

（2）不同频率的正弦交流电源同时作用。若一个电路中有几个不同频率的正弦电源同时作用，这将在本章最后一节中详细介绍其分析方法。

（3）电源满足非正弦周期函数。在某些电路中，电源的电压或电流本身就是非正弦周期函数。如脉冲信号、方波、锯齿波、磁化波等，如图 8-1 所示，这样的电压源或电流源作用所引起的响应一般为非正弦周期函数，求其响应可以根据傅里叶级数理论，将非正弦电源电压或电流分解为傅里叶级数（恒定分量和一系列不同频率的正弦分量），相当于直流电源和多个不同频率的正弦交流电源共同作用，最后应用叠加定理计算其总的响应。

（4）正弦交流电源作用在非线性电路中。如电路中含有非线性元件，即使激励是正弦波，其响应一般也是非正弦函数。如二极管整流电路，输出电压为半波电压。

这里需要特别说明的是：前面所研究的直流电路和正弦交流电路指的都是电路模型，其中的直流电源和正弦交流电源都是理想的电路元件，而工程上应用的某些直流电源和正弦电源严格地说是在一定准确度条件下的直流电源和正弦交流电源，因为有纹波和畸变的存在。

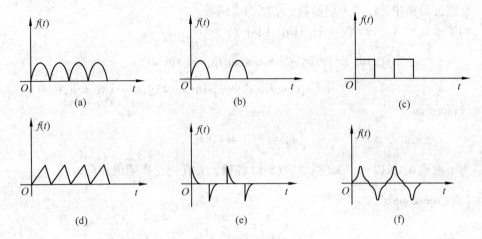

图 8-1 非正弦周期信号波形

（a）全波整流波形；（b）半波整流波形；（c）方波形；
（d）锯齿波形；（e）脉冲波形；（f）磁化波形

纹波：通过正弦波整流而形成的直流电压，尽管采取某些措施使其波形平直，但仍不可避免地存在一些周期性的起伏，即所谓纹波。

畸变：电力系统中发电机提供的正弦电压也难做到为理想的正弦波，而存在一些畸变，严格地说是非正弦周期电压。

在研究实际电路问题时，尽管电源是所谓的直流或正弦量，如果必须考虑纹波或畸变影响，则应建立非正弦周期电流的模型，作为非正弦周期电流电路来分析。

8.1.2 周期函数分解为傅里叶级数

根据高等数学中傅里叶级数的知识，若非正弦周期信号 $f(t) = f(t + kT)$ 满足"狄里赫利条件"，那么 $f(t)$ 可写成一个常数与无数个不同频率正弦信号的代数和，即

$$f(t) = a_0 + \sum_{k=1}^{\infty} (a_k \cos k\omega_1 t + b_k \sin k\omega_1 t) \tag{8-1}$$

若令

$$A_0 = a_0, \quad A_{km} = \sqrt{a_k^2 + b_k^2}, \quad \psi_k = \arctan \frac{-b_k}{a_k}$$

有 $a_k = A_{km}\cos\varphi_k$，$b_k = A_{km}\sin\varphi_k$，则

$$f(t) = A_0 + \sum_{k=1}^{\infty} A_{km}\cos(k\omega_1 t + \psi_k) \tag{8-2}$$

式中，A_0 称为 $f(t)$ 的恒定分量（又称直流分量）；$A_{km}\cos(k\omega_1 t + \psi_k)$ 称为 $f(t)$ 的 k 次谐波分量（又称正弦分量），$k = 1$ 时称为基波分量，$k > 1$ 时称为高次谐波分量，$k = 2$，3，…时分别称为二次、三次……谐波分量。基波很大程度上反映了 $f(t)$ 的特征或代表了 $f(t)$ 的主要成分。

将一个周期函数展开或分解为一系列谐波之和的傅里叶级数，称为谐波分析。

在谐波分析中，a_k 项为偶函数，b_k 项为奇函数。

为了求 a_0，对 $f(t)$ 在一个周期内积分

$$\int_0^T f(t)\,\mathrm{d}t = \int_0^T \{a_0 + [a_1\cos(\omega_1 t) + b_1\sin(\omega_1 t)] + \cdots$$
$$+ [a_k\cos(k\omega_1 t) + b_k\sin(k\omega_1 t)] + \cdots\}\,\mathrm{d}t = a_0 T$$

故得

$$a_0 = \frac{1}{T}\int_0^T f(t)\,\mathrm{d}t$$

为了求取 a_k，以 $\cos k'\omega t$ 乘以式(8-1)各项，并在一个周期内积分，有

$$\int_0^T f(t)\cos k'\omega t\mathrm{d}t$$

$$= \int_0^T (A_0\cos k'\omega t + \sum_{K=1}^{\infty} a_k\cos k\omega t\cos k'\omega t + \sum_{K=1}^{\infty} b_k\sin k\omega t\cos k'\omega t)\,\mathrm{d}t$$

根据三角函数的正交性，三角函数乘积为零，第二项中除 $k = k'$ 以外的积分均为零，因此将 k' 改成 k，得

$$\int_0^T f(t)\cos k\omega t\mathrm{d}t = \int_0^T a_k\cos^2 k\omega t\mathrm{d}t = a_k\int_0^T \frac{1 + \cos 2k\omega t}{2}\mathrm{d}t = a_k\cdot\frac{T}{2}$$

即

$$a_k = \frac{2}{T}\int_0^T f(t)\cos k\omega t\mathrm{d}t = \frac{1}{\pi}\int_0^{2\pi} f(\omega t)\cos k\omega t\mathrm{d}(\omega t)$$

同理有

$$b_k = \frac{2}{T}\int_0^T f(t)\sin k\omega t\mathrm{d}t = \frac{1}{\pi}\int_0^{2\pi} f(\omega t)\sin k\omega t\mathrm{d}(\omega t)$$

利用函数的对称性，可使傅里叶级数中系数 a_0，a_k，b_k 的计算得到简化。

(1)若函数 $f(t)$ 为奇函数，即 $f(-t) = -f(t)$，函数的波形对称于原点，如图 8-2(b)所示，则傅里叶级数中只含正弦项，不含恒定分量和余弦项。这一结论是显然的，因为恒定分量和余弦项都是偶函数，不符合给定条件，即 $a_0 = 0$，$a_k = 0$，因此所对应傅里叶级数展开式为

$$f(t) = \sum_{k=1}^{\infty} b_k\sin k\omega_1 t$$

式中

$$b_k = \frac{2}{T}\int_0^T f(t)\sin k\omega t\mathrm{d}t$$

$$= \frac{2}{T}\int_{-\frac{T}{2}}^0 f(t)\sin k\omega t\mathrm{d}t + \frac{2}{T}\int_0^{\frac{T}{2}} f(t)\sin k\omega t\mathrm{d}t$$

$$= \frac{2}{T}\int_0^{\frac{T}{2}} f(-t)\sin k\omega(-t)\mathrm{d}t + \frac{2}{T}\int_0^{\frac{T}{2}} f(t)\sin k\omega t\mathrm{d}t$$

$$= \frac{4}{T}\int_0^{\frac{T}{2}} f(t)\sin k\omega t\mathrm{d}t$$

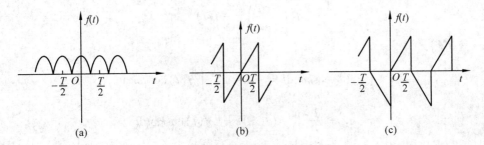

图 8-2 函数的对称性

(a)偶函数;(b)奇函数;(c)奇谐波函数

(2) 若函数 $f(t)$ 为偶函数,即 $f(-t) = f(t)$,函数的波形对称于纵轴,如图 8-2(a)所示,则傅里叶级数中只含恒定分量和余弦项,而没有正弦项。这一结论是显然的,因为正弦项是奇函数,不符合给定条件,即 $b_k = 0$,因此所对应傅里叶级数展开式为

$$f(t) = a_0 + \sum_{k=1}^{\infty} a_k \cos k\omega_1 t$$

式中

$$a_0 = \frac{1}{T} \int_0^T f(t) \, dt$$

$$
\begin{aligned}
a_k &= \frac{2}{T} \int_0^T f(t) \cos k\omega t \, dt \\
&= \frac{2}{T} \int_{-\frac{T}{2}}^0 f(t) \cos k\omega t \, dt + \frac{2}{T} \int_0^{\frac{T}{2}} f(t) \cos k\omega t \, dt \\
&= \frac{2}{T} \int_0^{\frac{T}{2}} f(-t) \cos k\omega(-t) \, dt + \frac{2}{T} \int_0^{\frac{T}{2}} f(t) \cos k\omega t \, dt \\
&= \frac{4}{T} \int_0^{\frac{T}{2}} f(t) \cos k\omega t \, dt
\end{aligned}
$$

(3) 若函数 $f(t)$ 上下半波镜像对称,如图 8-2(c)所示,即 $f(t) = -f(t \pm T/2)$,则傅里叶级数中只含奇次谐波,因此所对应傅里叶级数展开式为

$$f(t) = \sum_{k=1}^{\infty} [a_{(2k-1)} \cos(2k-1)\omega_1 t + b_{(2k-1)} \sin(2k-1)\omega_1 t]$$

证明: $a_k = \dfrac{2}{T} \int_0^T f(t) \cos k\omega t \, dt = \dfrac{2}{T} \Big[\int_{-\frac{T}{2}}^0 f(t) \cos k\omega t \, dt + \int_0^{\frac{T}{2}} f(t) \cos k\omega t \, dt \Big]$

在上式等号右端的第一个积分式中以 $\left(t - \dfrac{T}{2}\right)$ 代替 t,得

$$\int_{-\frac{T}{2}}^0 f(t) \cos k\omega t \, dt = \int_0^{\frac{T}{2}} f\left(t - \frac{T}{2}\right) \cos k\omega \left(t - \frac{T}{2}\right) dt$$

由于

$$\cos k\omega \left(t - \frac{T}{2}\right) = \cos k\omega \left(t - \frac{\frac{2\pi}{\omega}}{2}\right) = \cos(k\omega t - k\pi) = -(-1)^k \cos k\omega t$$

$$f\left(t - \frac{T}{2}\right) = -f(t)$$

故可得

$$\int_{-\frac{T}{2}}^{0} f(t)\cos k\omega t\mathrm{d}t = -(-1)^k \int_{0}^{\frac{T}{2}} f(t)\cos k\omega t\mathrm{d}t$$

$$a_k = \frac{2}{T}[1 - (-1)k] \int_{0}^{\frac{T}{2}} f(t)\cos k\omega t\mathrm{d}t$$

$$= \begin{cases} 0 & (k = 2n, n \text{ 为正实数}) \\ \frac{4}{T} \int_{0}^{\frac{T}{2}} f(t)\cos k\omega t\mathrm{d}t & (k = 2n - 1) \end{cases}$$

同理可得

$$b_k = \frac{2}{T}[1 - (-1)k] \int_{0}^{\frac{T}{2}} f(t)\sin(k\omega t)\mathrm{d}t]$$

$$= \begin{cases} 0 & (k = 2n, n \text{ 为正实数}) \\ \frac{4}{T} \int_{0}^{\frac{T}{2}} f(t)\sin k\omega t\mathrm{d}t & (k = 2n - 1) \end{cases}$$

证毕。

由 a_k，b_k 计算式可见，与奇函数和偶函数一样，对于上下半波镜像对称的函数，求傅里叶系数时，只需在 $T/2$ 内积分，再乘以 2。

用上面的方法容易证明，若 $f(t)$ 同时满足上述对称性中的 2 种，则求傅里叶系数时，只需在 $T/4$ 内积分，再乘以 4。

通常，由于傅里叶级数收敛很快，所以在实际应用中对非正弦周期信号进行谐波分析时，只取式(8-1)中的前几项就能满足准确度的要求；项数的选择取决于实际波形的情况和工程计算所需要的精确度。

【例 8-1】 将周期性矩形波 $f(t)$ 进行傅里叶级数展开。

解 周期性矩形信号为奇函数，同时又满足上下半波镜像对称，因此系数中 $a_0 = 0$，$a_k = 0$，且 b_k 仅存在奇次项。

其在第一个周期内的函数为

$$f(t) = \begin{cases} F_m & (0 \leqslant t \leqslant \frac{T}{2}) \\ -F_m & (\frac{T}{2} \leqslant t \leqslant T) \end{cases}$$

$$b_k = \frac{8}{T} \int_{0}^{\frac{T}{4}} f(t)\sin k\omega t\mathrm{d}t$$

$$= \frac{8}{T} \int_{0}^{\frac{T}{4}} F_m \sin k\omega t\mathrm{d}t = \frac{8}{k\omega T} \int_{0}^{\frac{T}{4}} F_m \sin k\omega t\mathrm{d}(k\omega t)$$

$$= \frac{4F_m}{k\pi}(-\cos k\omega t) \Big|_{0}^{\frac{T}{4}} = \frac{4F_m}{k\pi}[0 - (-1)] = \frac{4F_m}{k\pi}$$

则

$$f(t) = \frac{4F_m}{\pi}\left[\sin\omega t + \frac{1}{3}\sin 3\omega t + \frac{1}{5}\sin 5\omega t + \cdots\right]$$

虽然一个周期函数可以展开成傅里叶级数，如式(8-1)和式(8-2)的三角级数形式，这样的数学表达式可以准确表达周期函数分解的结果，但是很不直观。为了直观表达一个周期函数展开为傅里叶级数的情况，用图 8-3 来表示谐波振幅 A_{km} 随角频率 $k\omega$ 变化的情态，这种图称为 $f(t)$ 的频谱图。在频谱图中每一条竖线代表相应的谐波振幅 A_{km}，两频谱线之间的距离等于基波角频率 ω，这种频谱只表示

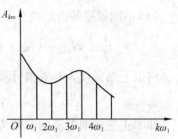

图 8-3　$f(t)$ 的频谱图（幅度频谱）

各谐波分量的振幅，称为幅度频谱。同时还可以画出 ψ_k 随 $k\omega$ 的变换曲线，称为相位频谱。但一般情况下若没有特殊说明，频谱专指幅度频谱，由于这种频谱是离散的，又被称为线频谱。

8.2　非正弦周期信号的有效值、平均值和平均功率

对非正弦周期信号的研究，通常采用有效值、平均值以及平均功率来表征其特性，下面就对这 3 个物理量作简要介绍。

8.2.1　有效值

设非正弦周期电流为

$$i = I_0 + \sum_{k=1}^{\infty} I_{km}\cos(k\omega_1 t + \psi_k) \tag{8-3}$$

在正弦电流电路分析中，根据热效应定义了正弦周期信号的有效值，推导出其量值为该电流信号的均方根值。对于非正弦周期信号，它的有效值仍采用这个定义，即任意一周期电流 i 的有效值 I 为

$$I = \sqrt{\frac{1}{T}\int_0^T i^2 \mathrm{d}t} \tag{8-4}$$

将式(8-3)代入式(8-4)，有

$$I = \sqrt{\frac{1}{T}\int_0^T \left[I_0 + \sum_{k=1}^{\infty} I_{km}\cos(k\omega_1 t + \psi_k)\right]^2 \mathrm{d}t}$$

上式根号内无穷项之和的平方式的积分，包含以下几种类型：

(1)各项平方的积分

$$\frac{1}{T}\int_0^T I_0^2 \mathrm{d}t = I_0^2$$

$$\frac{1}{T}\int_0^T I_{km}^2 \cos^2(k\omega_1 t + \psi_k)\mathrm{d}t = \frac{1}{2}I_{km}^2 = I_k^2$$

（2）直流分量与各次谐波分量乘积的 2 倍的积分

$$\frac{1}{T}\int_0^T 2I_0 I_{km}\cos(k\omega_1 t + \psi_k)\mathrm{d}t = 0$$

（3）不同频率各次谐波分量乘积的 2 倍的积分

$$\frac{1}{T}\int_0^T 2I_{km}\cos(k\omega_1 t + \psi_k)I_{qm}\cos(q\omega_1 t + \psi_q)\mathrm{d}t = 0 \quad (k \neq q)$$

将以上结果代入有效值计算式，可得非正弦周期电流的有效值为

$$I = \sqrt{I_0^2 + I_1^2 + I_2^2 + \cdots} \tag{8-5}$$

即非正弦周期电流的有效值，等于其直流分量、各次谐波分量有效值的平方之和的平方根。

8.2.2 平均值

在电工技术和电子技术中，为了描述交流电压、电流经过整流后的特性，将平均值，定义为绝对平均值。以电流为例，非正弦周期电流的平均值，定义为该电流绝对值在一个周期内的平均值，即

$$I_{av} = \frac{1}{T}\int_0^T |i|\mathrm{d}t \tag{8-6}$$

对正弦电流有

$$
\begin{aligned}
I_{av} &= \frac{1}{T}\int_0^T |i|\mathrm{d}t = \frac{1}{T}\int_0^T |I_m\cos\omega t|\mathrm{d}t \\
&= \frac{1}{T\omega}\cdot 4I_m\int_0^{\frac{T}{4}}\cos\omega t\mathrm{d}(\omega t) \\
&= \frac{2}{\pi}I_m[\sin\omega t]\Big|_0^{\frac{T}{4}} = 0.637I_m = 0.898I
\end{aligned}
\tag{8-7}
$$

正弦电流取绝对值，相当于电流全波整流，全波整流后电流的平均值等于正弦电流有效值的 0.898 倍。

8.2.3 平均功率

平均功率即有功功率，非正弦周期电流电路的平均功率是按其瞬时值的平均值来定义的。若一个无源一端口网络的端口电压 u 与电流 i 均为非正弦周期量，且 u，i 取关联参考方向，则此端口网络吸收的瞬时功率为

$$p = ui \tag{8-8}$$

平均功率为

$$P = \frac{1}{T}\int_0^T p\mathrm{d}t = \frac{1}{T}\int_0^T ui\mathrm{d}t \tag{8-9}$$

将 u，i 分解为傅里叶级数后带入式(8-9)来计算平均功率，有

$$P = \frac{1}{T}\int_0^T \Big[U_0 + \sum_{k=1}^{\infty} \sqrt{2}U_k\cos(k\omega_1 t + \psi_{uk}) \Big] \cdot \Big[I_0 + \sum_{k=1}^{\infty} \sqrt{2}I_k\cos(k\omega_1 t + \psi_{ik}) \Big] \mathrm{d}t$$

$$(8\text{-}10)$$

同样，式(8-10)中的积分项包含以下几种类型：

(1)直流分量乘积的积分

$$\frac{1}{T}\int_0^T U_0 I_0 \mathrm{d}t = U_0 I_0$$

(2)直流分量与各次谐波分量乘积的积分

$$\frac{1}{T}\int_0^T U_0 \cdot \sum_{k=1}^{\infty} \sqrt{2}I_k\cos(k\omega_1 t + \psi_{ik})\mathrm{d}t = 0$$

$$\frac{1}{T}\int_0^T I_0 \cdot \sum_{k=1}^{\infty} \sqrt{2}U_k\cos(k\omega_1 t + \psi_{uk})\mathrm{d}t = 0$$

(3)不同频率各次谐波分量乘积的积分

$$\frac{1}{T}\int_0^T \Big\{ \sum_{k=1}^{\infty} \sqrt{2}U_k\cos(k\omega_1 t + \psi_{uk}) \cdot \sum_{q=1}^{\infty} \sqrt{2}I_k\cos(q\omega_1 t + \psi_{iq}) \Big\} \mathrm{d}t = 0 \qquad (k \neq q)$$

(4)相同频率各次谐波分量乘积的积分

$$\frac{1}{T}\int_0^T \sum_{k=1}^{\infty} \sqrt{2}U_k\cos(k\omega_1 t + \psi_{uk})\sqrt{2}I_k\cos(k\omega_1 t + \psi_{ik})\mathrm{d}t$$

$$= \frac{1}{T}\int_0^T \sum_{k=1}^{\infty} U_k I_k \big[\cos(2k\omega_1 t + \psi_{uk} + \psi_{ik}) + \cos(\psi_{uk} - \psi_{ik}) \big]\mathrm{d}t$$

$$= \sum_{k=1}^{\infty} U_k I_k\cos(\psi_{uk} - \psi_{ik})$$

因此有

$$P = U_0 I_0 + \sum_{k=1}^{\infty} U_k I_k\cos(\psi_{uk} - \psi_{ik}) \tag{8-11}$$

式中，U_k，I_k 分别为电压、电流第 k 次谐波分量的有效值（ $k = 1,2,\cdots$ ）；$\psi_{uk} - \psi_{ik}$ 为第 k 次谐波电压和电流的相位差。

可见非正弦周期电流电路的平均功率，等于直流分量的功率 $U_0 I_0$ 和各次谐波分量各自产生的平均功率之和。注意，不同频率的电压与电流不能构成平均功率，只有同频率的电压与电流才能构成平均功率。

【例 8-2】　某个具有电阻的线圈当接到电压为 8V 的直流电压源时，流经线圈的电流为 2A；当接到电压有效值为 10V 的正弦周期电压源时，电流有效值为 2A；当接到有效值为 50V 的非正弦周期电压源时，电流有效值为 9A。已知该非正该周期电压源只含基波和三次谐波，且其周期与上述正弦电压源的周期相同。求该非正弦周期电压源所含的基波和三次谐波分量的有效值。

解　具有电阻的线圈接到直流电压源时，只有线圈的电阻起作用，故得到该线圈电阻 R 为

$$R = \frac{8\mathrm{V}}{2\mathrm{A}} = 4\Omega$$

当线圈接到正弦电压源时，线圈阻抗为

$$Z = R + j\omega L = |Z| \angle \varphi$$

$$|Z| = \frac{U_{(1)}}{I_{(1)}} = \frac{10\text{V}}{2\text{A}} = 5\Omega$$

已知 $R = 4\Omega$ ，故

$$\omega L = \sqrt{|Z|^2 - R^2} = \sqrt{5^2 - 4^2} = 3\Omega$$

当线圈接到非正弦电压源时，已知其周期与上述正弦电压源周期相同，故该非正弦电压源的基波分量的角频率为 ω，线圈的基波阻抗的模为

$$|Z_{(1)}| = |Z| = \sqrt{R^2 + (\omega L)^2} = 5\Omega$$

线圈的三次谐波阻抗的模为

$$|Z_{(3)}| = \sqrt{R^2 + (3\omega L)^2} = \sqrt{4^2 + (3 \times 3)^2} = 9.85\Omega$$

已知电压有效值为 50V，即

$$50 = \sqrt{U_{(1)}^2 + U_{(3)}^2}$$

电流有效值为 9A，即

$$9 = \sqrt{\left(\frac{U_{(1)}}{|Z_{(1)}|}\right)^2 + \left(\frac{U_{(3)}}{|Z_{(3)}|}\right)^2} = \sqrt{\left(\frac{U_{(1)}}{5}\right)^2 + \left(\frac{U_{(3)}}{9.85}\right)^2}$$

联立求解，得到

$$97U_{(1)}^2 - 25U_{(1)} - 133925 = 0$$

解得

$$U_{(1)} = 43.13\text{V}$$

$$U_{(3)} = \sqrt{(50\text{V})^2 - U_{(1)}^2} = 25.3\text{V}$$

8.3 非正弦周期电流电路的计算

非正弦周期电压源或电流源作用下的线性电路稳态响应的分析，可以通过傅里叶级数变换转化为直流电路和正弦稳态电路的分析，应用电阻电路计算方法和相量法分别计算出直流分量和不同频率正弦分量作用于线性电路时的稳态响应分量，最后应用叠加定理，即可得到线性电路在非正弦周期电压源或电流源作用下的稳态响应。这种分析非正弦周期电流电路的方法称为谐波分析法。

具体步骤如下：

(1)将给定的非正弦周期电压源或电流源分解为直流分量和一系列不同频率的正弦分量之和，高次谐波取多少项由精度要求确定。

(2)分别求出直流分量和各正弦分量单独作用时在电路中所产生的响应。直流分量单独作用时，按纯电阻电路计算，其中电感作短路处理，电容作开路处理；各正弦分量单独作用时，采用相量法计算，特别注意：感抗和容抗随谐波频率变化而变化，不同频率的电压单独作用时，需要重新计算阻抗，另外不同频率的正弦量不能用相量

法相加。

（3）应用叠加定理，将直流分量和各正弦分量单独作用时在电路中所产生的响应的瞬时值进行叠加，最终求得的响应是用时间函数表示的。

【例8-3】 电路如图 8-4(a)所示，其中 $U_{s1} = 10V$，$U_{s2} = 20\sqrt{2}\cos\omega t$ V，$i_s = (2 + 2\sqrt{2}\cos\omega t)$ A，$\omega = 10\text{rad/s}$。求：（1）电流源的端电压 u 及其有效值；（2）电流源发出的平均功率。

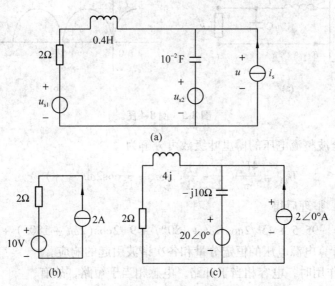

图 8-4 例 8-3 图

解 （1）当直流电源作用时，电感相当于短路，电容相当于开路，等效电路如图 8-4(b)所示，电流源端电压 u 的直流分量为

$$U_0 = (10 + 2 \times 2)V = 14V$$

（2）当频率为 ω 的正弦电源作用时，电路的相量图如图 8-4(c)所示，用节点法求电流源端电压相量 $\dot{U}_1$，节点电压方程为

$$\left(\frac{1}{(2 + j4)\,\Omega} + \frac{1}{-j10\,\Omega}\right)\dot{U}_1 = \frac{20V}{-j10\,\Omega} + 2A$$

化简得

$$(0.1 - j0.1)\dot{U}_1 = (2 + j2)A$$

解得 $\dot{U}_1 = 20\angle 90°V$，对应的正弦量为

$$u_1 = 20\sqrt{2}\cos(\omega t + 90°)V$$

电流源的端电压及其有效值分别为

$$u = U_0 + u_1 = [14 + 20\sqrt{2}\cos(\omega t + 90°)]V$$

$$U = \sqrt{U_0{}^2 + U_1^2} = \sqrt{14^2 + 20^2} \text{ V} = 24.4V$$

电流源发出的平均功率为

$$P = 14V \times 2A + 20V \times 2A\cos 90° = 28W$$

【例 8-4】 LC 滤波电路如图 8-5(a)所示，其中 $L = 5H, C = 10\mu F$。设其输入为正弦全波整流电压，波形如图 8-5(b)所示，电压振幅 $U_m = 150V$，整流前电压角频率为 $100\pi rad/s$，负载电阻 $R = 2000\Omega$。求电感电流 i 和负载端电压 U_{cd}。

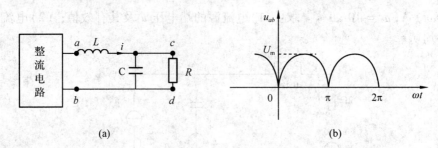

(a)　　　　　　　　　　(b)

图 8-5　例 8-4 图

解　(1)正弦全波整流电压的傅里叶级数可分解为

$$U_{ab} = \frac{4U_m}{\pi}\left(\frac{1}{2} - \frac{1}{3}\cos\omega t - \frac{1}{15}\cos 2\omega t - \cdots\right)$$

代入数据，整理后得

$$U_{ab} = [95.5 + 45\sqrt{2}\cos(\omega t + 180°) + 9\sqrt{2}\cos(2\omega t + 180°) + \cdots]$$

(2)分别计算电源电压的恒定分量和各次谐波引起的响应。

恒定电压作用时，电容相当于开路，电感相当于短路，故有

$$I_0 = \frac{95.5V}{2000\Omega} = 0.0478A$$

$$U_{cd0} = 95.5V$$

计算电压基波的作用。全波整流的波形与正弦波相比，周期减半，频率加倍，故基波角频率应为

$$\omega_1 = 2 \times 100\pi \ rad/s = 200\pi \ rad/s$$

RC 并联电路的阻抗为

$$Z_{cd1} = \frac{\dfrac{R}{(j\omega_1 C)}}{R + \dfrac{1}{j\omega_1 C}} = \frac{R}{1 + j\omega_1 CR} = \frac{2000\Omega}{1 + j4\pi} = 158\angle -85.4°\Omega$$

ab 端口的输入阻抗为

$$Z_1 = j\omega_1 L + Z_{cd1} = j1000\Omega + (12.6 - j158)\Omega \approx 2980\angle 90°\Omega$$

$$\dot{I} = \frac{45\angle 180°V}{2980\angle 90°\Omega} = 0.0151\angle 90°A$$

$$\dot{U}_{cd1} = Z_{cd1} \times \dot{I} = 158\angle -85.4°\Omega \times 0.0151\angle 90°A = 2.39\angle 4.6°V$$

计算二次谐波的作用。计算方法同上，但角频率加倍，因此有

$$Z_{cd2} = \frac{\overline{\dfrac{R}{(j2\omega_1 C)}}}{R + \dfrac{1}{j2\omega_1 C}} = \frac{R}{1 + j2\omega_1 CR} = \frac{2000\Omega}{1 + j8\pi} \approx 79\angle -87.7°\Omega$$

$$Z_2 = j2\omega_1 L + Z_{cd2} = j2000\Omega + 79\angle -87.7°\Omega \approx 6280\angle 90°\Omega$$

$$\dot{I}_2 = \frac{9\angle 180°V}{6280\angle 90°\Omega} = 0.00143\angle 90°A$$

$$\dot{U}_{cd2} = Z_{cd2} \times \dot{I}_2 = 79\angle -87.7°\Omega \times 0.00143\angle 90°A = 0.113\angle 2.3°V$$

可见，负载电压中二次谐波有效值仅占恒定电压的 $\dfrac{0.113V}{95.5V} = 0.12\%$ ，二次以上谐波所占的比例更小，所以不必计算更高次谐波的影响。

(3)把相量变为瞬时表达式，再将恒定分量与各谐波分量相叠加得

$$i = I_0 + i_1 + i_2$$

$$= [47.8 + 15.1\sqrt{2}\cos(\omega_1 t + 90°) + 1.43\sqrt{2}\cos(2\omega_1 t + 90°)]mA$$

$$u_{cd} = U_{cd0} + u_{cd1} + u_{cd2} = [95.5 + 2.39\sqrt{2}\cos(\omega_1 t + 4.6°) + 0.113\sqrt{2}\cos(2\omega_1 t + 2.3°)]V$$

负载电压有效值为

$$U_{cd} = \sqrt{95.5^2 + 2.39^2 + 0.113^2}V = 95.5V$$

基波是负载电压 u_{cd} 中最大的谐波，其有效值仅占恒定分量的 2.5%，这表明此 LC 电路具有滤除各种谐波分量的作用，故称为滤波电路或者滤波器。其中电感 L 起到抑制高频交流的作用，常称为扼流圈；电容 C 起到减小负载电阻上交流电压的作用，常称为旁路电容。

由于电容和电感对信号中各次谐波反应不同，因此可以根据需要设计不同的滤波电路，在工程上有广泛的应用。下面简要介绍滤波电路。

滤波电路又称滤波器，是接在输入和输出之间的一种电路，由电容、电感与电阻组成。按其功能分，可将滤波器分为低通滤波器、高通滤波器、带通滤波器和带阻滤波器。

(1)低通滤波器。其电路具有允许直流分量通过而阻止高次谐波通过的功能，故称为低通滤波器。典型的低通滤波器有 π 型滤波器和 T 型滤波器，电感 L 对高频电流有抑制作用，电容 C 对高频电流有分流作用，输出端中的高频电流分量因此被大大削弱，低频电流则能顺利通过，如图 8-6 所示。

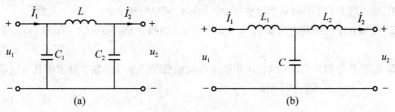

图 8-6　低通滤波器

(a) π 型滤波器；(b) T 型滤波器

（2）高通滤波器。高通滤波器只允许高次谐波分量即高频分量通过，而抑制或衰减低于截止频率的谐波分量和直流分量，电容 C 对低频分量有抑制作用，电感 L 对低频分量有分流作用，如图 8-7 所示。

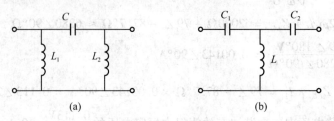

（a）　　　　　　　　　　（b）

图 8-7　高通滤波器

（a）π 型滤波器；（b）T 型滤波器

（3）带通滤波器。带通滤波器由一个低通滤波器和一个高通滤波器级联组成，具有 2 个截止频率 f_1 与 f_2，$f_1 < f_2$，则低于 f_1 和高于 f_2 的谐波被抑制，负载上只保留 2 个截止频率之间的谐波分量，如图 8-8 所示。

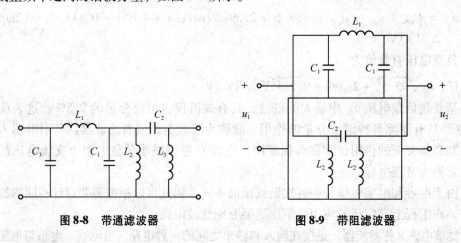

图 8-8　带通滤波器　　　　　　　　　**图 8-9　带阻滤波器**

（4）带阻滤波器。和带通滤波器相反，通过滤波器滤去 2 个截止频率 f_1 和 f_2 之间的谐波分量（$f_1 < f_2$），而低于 f_1 和高于 f_2 的谐波都能通过，故这种滤波器称为带阻滤波器，如图 8-9 所示。

习 题

题 8－1. 试求题 8-1 图中所示半波整流电压波形的傅里叶级数。

题 8－2. 已知非正弦周期电压 $u(t) = [60 + 160\cos200t + 80\cos(600t + 60°)]\text{V}$，求 $u(t)$ 的有效值 U。

题 8－3. 矩形波如题 8-3 图所示，求出图中电流波形的傅里叶级数，并求出其有效值。

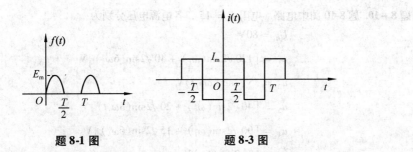

题 8-1 图   题 8-3 图

题 8－4. 电路如题 8-4 图所示，已知 $u(t) = [100 + 160\cos(\omega t + 45°) + 15\cos 4\omega t]$V，$R = 16\Omega$，$\omega L = 4\Omega$，$\dfrac{1}{\omega C} = 20\Omega$，求电压表、电流表及功率表的读数。

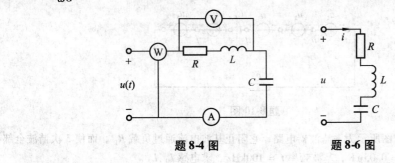

题 8-4 图   题 8-6 图

题 8－5. 已知二端口网络的电压 $u(t) = [\sin(t + 90°) + \sin(4t - 60°) + \cos(5t - 45°)]$V，电流为 $i(t) = [6\sin t + 3\sin(4t + 60°)]$A，求电压、电流的有效值和该网络的平均功率。

题 8－6. RLC 串联电路如题 8-6 图所示，已知 $R = 10\Omega$，$C = 200\mu$F，$L = 100$mH，$f = 50$Hz，$u = [20 + 20\cos\omega t + 10\cos(3\omega t + 90°)]$V。试求：

（1）电流 i；

（2）外加电压和电流的有效值；

（3）电路中消耗的功率。

题 8－7. 已知无源网络的输入端电压和电流分别为

$$u(t) = [200\sin 314t + 100\sin(942t - 60°)]\text{V}$$
$$i(t) = [20\sin 314t + 3.5\sin(942t + \theta_1)]\text{A}$$

如该网络是 RLC 串联电路，分别求出 R, L, C, θ_1 的值及电路吸收的功率。

题 8－8. 电路如题 8-8 图所示，已知 $u_s = (12 + 20\sqrt{2}\sin 100t + 12\sin 450t)$V，$L_1 = L_2 = 6$H，$M = 1$H，$C = 50\mu$F，$R = 500\Omega$，求电阻电压的有效值 U_R 和电容电压的有效值 $U_C(t)$。

题 8－9. 电路如题 8-9 图所示，已知 $u(t) = \cos t$V，$i(t) = 2$A，$R = 1\Omega$，$C = 1$F，$L = 1$H，求 $i_1(t)$。

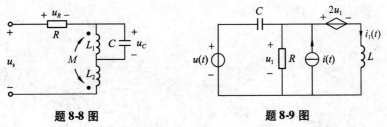

题 8-8 图   题 8-9 图

题 8 – 10. 题 8-10 图中电路，电阻 $R = 15$，各电源电压分别为

$$U_0 = 80\text{V}$$

$$u_1 = [120\sqrt{2}\sin(\omega_1) + 40\sqrt{2}\sin(6\omega_1)]\text{V}$$

$$u_2 = 35\sqrt{2}\sin(3\omega_1 t)\text{V}$$

$$u_3 = [40\sqrt{2}\sin(\omega_1) + 20\sqrt{2}\sin(3\omega_1 t)]\text{V}$$

$$u_4 = [90\sqrt{2}\sin(\omega_1) + 15\sqrt{2}\sin(6\omega_1)]\text{V}$$

$$u_5 = 15\sqrt{2}\cos(\omega_1)\text{V}$$

(1)求 $U_{ab}, U_{ac}, U_{ad}, U_{ae}, U_{af}$；

(2)若将 U_0 换为电流源 $i_s = 5\sqrt{2}\sin(9\omega_1 t)\text{A}$，试求 $U_{ac}, U_{ad}, U_{ae}, U_{af}$。

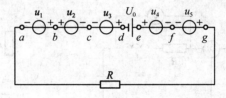

题 8-10 图

题 8 – 11. 题 8-11 图所示为一滤波器电路，它阻止基波电流通过负载 R_L，而使 3 次谐波全部加在负载上。已知 $C = 0.05\mu\text{F}$，基波频率 $f = 100\text{kHz}$，求电感 L_1, L_2。

题 8 – 12. 电路如题 8-12 图所示，$R_1 = R_2 = 5\text{k}\Omega$，$L = 50\text{mH}$，试判断该电路属于哪种滤波器，并求其截止频率。

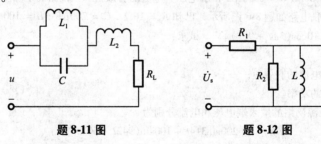

　　　　题 8-11 图　　　　　　　　　　　　题 8-12 图

第9章

线性动态电路暂态过程的时域分析

[本章提要]

  本章主要研究用一阶微分方程描述的电路，即 *RC* 电路和 *RL* 电路，介绍一阶电路的时间常数的概念和分析一阶电路的方法——经典法，再用经典法的理论去分析二阶电路。应重点理解和掌握的概念有：零输入响应、零状态响应、全响应、瞬态分量、稳态分量、阶跃响应以及冲激响应。

9.1 动态电路的方程及其初始条件

9.2 一阶电路的零输入响应

9.3 一阶电路的零状态响应

9.4 一阶电路的全响应

9.5 一阶电路的阶跃响应

9.6 一阶电路的冲激响应

*9.7 二阶电路的暂态过程

9.1　动态电路的方程及其初始条件

前面章节讨论了线性电容元件和线性电感元件，由于其电压和电流满足微分—积分关系，因此称为动态元件。若电路中含有动态元件，则称该电路为动态电路。

对于电容元件 C 有

$$i_C = C \cdot \frac{\mathrm{d}u_C}{\mathrm{d}t}$$

解得

$$u_C = u_C(0) + \frac{1}{C} \int_0^t i_C \mathrm{d}\xi$$

当以 t_0 为计时起点时有

$$u_C = u_C(t_0) + \frac{1}{C} \int_{t_0}^t i_C \mathrm{d}\xi$$

对于电感元件 L 有

$$u_L = L \cdot \frac{\mathrm{d}i_L}{\mathrm{d}t}$$

解得

$$i_L = u_L(0) + \frac{1}{L} \int_0^t u_L \mathrm{d}\xi$$

当以 t_0 为计时起点时有

$$i_L = u_L(t_0) + \frac{1}{L} \int_{t_0}^t u_L \mathrm{d}\xi$$

由此可见，当电路中含有电容和电感元件时，根据 KVL 和 KCL 及元件的 VCR 关系建立的电路方程，是以电压或电流为变量的微分方程。

若电路中仅含一个动态元件，则除动态元件外的电路可视为有源二端网络，因此可以用戴维南定理等效变换为电压源和电阻串联组合，或用诺顿定理等效变换为电流源和电阻的并联组合，当电路的无源元件都是线性不变时，所建立的电路方程将是一阶线性常微分方程，相应电路称为一阶电路，包括一阶电阻电容电路（ RC 电路）和一阶电阻电感电路（ RL 电路）；当电路含有 2 个动态元件时，所建立的方程为二阶微分方程；同理当电路中含有 n 个动态元件时，将建立 n 阶微分方程。可见微分方程的阶数取决于动态元件的个数和电路的结构。

在前面的学习中，我们分别讨论了纯电阻电路、正弦稳态电路和非正弦周期电路。这些电路中的电流和电压在一定时间内要么是恒定的，要么随时间按周期规律变化，电路的这种状态称为稳定状态。电路除了可以工作在稳定状态之外，还有另外一种不同的工作状态，称为暂态。这里我们研究的暂态是由换路引起的。

9.1.1　换路和换路定理

我们知道，一个动态电路除含有电阻外还含有电容和电感元件，这样的动态电路在工作过程中难免要发生电路结构、参数的突然变化，例如开关的突然通断、参数的突然变化、遇到意外事故或干扰等，将这些电路结构或参数变化引起的电路变化统称为换路。

稳定运行的动态电路在换路后，电容元件和电感元件上能量要发生变化。那么这些元件中能量的吸收和释放是否在瞬间完成呢？实际上不可能瞬间完成，需要经历一定时间的连续变化过程，也就是暂态过程，而后达到另一种稳定的工作状态。这种暂态过程在工程上称为"过渡过程"。

当动态电路发生换路时，电路处于暂态，此时对暂态电路的分析必须通过列写和求解微分方程来实现，这种分析电路的方法称为经典法。

下面讨论用经典法分析一阶电路的动态响应的具体方法：

分析电路的暂态过程时，将以换路时刻作为计时起点，记为 $t = 0$，一般表示为 $t = t_0$，t_0 的取值可以是零，也可以是非零的正值。

用 $t = 0_-$（或 $t = t_{0-}$）表示换路前的最终时刻（趋于换路发生的时刻）。

用 $t = 0_+$（或 $t = t_{0+}$）表示换路后的最初时刻。

本章的主要任务就是研究电路是怎样从 $t = 0_-$（或 $t = t_{0-}$）时的值变到 $t = 0_+$（或 $t = t_{0+}$）时的值，进而求出 $t > 0$（或 $t > t_0$）时电路的变化规律。由于是以时间 t 为自变量，各处的电流、电压都是 t 的函数，所以称为时域分析。

要分析动态电路的暂态过程，必须从电路的基本规律出发，研究各电路变量在换路瞬间所满足的关系，用以确定换路后的初始瞬间（即 $t = 0_+$ 或 $t = t_{0+}$ 时）电路变量的量值，也就是电路变量的初始值。

下面分别分析一下电容和电感在换路后瞬间初始值是如何确定的。

1. 线性电容

对于线性电容，在任意时刻 t，它的电荷 $q(t)$、电压 $u_C(t)$ 和电流 $i_C(t)$ 的关系式为

$$q(t) = \int_{-\infty}^{t} i_C(\xi)\,\mathrm{d}\xi \tag{9-1}$$

$$q(t) = C \cdot u_C(t) \tag{9-2}$$

$$u_C(t) = \frac{1}{C} \int_{-\infty}^{t} i_C(\xi)\,\mathrm{d}\xi \tag{9-3}$$

令换路时刻为 $t = 0$，则换路后的初始瞬间，电容上的电荷和电压为

$$q(0_+) = \int_{-\infty}^{0_+} i_C(\xi)\,\mathrm{d}\xi = \int_{-\infty}^{0_-} i_C(\xi)\,\mathrm{d}\xi + \int_{0_-}^{0_+} i_C(\xi)\,\mathrm{d}\xi = q(0_-) + \int_{0_-}^{0_+} i_C(\xi)\,\mathrm{d}\xi$$

$$\tag{9-4}$$

$$u_C(0_+) = \frac{1}{C} \int_{-\infty}^{0_+} i_C(\xi)\,\mathrm{d}\xi = \frac{1}{C} \int_{-\infty}^{0_-} i_C(\xi)\,\mathrm{d}\xi + \frac{1}{C} \int_{0_-}^{0_+} i_C(\xi)\,\mathrm{d}\xi$$

$$= \frac{1}{C} q(0_-) + \frac{1}{C} \int_{0_-}^{0_+} i_C(\xi)\,\mathrm{d}\xi = u_C(0_-) + \frac{1}{C} \int_{0_-}^{0_+} i_C(\xi)\,\mathrm{d}\xi \quad (9\text{-}5)$$

从以上两式可以看出，如果换路瞬间电容电流为有限值，即 $i_C(t) \neq \delta(t)$，则式 (9-4)和式(9-5)中等号右边的积分项值为零，故可得

$$q(0_+) = q(0_-)，u_C(0_+) = u_C(0_-)$$

同理，若换路发生在 t_0 时刻，可得

$$q(t_{0+}) = q(t_{0-})，\qquad u_C(t_{0+}) = u_C(t_{0-})$$

综上所述，对 $t = 0_-$ 时电荷为 $q(0_-)$、电压为 $u_C(0_-) = U_0$ 的电容，当电流在换路瞬间不为冲激函数的情况下，有 $u_C(0_+) = u_C(0_-) = U_0$，可见在换路瞬间电容电压不跃变，电容可视为一个电压值为 U_0 的电压源；对于一个在 $t = 0_-$ 时不带电荷的电容（即 $u_C(0_+) = u_C(0_-) = 0$），在换路瞬间，电容相当于短路。

当电路发生换路，处于过渡过程时，在电容电流为有限值的情况下，电容电荷和电容两端电压都是连续变化的。

2. 线性电感

对于线性电感，在任意时刻 t，它的磁通链 $\psi(t)$、电压 $u_L(t)$、电流 $i_L(t)$ 的关系式为

$$\psi(t) = \int_{-\infty}^{t} u_L(\xi)\,\mathrm{d}\xi \tag{9-6}$$

$$\psi(t) = L \cdot i_L(t) \tag{9-7}$$

$$i_L(t) = \frac{\psi(t)}{L} = \frac{1}{L} \int_{-\infty}^{t} u_L(\xi)\,\mathrm{d}\xi \tag{9-8}$$

令换路时刻为 $t = 0$，则换路后的初始瞬间，磁通和电流为

$$\psi(0_+) = \int_{-\infty}^{0_+} u_L(\xi)\,\mathrm{d}\xi = \int_{-\infty}^{0_-} u_L(\xi)\,\mathrm{d}\xi + \int_{0_-}^{0_+} u_L(\xi)\,\mathrm{d}\xi = \psi(0_-) + \int_{0_-}^{0_+} u_L(\xi)\,\mathrm{d}\xi$$

$$\tag{9-9}$$

$$i_L(0_+) = \frac{1}{L} \int_{-\infty}^{0_+} u_L(\xi)\,\mathrm{d}\xi = \frac{1}{L} \int_{-\infty}^{0_-} u_L(\xi)\,\mathrm{d}\xi + \frac{1}{L} \int_{0_-}^{0_+} u_L(\xi)\,\mathrm{d}\xi$$

$$\tag{9-10}$$

$$= i_L(0_-) + \frac{1}{L} \int_{0_-}^{0_+} u_L(\xi)\,\mathrm{d}\xi$$

从以上两式可以看出，如果换路瞬间电感电压不为冲激函数，即 $u_L(t) \neq \delta(t)$，则式中右边的积分项值为零，故可得

$$\psi(0_+) = \psi(0_-)，i_L(0_+) = i_L(0_-)$$

同理，若换路发生在 t_0 时刻，可得

$$\psi(t_{0+}) = \psi(t_{0-})，i_L(t_{0+}) = i_L(t_{0-})$$

综上所述，对 $t = 0_-$ 时电流为 $i_L(0_-) = I_0$ 的电感，当电压在换路瞬间不为冲激函数的情况下，有 $i_L(0_+) = i_L(0_-) = I_0$，可见在换路瞬间电感电流不跃变，电感可

视为一个电流值为 I_0 的电流源；对于一个在 $t = 0_-$ 时 $i_L(0_-) = 0$ 的电感，当电压在换路瞬间不为冲激函数的情况下（即 $i_L(0_+) = i_L(0_-) = 0$），则在换路瞬间，电感相当于开路。

当电路发生换路，处于过渡过程时，在电感电压为有限值的情况下，电感磁链和电感电流都是连续变化的。

通过上述分析可以知道，当电路发生换路时，电路存在着特定规律，称为换路定律，其内容是：在换路前后电容电流和电感电压为有限值的条件下，换路前后瞬间电容电压和电感电流不能跃变，即 $u_C(0_+) = u_C(0_-)$，$i_L(0_+) = i_L(0_-)$。

9.1.2　初始条件及其计算

我们将电路换路后瞬间 $t = 0_+$ 时，电路中各无源元件的电压或电流值称为电路的初始条件。动态电路的初始条件分为独立初始条件和非独立初始条件，根据换路定律将电容电压 $u_C(0_+)$ 和电感电流 $i_L(0_+)$ 定义为独立初始条件，独立初始条件的求取可以根据其在 $t = 0_-$ 时的值（即电路发生换路前的状态）$u_C(0_-)$ 和 $i_L(0_-)$ 确定；而电路的非独立条件，即电阻的电压或电流、电容电流、电感电压等则需要通过已知的独立初始条件，根据 KCL、KVL 及 VCR 关系列方程求得，这些电流和电压不一定连续，即有可能发生突变。

【例 9-1】 电路如图 9-1(a)所示，已知直流电压源电压为 U_0，当电路中的电压和电流恒定不变时断开开关 S。试求 $u_C(0_+)$，$i_C(0_+)$，$u_L(0_+)$，$i_L(0_+)$ 和 $u_{R_2}(0_+)$。

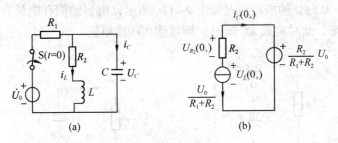

图 9-1　例 9-1 图

解　(1)求取初始条件。由 $t = 0_-$ 时刻的电路状态计算 $u_C(0_-)$ 和 $i_L(0_-)$ 得

$$i_L(0_-) = \frac{U_0}{R_1 + R_2}, \quad u_C(0_-) = \frac{R_2 U_0}{R_1 + R_2}$$

由换路定理知换路后 u_C 和 i_L 都不会跃变，因此有

$$u_C(0_+) = u_C(0_-) = \frac{R_2 U_0}{R_1 + R_2}, \quad i_L(0_+) = i_L(0_-) = \frac{U_0}{R_1 + R_2}$$

$t = 0_+$ 时刻的其他初始值可根据 $u_C(0_+)$ 和 $i_L(0_+)$ 求取，将 $u_C(0_+)$ 和 $i_L(0_+)$ 分别用电压源和电流源替代，如图 9-1(b)所示，称为 0_+ 等效电路，则可求得

$$i_C(0_+) = -i_L(0_+) = -\frac{U_0}{R_1 + R_2}$$

$$u_L(0_+) = 0$$

$$u_{R_2}(0_+) = \frac{R_2 U_0}{R_1 + R_2}$$

9.2 一阶电路的零输入响应

从 9.1 节的讨论得知，换路后电路的响应，与换路前趋于换路时刻储能元件的初始储能和换路后的外加独立电源都有关系，初始储能也属于激励。

在线性电路中，把初始储能与外加独立电源所产生的响应分开考虑。

如果在换路后电路无外加独立电源作用，则仅由初始储能激励而产生的响应称为零输入响应。同理，当在换路前初始储能为零，则把换路后仅由外加独立电源作用而产生的响应称为零状态响应。零状态响应将在 9.3 节中进行讲解，本节仅讨论零输入响应。当然从物理本质讲，非零的初始储能也是由换路前的独立电源提供的。

本节研究的电路是一阶电路，说明电路中仅含有一个动态元件，即为 RC 电路和 RL 电路，这里仅针对初始储能激励所产生的响应进行研究，即分析电容和电感的放电过程。

9.2.1 RC 电路的零输入响应

电路如图 9-2(a) 所示，开关在动作前，电容上的电压 $u_c(t) = U_0$（$t < 0$）。当开关动作后即 $t > 0$ 时，构成的电路如图 9-2(b) 所示，电容的储存能量通过电阻以热能的形式释放出来，此时构成 RC 放电，即零输入响应电路。

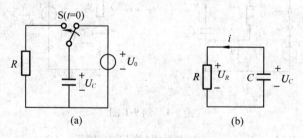

(a)　　　　　　　　(b)

图 9-2　RC 电路的输入响应

对图 9-2(a) 所示电路，由换路定律可以得到初始条件为

$$u_c(0_+) = u_c(0_-) = U_0$$

当 $t \geq 0_+$ 时，由 KVL 方程得

$$u_R - u_c = 0, \quad u_R = Ri$$

当电容的电压和电流取非关联参考方向时有

$$i = -C \frac{du_c}{dt}$$

代入上述 KVL 方程，得

$$RC \cdot \frac{du_C}{dt} + u_C = 0$$

这是一阶齐次微分方程，令此方程的通解为

$$u_C = Ae^{pt}$$

代入微分方程后有

$$(RCp + 1)Ae^{pt} = 0$$

相应特征方程为

$$RCp + 1 = 0$$

特征根为

$$p = -\frac{1}{RC}$$

将 $u_C = Ae^{pt}$ 代入初始条件 $u_C(0_+) = u_C(0_-) = U_0$，可求得积分常数 $A = u_C(0_+) = U_0$。

这样就得到满足微分方程初始条件的解为

$$u_C = U_0 e^{-\frac{1}{RC}t}$$

这就是放电过程中电容电压的表达式。

电阻中的电流为 $\qquad i_R = -C\frac{du_C}{dt} = \frac{U_0}{R}e^{-\frac{1}{RC}t}$

电阻上的电压为 $\qquad u_R = u_C = U_0 e^{-\frac{1}{RC}t}$

从上式可见，零输入响应与初始值呈线性关系，当初始值加倍时，响应也加倍。u_R，u_C，i 都是按同样的指数规律衰减的，如图 9-3 所示。

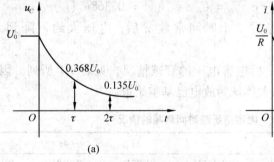

图 9-3 u_C 和 i 随时间 t 的变化曲线

由图 9-3 可见，t 从 0_- 到 0_+ 的过程中，u_C 是连续的，而 i 则由 0 突变为 $\frac{u_0}{R}$，若 R 很小，则会在放电开始的瞬间产生很大放电电流；$t > 0$ 以后，u_C 和 i 按相同的指数规律衰减至零，放电结束。可以从物理概念上解释 u_C 和 i 的变化规律：在放电过程中，电容上电荷 $q(t)$ 减少，而对于线性电容有 $u_C = \frac{q}{C}$，电路中的电流 $i = \frac{u_C}{R}$，所以 u_C 和 i 都是单调下降的。

由 $u_C = U_0 \cdot e^{-\frac{1}{RC}t}$ 和 $i = \frac{U_0}{R} \cdot e^{-\frac{1}{RC}t}$ 两式可见：u_C 和 i 的衰减速率取决于时间常数 $\tau(\tau = RC)$，τ 越大则衰减越慢，暂态过程持续的时间就越长。引入 τ 后，电容电压 u_C 和 i 可以分别表示为 $u_C = U_0 \cdot e^{-\frac{t}{\tau}}$ 和 $i = \frac{U_0}{R} \cdot e^{-\frac{t}{\tau}}$，$\tau$ 的大小反映了一阶电路过渡过程的进展速度，是反映过渡过程特性的重要参量。

下面画出同一初始电压 U_0 下，不同时间常数 τ 所对应的 u_C 变化曲线，设 $\tau_1 > \tau_2 > \tau_3$。

如图 9-4 所示，时间常数 τ 越大，则 u_C 衰减得越慢。从物理意义上讲，由 $\tau = RC$ 知，在 R 为定值时，C 越大则 τ 越大，因为在同样电压下，C 越大则 q 越多（$q = u_C \cdot C$，$W = \frac{1}{2} CU_C^2$），所以放电时间越长；当 C 为定值时，R 越大则 τ 越大，因为在相同电压下，R 越大则放电电流或功率越小（$i = \frac{u_C}{R}$，$P = U_C^2/R$），所以放电时间越长。但 τ 反映的仅是衰减速率，理论上需要经过无限长的时间，u_C 才能衰减到零。

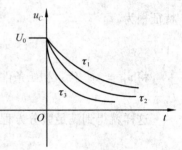

图 9-4　不同时间常数下 u_C 随时间 t 的变化曲线

电容电压 u_C 在任意时刻 t_0 的表达式为

$$u_C = U_0 \cdot e^{-\frac{t_0}{\tau}}$$

当在任意时刻 t_0 再经过一个时间常数 τ 后，电容电压为

$$u_C(t_0 + \tau) = U_0 \cdot e^{-\frac{t_0 + \tau}{\tau}} = U_0 \cdot e^{-1} e^{-\frac{t_0}{\tau}} = 0.368 u_C(t_0)$$

上式表明，从任意时刻 t_0 再经过一个时间常数 τ 后，电压大约下降到 t_0 时刻的 36.8%。

同理可以得到经过 $2\tau, 3\tau, \cdots$ 后电容电压的衰减情况，见表 9-1 所列。因此实际上经过 $3\tau \sim 5\tau$ 的时间，就可以大体认为放电已基本结束。

表 9-1　电容电压随时间衰减的情况

t	0	τ	2τ	3τ	4τ	5τ
$u_C(t)$	U_0	$0.368U_0$	$0.135U_0$	$0.05U_0$	$0.018U_0$	$0.0067U_0$

时间常数 τ 还可以从几何意义上来解释，如图 9-5 所示。在 u_C 变化规律曲线上任取一点 A 作切线，交于时间轴 C 点处，从点 A 作垂线交与时间轴 B 点处，则 BC 长为

$$|BC| = \frac{|AB|}{\tan\alpha} = \frac{u_C(t_0)}{-\frac{du_C}{dt}\Big|_{t=t_0}} = \frac{U_0 \cdot e^{-\frac{t_0}{\tau}}}{\frac{1}{\tau} U_0 \cdot e^{-\frac{t_0}{\tau}}} = \tau$$

因此，可以这样假设，不论在任何时刻，如果从此之后零输入响应就按该瞬时曲线上对应点的切线 AC 一直衰减下去，则经过一个时间常数 τ 后，u_C 刚好衰减为零。

下面分析放电过程中电荷及能量的变化规律。整个放电过程中，电路中通过的电荷量为

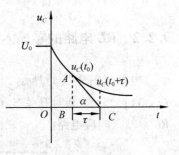

$$q = \int_{0_+}^{\infty} i(t)\,\mathrm{d}t = \int_{0_+}^{\infty} \frac{U_0}{R}\mathrm{e}^{-\frac{t}{RC}}\mathrm{d}t = CU_0 \cdot \mathrm{e}^{-\frac{t}{RC}}\Big|_{0_+}^{\infty} = CU_0$$

电路中通过的电荷量刚好等于放电开始时电容上储存的电荷量：$q(0_+) = CU_C(0_+) = CU_0$，符合电荷守恒定律。在放电过程中，电容不断放出的能量为电阻所消耗，最后储存在电容中的电场能量全部为电阻吸收而转变成热能，即

图 9-5 时间常数 τ 的几何意义

$$W_R = \int_{0_+}^{\infty} p_R(t)\,\mathrm{d}t = \int_{0_+}^{\infty} i_R^2(t)R\,\mathrm{d}t = \int_{0_+}^{\infty}\left(\frac{U_0}{R}\mathrm{e}^{-\frac{t}{RC}}\right)^2 R\,\mathrm{d}t$$

$$= \frac{U_0^2}{R}\int_{0_+}^{\infty}\mathrm{e}^{-\frac{2t}{RC}}\mathrm{d}t = \frac{1}{2}CU_0\mathrm{e}^{-\frac{t}{RC}}\Big|_{0_+}^{\infty} = \frac{1}{2}CU_0$$

符合能量守恒定律。

【例 9-2】 电路如图 9-6(a)所示，开关 S 在位置 1 时电路已达稳态，当开关在 $t = 0$ 时动作到位置 2，试求 $t \geq 0$ 时的电流 $i(t)$。

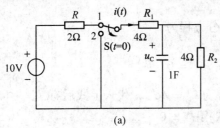

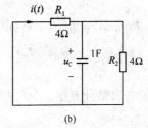

图 9-6 例 9-2 图

(a)开关动作前；(b)开关动作后

解 (1)求初值得

$$u_C(0_-) = \frac{10 \times 4}{2 + 4 + 4}\mathrm{V} = 4\mathrm{V}$$

$$u_C(0_+) = u_C(0_-) = 4\mathrm{V}$$

换路后，电路如图 9-6(b)所示，电容通过 R_1, R_2 放电，零输入响应下 R_1, R_2 为并联，设等效电阻为 R'，则 $R' = \dfrac{R_1 R_2}{R_1 + R_2} = 2\Omega$，计算 $\tau = R'C = 2\Omega \times 1\mathrm{F} = 2\mathrm{s}$。

从而得到 $t \geq 0$ 时，电容电压为

$$u_C = u_C(0_+)\mathrm{e}^{-\frac{t}{\tau}} = 4\mathrm{e}^{-\frac{t}{2}}\mathrm{V} \quad (t \geq 0)$$

进而求得

$$i(t) = -\frac{u_C}{R} = \frac{-4\mathrm{e}^{-\frac{t}{\tau}}}{4}\mathrm{A} = -\mathrm{e}^{-\frac{t}{2}}\mathrm{A} \quad (t \geq 0)$$

9.2.2 *RL* 电路的零输入响应

电路如图 9-7(a)所示，开关 S 断开下电路达到稳定状态，可知电感电流 $i_L = I_0$（$t < 0$）；当 $t = 0$ 时开关 S 闭合，开关闭合后（$t > 0$）的电路如图 9-7(b)所示，即为 *RL* 零输入响应电路。

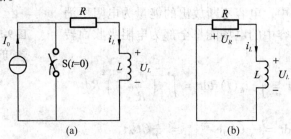

图 9-7 *RL* 零输入响应电路

在 $t > 0$ 时，根据 KVL 有

$$u_R + u_L = 0$$

而 $u_R = Ri_L$，$u_L = L\dfrac{\mathrm{d}i_L}{\mathrm{d}t}$，得到电路的微分方程为

$$L\frac{\mathrm{d}i_L}{\mathrm{d}t} + Ri_L = 0$$

这是一阶齐次微分方程，令此方程的通解为 $i_L = Ae^{pt}$，代入上式后有

$$(Lp + R)Ae^{pt} = 0$$

相应特征方程为

$$Lp + R = 0$$

求得特征根为

$$p = -\frac{R}{L}$$

可求得积分常数 A。将 $i_L(0_+) = i_L(0_-) = I_0$ 代入 $i_L = Ae^{pt}$ 得

$$A = I_0$$

这样就得满足微分方程初始条件的解为

$$i_L = I_0 e^{-\frac{R}{L}t}$$

电阻和电感上的电压分别为

$$u_R = Ri_L = RI_0 e^{-\frac{R}{L}t}, \qquad u_L = L\frac{\mathrm{d}i_L}{\mathrm{d}t} = -RI_0 e^{-\frac{R}{L}t}$$

与 *RC* 电路类似，令 $\tau = \dfrac{L}{R}$，称为 *RL* 电路的时间常数，则以上各式可写为

$$i_L = I_0 e^{-\frac{t}{\tau}}$$

$$u_R = Ri_L = RI_0 e^{-\frac{t}{\tau}}$$

$$u_L = L \frac{\mathrm{d}i_L}{\mathrm{d}t} = -RI_0 \mathrm{e}^{-\frac{t}{\tau}}$$

i_L , u_R 及 u_L 随时间变化的曲线，如图 9-8 所示。

由图 9-8 可知, i_L 是连续变化的，而 u_L 则从零突变到 $-RI_0$ ，若 R 很大则换路时电感两端会产生很高的瞬时电压。i_L 和 u_L 符号相反，符合楞次定律。

当 R 为定值时，由 $\tau = \dfrac{L}{R}$ 知 L 增加则 τ 增加，在相

同的电流下，电感储存的磁场能量越多($W_L = \dfrac{1}{2}Li_L^2$)，

暂态时间就越长；同理当 L 为定值时，R 增加则 τ 减小，在相同的电流下，其消耗功率越大($P_R = Ri_L^2$)，暂态时间就越短。所以 i_L 及 u_L 按相同指数规律变化，变化速率取决于时间常数 τ 。

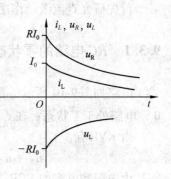

图 9-8　i_L , u_R 及 u_L 随时间变化的曲线

由以上对 RC 及 RL 一阶电路的零输入响应的分析，可得一阶电路的零输入响应的一般形式为

$$f(t) = f(0_+)\mathrm{e}^{-\frac{t}{\tau}} \quad (t > 0) \tag{9-11}$$

【例 9-3】　图 9-9 所示为一台 300kW 汽轮发动机的励磁回路。已知 $R = 0.189\Omega$, $L = 0.398\mathrm{H}$, $U = 35\mathrm{V}$ ，电压表的量程为 50V ，其内阻 $R_r = 5\mathrm{k}\Omega$ 。求开关刚断开时电压表处的电压。

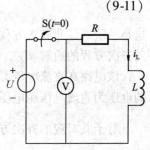

图 9-9　例 9-3 图

解　开关未断开前，电路由直流电压源供电，因此电流恒定不变，电感两端电压为零，故有

$$i(0_-) = \frac{U}{R} = \frac{35}{0.189}\mathrm{A} = 185.2\mathrm{A}$$

$$i_L(0_+) = i_L(0_-) = 185.2\mathrm{A}$$

时间常数 $\tau = \dfrac{L}{R + R_r} = \dfrac{0.398}{0.189 + 5000}\mathrm{s} = 79.6\mathrm{\mu s}$ ，电流 $i = i_L(0_+)\mathrm{e}^{-\frac{t}{\tau}} = 185.2 \times$

$\mathrm{e}^{-12560t}\mathrm{A}$ ，电压表处电压表达式为

$$u_V = -R_r i = -5000 \times 185.2 \times \mathrm{e}^{-12560t}\mathrm{V} = -926\mathrm{e}^{-12560t}\mathrm{kV}$$

所以开关刚断开时，电压表处的电压为

$$U_V = -926\mathrm{kV}$$

这时电压表承受了很高的电压，其绝对值远大于直流电源电压，且初始瞬间电流也很大，可能损坏电压表，因此切断电感电流时，必须考虑磁场能量的释放，若磁能较大，而又必须在短时间内完成电流的切断，则必须采用灭弧装置。

9.3　一阶电路的零状态响应

本节讨论在换路前电路的初始储能为零，即 $u_C(0_-) = 0$, $i_L(0_-) = 0$ ，换路后仅

由外加独立电源作用所产生的响应，称为零状态响应。这里主要研究的独立电源分为直流电源和正弦交流电源，分别作用在 RC 和 RL 电路中。

首先研究直流激励作用下一阶电路的零状态响应。

9.3.1　RC 电路的零状态响应

电路如图 9-10 所示，在开关动作前，电容无能量储存，即 $u_C(0_-) = q(0_-)/C = 0$，电路处于零状态；在 $t = 0$ 时刻，开关闭合，电路接入直流电源 U_s。

由 KVL 有

$$u_R + u_C = U_s$$

由电阻和电容的 VCR 关系有

$$\begin{cases} u_R = Ri_C \\ i_C = C \dfrac{\mathrm{d}u_C}{\mathrm{d}t} \end{cases}$$

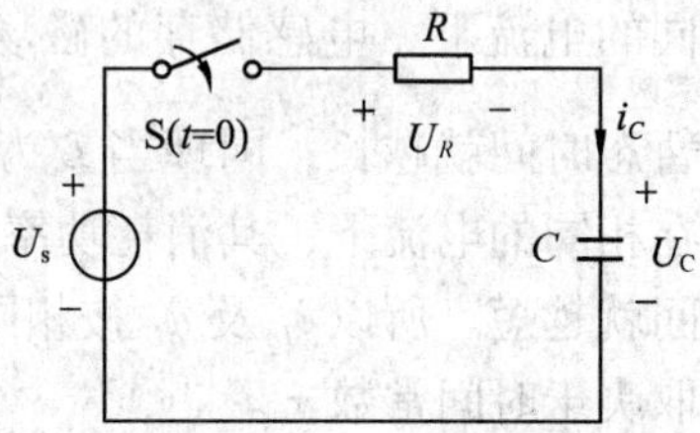

联立得到一阶电路的微分方程为

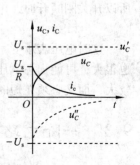

图 9-10　RC 电路的零状态响应

$$RC \frac{\mathrm{d}u_C}{\mathrm{d}t} + u_C = U_s$$

这是一阶线性非齐次方程，方程的解由 2 个分量组成：非齐次方程的特解 u'_C 和对应的齐次方程的通解 u''_C，即 $u_C = u'_C + u''_C$。

该电路在直流电压源作用下最终会达到一种稳定状态，电容相当于开路，电容上的电压为直流电压源电压，因此不难得到特解为 $u'_C = U_s$。

对于其对应的齐次方程 $RC \dfrac{\mathrm{d}u_C}{\mathrm{d}t} + u_C = 0$ 的通解，我们研究零输入响应的过程中已经求解过这个微分方程，通解可设为 $u''_C = A\mathrm{e}^{-\frac{t}{\tau}}$，其中 $\tau = RC$，这样 $u_C = U_s + A\mathrm{e}^{-\frac{t}{\tau}}$，代入初值 $u_C(0_+) = u_C(0_-) = 0$，可求得 $A = -U_s$。

从而得到

$$u_C = U_s - U_s\mathrm{e}^{-\frac{t}{\tau}} = U_s\left(1 - \mathrm{e}^{-\frac{t}{\tau}}\right)$$

$$u_R = U_s - u_C = U_s - U_s + U_s\mathrm{e}^{-\frac{t}{\tau}} = U_s\mathrm{e}^{-\frac{t}{\tau}}$$

$$i_C = C \frac{\mathrm{d}u_C}{\mathrm{d}t} = \frac{u_R}{R} = \frac{U_s}{R}\mathrm{e}^{-\frac{t}{\tau}}$$

u_C 和 i_C 的波形如图 9-11 所示，电压 u_C 的 2 个分量 u'_C 和 u''_C 也表示在该图中。

由此可见，零状态响应与激励呈线性关系，激励加倍，零状态响应加倍。如有许多激励，可用叠加定理计算其零状态响应。

图 9-11　u_C 和 i_C 的波形

在 $t = 0_+$ 时刻，电容开始充电瞬间 $u_C(0_+) = u_C(0_-) = 0$，相当于短路，$i_C(0_+)$ 最大，且 $i_C(0_+) = \dfrac{U_s}{R}$，如果 R 很小，那么此时电容上将有很大的电流 i_C；当 $t > 0_+$ 时，随着 u_C 的增加 i_C 减小，u_C 上升变慢，最后以指数形式趋近于最终恒定值 U_s，达到 U_s 后，电容的电压和电流不再变化，到达稳态，此时电容相当于开路。同样，u_C 和 i_C 的变化速率均取决于时间常数 τ。

通过上述分析，我们可将电压 u_C 的 2 个分量 u'_C 和 u''_C 分别命名：$u'_C = u_C(\infty) = U_s$，称为稳态分量，与外施激励的变化规律有关，又称强制分量；u''_C 称为瞬态分量，其变化规律取决于特征根，与激励无关，因此又称自由分量。

RC 电路接通直流电源的过程也就是电源通过电阻对电容充电的过程，充电过程中，电压源提供的能量一部分被电阻 R 转化成热能消耗掉，一部分被电容 C 转换成电场能储存起来，充电结束时，电阻 R 消耗的电能为

$$
\begin{aligned}
W_R &= \int_0^\infty i_C^2(t) R \mathrm{d}t = \int_0^\infty \left(\frac{U_s}{R} \mathrm{e}^{-\frac{t}{\tau}}\right)^2 R \mathrm{d}t \\
&= \frac{U_s^2}{R}\left(-\frac{RC}{2}\right) \mathrm{e}^{-\frac{2t}{RC}} \Big|_0^\infty \\
&= \frac{1}{2} C U_s^2 = W_C
\end{aligned}
$$

可见电阻消耗的能量恰好等于电容最终储存的电能。由此还可知，无论 RC 为何值，电压源所提供的能量只有 50% 转化为电场能储存在电容中，充电效率为 50%。

9.3.2　RL 电路的零状态响应

1. 一阶电路对直流激励的零状态响应

电路如图 9-12 所示，在开关动作前，直流电流源不给电阻电感供电，且电感中无电流，开关 S 断开（$t = 0$）时，$i_L(0_+) = i_L(0_-) = 0$，电路的响应为零状态响应。

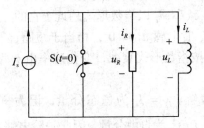

图 9-12　RL 电路的零状态响应

由 KVL 有

$$
u_R - u_L = 0
$$

由电阻和电感的 VCR 关系有

$$\begin{cases} u_R = R(I_s - i_L) \\ u_L = L\dfrac{\mathrm{d}i_L}{\mathrm{d}t} \end{cases}$$

联立得到 RL 电路的零状态响应微分方程为

$$R(I_s - i_L) - L\frac{\mathrm{d}i_L}{\mathrm{d}t} = 0$$

整理后得到

$$\frac{L}{R}\frac{\mathrm{d}i_L}{\mathrm{d}t} + i_L = I_s$$

对于该非齐次一阶微分方程，其解由 2 个分量组成：$i_L = i'_L + i''_L$，i'_L 为特解，i''_L 为其对应的齐次方程的通解。该电路在直流电流源的作用下最终将达到稳定状态，即电感相当于短路，因此容易得到其特解 $i'_L = I_s$；对于该齐次方程 $\dfrac{L}{R}\dfrac{\mathrm{d}i_L}{\mathrm{d}t} + i_L = 0$ 的通解，我们在研究 RL 零输入响应时已经求过，通解可设为 $i''_L = A\mathrm{e}^{-\frac{t}{\tau}}$，其中 $\tau = \dfrac{L}{R}$，这样将 $i_L = I_s + A\mathrm{e}^{-\frac{t}{\tau}}$ 代入初始条件 $i_L(0_+) = i_L(0_-) = 0$，得到积分常数 $A = -I_s$，从而得到

$$i_L = I_s - I_s\mathrm{e}^{-\frac{R}{L}t} = I_s\left(1 - \mathrm{e}^{-\frac{t}{\tau}}\right)$$

$$u_L = L\frac{\mathrm{d}i_L}{\mathrm{d}t} = u_R = RI_s\mathrm{e}^{-\frac{t}{\tau}}$$

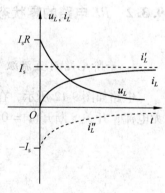

图 9-13　u_L 和 i_L 的波形

　　u_L 和 i_L 的波形如图 9-13 所示，电流 i_L 的 2 个分量 i'_L 和 i''_L 也表示在该图中。

　　由此可见，该 RL 电路的零状态响应即为电感元件的充电过程，在 $t = 0_+$ 时刻，开关闭合，开始充电瞬间有 $i_L(0_+) = i_L(0_-) = 0$，L 相当于开路，此时 $u_L(0_+)$ 最大，其值为 $u_L(0_+) = I_s R$，若 R 很大，则 u_L 很大；当 $t = 0_+$ 时，随着电流 i_L 的增加 u_L 减小，i_L 以指数形式趋近于它的最终恒定值 I_s，当 $i_L = I_s$ 时电感 $u_L = 0$，相当于短路，电路进入稳态。u_L 和 i_L 均按指数形式衰减，变化速率由 τ 决定。

　　由上述分析可知，特解 $i'_L = I_s$ 为稳态分量，记为 $i_L(\infty) = I_s$；通解 $i''_L = -I_s\mathrm{e}^{-\frac{t}{\tau}}$ 为自由分量。因此一阶电路对直流激励的零状态响应的一般形式为

$$f(t) = f(\infty)\left(1 - \mathrm{e}^{-\frac{t}{\tau}}\right) \quad (t > 0) \tag{9-12}$$

式中，$f(\infty)$ 为稳态值。

【例 9-4】　电路如图 9-14 所示，已知 $I_\mathrm{s} = 0.6\mathrm{A}$，$R_1 = 10\Omega$，$R_2 = 50\Omega$，$L = 0.4\mathrm{H}$，$t < 0$ 时开关闭合，电路达到稳态；$t = 0$ 时开关断开。求 $t > 0$ 时电流 i_L 及电流源的输出功率。

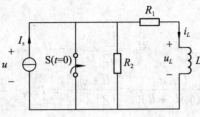

图 9-14　例 9-4 图

解　已知

$$i_L(0_+) = i_L(0_-) = 0$$

$$\tau = \frac{L}{R_1 + R_2} = \frac{0.4}{10 + 50}\mathrm{s} = \frac{1}{150}\mathrm{s}$$

$$i_L(\infty) = \frac{R_2}{R_1 + R_2}I_\mathrm{s} = 0.5\mathrm{A}$$

因此得

$$i_L(t) = i_L(\infty)\left(1 - \mathrm{e}^{-\frac{t}{\tau}}\right) = 0.5(1 - \mathrm{e}^{-150t})\mathrm{A}$$

电流源两端电压为

$$u = R_1 i_L + u_L = R_1 i_L + L\frac{\mathrm{d}i_L}{\mathrm{d}t}$$

$$= \left[5(1 - \mathrm{e}^{-150t}) + 0.4 \times (-0.5) \times (-150)\mathrm{e}^{-150t}\right]\mathrm{V}$$

$$= (5 + 25\mathrm{e}^{-150t})\mathrm{V}\quad(t > 0)$$

电流源输出功率为

$$p = uI_\mathrm{s} = (5 + 25\mathrm{e}^{-150t}) \times 0.6\mathrm{W} = (3 + 15\mathrm{e}^{-150t})\mathrm{W}\quad(t > 0)$$

2. 一阶电路对正弦激励的零状态响应

电力系统运行的电路模型是建立在正弦激励的作用下的，且线路及负载通常呈感性，因此以 RL 电路为例，简要介绍一阶电路对正弦激励的零状态响应。

电路如图 9-15 所示，为 RL 串联电路，开关 S 在 $t = 0$ 时刻闭合，正弦电压源接入，正弦电压 $u_\mathrm{s} = U_\mathrm{m}\cos(\omega t + \varphi_\mathrm{n})$，$\varphi_\mathrm{n}$ 为接通电路时外施电压的初相角，又称接入相位角或合闸角。讨论开关闭合后电感电流 i_L 的情况。

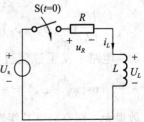

在 $t = 0$ 时，开关闭合后电路的 KVL 方程为

$$Ri + L\frac{\mathrm{d}i}{\mathrm{d}t} = U_\mathrm{m}\cos(\omega t + \varphi_\mathrm{n})$$

对于一阶线性非齐次微分方程，其通解由 2 部分组成，

图 9-15　RL 电路正弦激励的零状态响应

设为 $i = i' + i''$，其中 i' 为特解，称为强制分量，i'' 为非齐次方程所对应的齐次方程的通解，称为自由分量，可设 $i'' = Ae^{-\frac{t}{\tau}}$，其中 $\tau = \dfrac{L}{R}$。

考虑特解 i' 是在电路达到稳定状态时求得的电流，我们可以用相量法先求取 $\dot{I}$，从而得到 i'。相量方程为

$$j\omega L\dot{I} + R\dot{I} = \frac{U_m}{\sqrt{2}}\angle\varphi_n = U\angle\varphi_n$$

$$\dot{I} = \frac{U\angle\varphi_n}{(j\omega L + R)} = \frac{U\angle\varphi_n}{|Z|\angle\varphi_z} = I\angle\varphi_n - \varphi_z$$

式中，$I = \dfrac{U}{|Z|}$；$Z = R + j\omega L$，$|Z| = \sqrt{R^2 + (\omega L)^2}$；$\varphi_z = \arctan\dfrac{\omega L}{R}$。

因此得到

$$i' = \sqrt{2}I\cos(\omega t + \varphi_n - \varphi_z) = \frac{U_m}{|Z|}\cos(\omega t + \varphi_n - \varphi_z)$$

将 $i(t) = i' + i'' = \dfrac{U_m}{|Z|}\cos(\omega t + \varphi_n - \varphi_z) + Ae^{-\frac{t}{\tau}}$ 代入初始条件 $i_L(0_+) = i_L(0_-) = 0$，得到

$$A = -\frac{U_m}{|Z|}\cos(\varphi_n - \varphi_z)$$

因而求得

$$i(t) = \frac{U_m}{|Z|}\cos(\omega t + \varphi_n - \varphi_z) - \frac{U_m}{|Z|}\cos(\varphi_n - \varphi_z)e^{-\frac{t}{\tau}}$$

$$u_R(t) = Ri = \frac{RU_m}{|Z|}\cos(\omega t + \varphi_n - \varphi_z) - \frac{RU_m}{|Z|}\cos(\varphi_n - \varphi_z)e^{-\frac{t}{\tau}}$$

$$u_L(t) = L\frac{di}{dt} = \frac{\omega LU_m}{|Z|}\cos(\omega t + \varphi_n - \varphi_z + \frac{\pi}{2}) + \frac{RU_m}{|Z|}\cos(\varphi_n - \varphi_z)e^{-\frac{t}{\tau}}$$

由以上表达式可知，方程的特解或强制分量与外施激励按正弦同频率的规律变换，自由分量随时间 t 趋于无穷而趋于零，最终只剩下强制分量。所以这种电路需要经历一个过渡过程然后达到稳态。

自由分量与开关闭合时的合闸角 φ_n 有关。当开关闭合时，若 $\varphi_n = \varphi_z \pm \dfrac{\pi}{2}$，则 $A = -\dfrac{U_m}{|Z|}\cos(\varphi_n - \varphi_z) = 0$，所以 $i(t) = i'(t) = \dfrac{U_m}{|Z|}\cos(\omega t \pm \dfrac{\pi}{2})$，说明开关闭合后，电路不发生过渡过程而立即进入稳态；当开关闭合时，若 $\varphi_n = \varphi_z$，则 $A = -\dfrac{U_m}{|Z|}\cos(\varphi_n - \varphi_z) = -\dfrac{U_m}{|Z|}$，所以 $i(t) = \dfrac{U_m}{|Z|}\cos(\omega t) - \dfrac{U_m}{|Z|}e^{-\frac{t}{\tau}}$，若电路的时间常数很大，则衰减极其缓慢，这种情况下接通电路后大约经过半个周期的时间电流 i 的瞬时值的绝对值将接近稳态电流振幅的 2 倍，在电路设计中是必须考虑的现象。可见 RL 串联电路与正弦电压接通后，在初始值一定的条件下，电路过渡过程与开关动作

的时刻有关。

如果外施激励为非正弦周期电源，则可用谐波分析和叠加定理，依照上述方法分别计算各分量单独作用时产生的零状态响应，最后将各响应求代数和即可。

9.4　一阶电路的全响应

当一个非零初始状态的一阶电路受到激励时，电路的响应称为全响应。即换路前有初始储能 $[\,u_C(0_-) \neq 0\,, i_L(0_-) \neq 0\,]$，换路后有外施激励（非零输入）。

下面以 RC 电路为例，讨论一阶电路直流激励的全响应。

电路如图 9-16 所示，开关 S 闭合前，有 $u_C(0_-) = U_0$，讨论在直流激励下，开关闭合后电容上的电压 $u_C(t)$ 的情况。

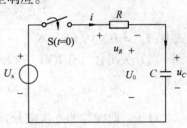

图 9-16　RC 电路的全响应

当开关 S 闭合后，电路的 KVL 方程为

$$U_s = u_R + u_C$$

由 VCR 关系可知

$$u_R = Ri \ , \ i = C\frac{\mathrm{d}u_C}{\mathrm{d}t}$$

则电路的微分方程为

$$RC\frac{\mathrm{d}u_C}{\mathrm{d}t} + u_C = U_s$$

初始条件 $u_C(0_+) = u_C(0_-) = U_0$，设非齐次一阶微分方程的解为 $u_C = u'_C + u''_C$，换路后达到稳定状态的电容电压为特解，即 $u'_C = U_s$。

u''_C 为该非齐次方程对应的齐次方程的通解，设 $u''_C = Ae^{-\frac{t}{\tau}}$，其中 $\tau = RC$，为电路的时间常数，所以有 $u_C = U_s + Ae^{-\frac{t}{\tau}}$，代入初始条件 $u_C(0_+) = u_C(0_-) = U_0$，得积分常数为

$$A = U_0 - U_s$$

所以电容电压为

$$u_C = U_s + (U_0 - U_s)e^{-\frac{t}{\tau}}$$

这就是 $t \geqslant 0$ 时电容电压的全响应。可以看出：

全响应 = 稳态分量 + 暂态分量（瞬态）

电容电压又可以写成

$$u_C = U_0 e^{-\frac{t}{\tau}} + U_s(1 - e^{-\frac{t}{\tau}})$$

即

全响应 = 零输入响应 + 零状态响应

下面以 RL 电路为例，讨论一阶电路正弦激励的全响应。

电路如图 9-17 所示，激励 $u_s = U_m\cos(\omega t + \alpha)$，$\alpha$ 为合闸角，电路达到稳定，开关 S 在 $t = 0$ 时刻闭合，讨论开关闭合后电路的电流 i。

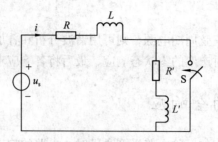

图 9-17 *RL* 电路的全响应

在开关闭合前电路达到稳定，求得初始条件为

$$i(0_+) = i(0_-) = I_m\cos(\omega t + \alpha - \varphi)$$

式中，$I_m = U_m / \sqrt{(R + R')^2 + (L + L')^2}$；$\varphi = \arctan(X + X')/(R + R')$。

当开关闭合后有 KVL 方程

$$Ri + L\frac{\mathrm{d}i}{\mathrm{d}t} = U_m\cos(\omega t + \alpha)$$

对于一阶线性非齐次微分方程，其通解由 2 部分组成，设 $i = i' + i''$，其中 i' 为特解，i'' 为非齐次方程所对应的齐次方程的通解，可设 $i'' = Ae^{-\frac{t}{\tau}}$，其中 $\tau = \frac{L}{R}$。

特解 i' 是在电路达到稳定状态时求得的电流，我们可以用相量法先求取 $\dot{I}$，从而得到 i'，相量方程为

$$j\omega L\dot{I} + R\dot{I} = \frac{U_m}{\sqrt{2}}\angle\alpha = U\angle\alpha$$

$$\dot{I} = \frac{U\angle\alpha}{(j\omega L + R)} = \frac{U\angle\alpha}{|Z|\angle\varphi_Z} = I\angle\alpha - \varphi_Z$$

式中，$I = \frac{U}{|Z|}$；$Z = R + j\omega L$，$|Z| = \sqrt{R^2 + (\omega L)^2}$；$\varphi_Z = \arctan\frac{\omega L}{R}$。

因此得到

$$i' = \sqrt{2}I\cos(\omega t + \alpha - \varphi_Z) = \frac{U_m}{|Z|}\cos(\omega t + \alpha - \varphi_Z)$$

将 $i(t) = i' + i'' = \frac{U_m}{|Z|}\cos(\omega t + \alpha - \varphi_Z) + Ae^{-\frac{t}{\tau}}$ 代入以下初始条件：

$$i(0_+) = i(0_-) = I_m\cos(\omega t + \alpha - \varphi)$$

求得

$$A = I_m\cos(\alpha - \varphi) - \frac{U_m}{|Z|}\cos(\alpha - \varphi_Z)$$

因此得到

$$i = \frac{U_m}{|Z|}\cos(\omega t + \alpha - \varphi_Z) + [I_m\cos(\alpha - \varphi) - \frac{U_m}{|Z|}\cos(\alpha - \varphi_Z)]e^{-\frac{t}{\tau}}$$

这就是 *RL* 电路在正弦激励下的全响应，同样与合闸角有关，这里不再赘述。

从上述分析可以看出，全响应是由初始值、特解和时间常数 3 个要素决定的。一

阶电路中最终观察到的往往是稳态分量。

在直流电源激励下，若初始值为 $f(0_+)$，特解为稳态解 $f(\infty)$，时间常数为 τ，则全响应可写为

$$f(t) = f(\infty) + [f(0_+) - f(\infty)]e^{-\frac{t}{\tau}} \tag{9-13}$$

只要知道 $f(0_+)$，$f(\infty)$ 和 τ 这 3 个要素，就可以直接写出直流激励下一阶电路的全响应，这种方法称为"三要素法"。

一阶电路在正弦激励下，由于电路的特解 $f'(t)$ 是时间的正弦函数，则上式可以写为

$$f(t) = f'(t) + [f(0_+) - f'(0_+)]e^{-\frac{t}{\tau}} \tag{9-14}$$

式中，$f'(t)$ 是特解，为稳态响应；$f'(0_+)$ 是 $t = 0_+$ 时稳态响应的初始值；$f(0_+)$ 与 τ 的含义与前述相同。

说明：

(1)初始值 $f(0_+)$ 通常根据 $t = 0_-$ 时的等效电路求得，再根据初始条件 $u_C(0_+) = u_C(0_-)$，$i_L(0_+) = i_L(0_-)$ 响应，得到 $t = 0_+$ 时的值；

(2) $f(\infty)$ 稳态值是所求响应在 $t \to \infty$ 时的稳态分量；

(3)时间常数 τ 的求取是根据换路后的电路结构，将动态元件以外的有源二端网络进行戴维南等效，得到等效电阻 R_{eq}，对于 RC 电路有 $\tau = R_{eq}C$，对于 RL 电路有 $\tau = L/R_{eq}$。

【例 9-5】　电路如图 9-18(a)所示，其中 $U_s = 10V$，$I_s = 2A$，$R = 2\Omega$，$L = 4H$，试求开关 S 闭合后电路中的电流 i_L 和 i。

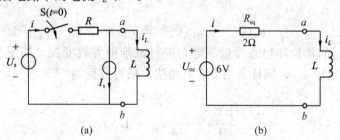

图 9-18　例 9-4 图

解　戴维南等效电路如图 9-18(b)所示，据图可得

$$U_{oc} = U_s - RI_s = (10 - 2 \times 2)V = 6V$$

$$R_{eq} = R = 2\Omega$$

$$i_L(0_+) = i_L(0_-) = -2A$$

特解和时间常数为

$$i(\infty) = \frac{6V}{2\Omega} = 3A，\tau = \frac{L}{R} = \frac{4H}{2\Omega} = 2s$$

由三要素公式得

$$i_L = [3 + (-2 - 3)e^{-\frac{1}{2}t}]A = [3 - 5e^{-\frac{1}{2}t}]A$$

由 KCL 求得

$$i = I_s + i_L = \left[5 - 5e^{-\frac{1}{2}t}\right]A$$

【**例9-6**】 电路如图9-19(a)所示，电路参数给定，开关S在 $t = 0$ 时刻闭合，此前电路已达到稳定状态，求开关闭合后电容的电压 $u_C(t)$。

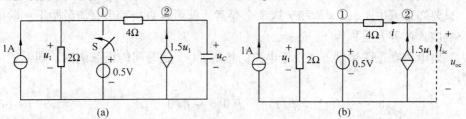

图 9-19　例 9-6 图

解　电路开关在闭合前由直流电流源供电，电容具有初始储能，开关闭合后直流电压源和电流源共同作用，因此电容上的电压为全响应，可采用三要素法求取。

(1) 求初始值 $u_C(0_+)$，电路如图 9-19(a) 所示。电路达到稳定，电容相当于开路，采用节点电压法，方程为

$$\left(\frac{1}{2} + \frac{1}{4}\right)u_{n1} - \frac{1}{4}u_{n2} = 1$$

$$-\frac{1}{4}u_{n1} + \frac{1}{4}u_{n2} = 1.5u_1$$

$$u_1 = u_{n1}$$

解得

$$u_C(0_-) = u_C(0_+) = u_{n2} = -7V$$

(2) 求取时间常数和稳态分量。电路进行戴维南等效变换，如图 9-19(b) 所示。首先求取开路电压 u_{oc}，同样采用节点电压法，列写方程为

$$u_{n1} = 0.5$$

$$-\frac{1}{4}u_{n1} + \frac{1}{4}u_{n2} = 1.5u_1$$

$$u_1 = u_{n1}$$

解得

$$u_{oc} = u_{n2} = u_C(\infty) = 3.5V_{\circ}$$

其次求取短路电流 i_{sc}：

$$i_{sc} = i + 1.5u_1 = \left(\frac{0.5}{4} + 1.5 \times 0.5\right)A = 0.875A$$

最后求得

$$R_{eq} = \frac{u_{oc}}{i_{sc}} = \frac{3.5}{0.875}\Omega = 4\Omega$$

时间常数

$$\tau = R_{eq}C = 4 \times 0.5s = 2s$$

因此求得

$$u_C(t) = \left[3.5 + (-7 - 3.5)\mathrm{e}^{-\frac{t}{\tau}}\right]\mathrm{V} = (3.5 - 10.5\mathrm{e}^{-0.5t})\mathrm{V}$$

9.5　一阶电路的阶跃响应

阶跃函数是自动控制系统在实际工作条件下经常遇到的一种外作用形式，如对应着电源的突然跳动、负载突然增大或减小、飞机飞行中遇到的常值阵风扰动等。在控制系统的分析设计中，一般将阶跃函数作用下系统的响应特性作为评价系统动态性能指标的依据。

电路对于单位阶跃函数输入的零状态响应，称为单位阶跃响应。

9.5.1　阶跃函数

单位阶跃函数记为 $\varepsilon(t)$，其定义为

$$\varepsilon(t) = \begin{cases} 0 & (t \leqslant 0_-) \\ 1 & (t \geqslant 0_+) \end{cases} \tag{9-15}$$

在 $t = 0$ 处，即 $[0_-, 0_+]$ 位置，$\varepsilon(t)$ 发生了跃变。如果这一跃变出现在 t_0 时刻，便是延迟单位阶跃函数，即定义为

$$\varepsilon(t - t_0) = \begin{cases} 0 & (t \leqslant t_{0_-}) \\ 1 & (t \geqslant t_{0_+}) \end{cases} \tag{9-16}$$

两者的波形如图 9-20 所示。

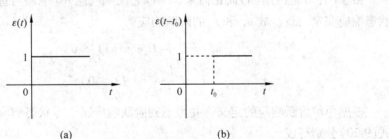

图 9-20　阶跃函数

（a）单位阶跃函数；（b）延迟单位阶跃函数

$\varepsilon(t - t_0) \cdot f(t)$ 或 $\varepsilon(t - t_0) \cdot f(t - t_0)$ 可用来表示起始或延迟 $f(t)$，如图 9-21所示。

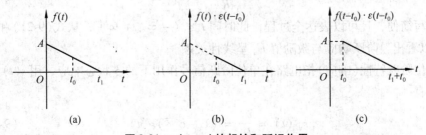

图 9-21　$\varepsilon(t - t_0)$ 的起始和延迟作用

9.5.2 阶跃响应

图 9-22(a)所示电路，$t = 0$ 时开关与直流电源接通，加于 RC 电路的电压 u 的分段表达式为

$$u(t) = \begin{cases} 0 & (t \leqslant 0_-) \\ U_s & (t \geqslant 0_+) \end{cases} \tag{9-17}$$

其波形如图 9-22(b)所示，如果使用单位阶跃函数，就可以在整个时域内用一个式子表示为

$$u(t) = U_s \varepsilon(t) \tag{9-18}$$

$u(t)$ 称为一般的阶跃函数电压。据此可将图 9-22(a)简化成图 9-22(c)。

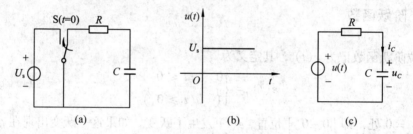

图 9-22   电压源的突然接入

$\varepsilon(t)$ 相当于开关的数学模型，所以有时也称其为开关函数。

下面分析图 9-22(c)所示电路对阶跃电压 $U_s \varepsilon(t)$ 的响应，即阶跃响应。

由于图(c)是由图(a)简化而来，所以它的响应同 RC 电路与直流电源接通时的零状态响应完全一致。故 u_C 和 i_C 的阶跃响应为

$$u_C = U_s - U_s e^{-\frac{t}{\tau}} \quad (t > 0) \tag{9-19}$$

$$i_C = \frac{U_s}{R} e^{-\frac{t}{\tau}} \quad (t > 0) \tag{9-20}$$

根据单位阶跃响应的定义，并考虑到阶跃响应属于零状态响应，可将式(9-19)和式(9-20)分别写成

$$u_C = U_s(1 - e^{-\frac{t}{\tau}})\varepsilon(t) \tag{9-21}$$

$$i_C = \frac{U_s}{R} e^{-\frac{t}{\tau}}\varepsilon(t) \tag{9-22}$$

这样书写简便，且可以表达全过程，此时间 $t \in (-\infty, +\infty)$，从式(9-21)和式(9-22)可以看出，阶跃响应与激励值 U_s 呈线性关系。

单位阶跃特性(响应)指电路在单位阶跃信号作用下的零状态响应，用 $s(t)$ 表示。本例中有

$$s_{u_C}(t) = \frac{u_C}{U_s} = (1 - e^{-\frac{t}{RC}})\varepsilon(t) \tag{9-23}$$

$$s_{i_C}(t) = \frac{i_C}{U_s} = \frac{1}{R} e^{-\frac{t}{RC}} \varepsilon(t) \tag{9-24}$$

单位阶跃特性反映电路的性质，给出单位阶跃特性后就可以求出电路对任意量值的阶跃响应，甚至求出对任意激励的零状态响应。

例如给出了 $s_{u_C}(t)$、$s_{i_C}(t)$，则可以立即写出任意激励 u_s 的响应为

$$u_C = u_s s_{u_C}(t)$$
$$i_C = u_s s_{i_C}(t)$$

若图 9-22(a)中的开关是在 $t = t_0$ 时刻动作，在线性非时变电路中，元件参数与时间无关，因此在激励延迟 t_0 时电压源为 $U_s(t - t_0)$，响应也相应延迟 t_0，这就是线性时不变电路的延迟特性。所以由式(9-21)、式(9-22)可以直接写出当电源电压为 $U_s(t - t_0)$ 时的响应，即

$$u_C = U_s(1 - e^{-\frac{t-t_0}{RC}}) \varepsilon(t - t_0) \tag{9-25}$$

$$i_C = U_s \frac{1}{R} e^{-\frac{t-t_0}{RC}} \varepsilon(t - t_0) \tag{9-26}$$

9.5.3　一阶脉冲响应

在研究阶跃响应的基础上，下面讨论一阶脉冲响应。首先定义脉冲函数为

$$f(t) = \begin{cases} 0 & (t < 0, t > t_0) \\ A & (0 \leq t \leq t_0) \end{cases} \tag{9-27}$$

其图形如图 9-23 所示。其波形如图 9-23(a)所示。

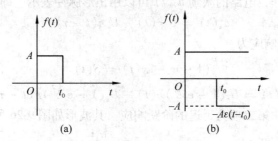

图 9-23　脉冲函数

(a)脉冲；(b)2 个阶跃函数组合

同理，延迟脉冲函数也可以写成 $f(t) = A\varepsilon(t - t_1) - A\varepsilon(t - t_2)$，波形如图 9-24 所示。

将脉冲函数 $f(t)$ 分解成两个阶跃函数的线性组合，有

$$f(t) = A\varepsilon(t) - A\varepsilon(t - t_0)$$

波形如图 9-23(b)所示。

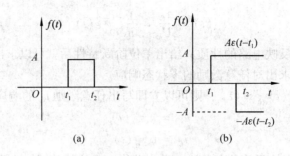

图 9-24 延迟脉冲函数

(a)矩形脉冲函数；(b)2 个阶跃函数组合

【**例 9-7**】 电路如图 9-25 所示，S 在位置 1 时达到稳态。$t = 0$ 时，S 由 $1 \to 2$ ，在 $t = \tau = RC$ 时又由 $2 \to 1$ 。求 $t \geq 0$ 时电容电压 $u_C(t)$ 。

解 开关在位置 1 时达到稳定，电容初始储能为零，即 $u_C(0_+) = u_C(0_-) = 0$ ；当开关闭合后，RC 电路为零状态响应；当开关由位置 2 变换到位置 1 后，电路为零输入响应。因此可以分段求解：

(1)$0 \leq t \leq \tau$ 区间，为 RC 电路的零状态响应，故而有

$$u_C(t) = U_s(1 - e^{-\frac{t}{RC}})$$

$\tau \leq t \leq \infty$ 区间，为 RC 电路的零输入响应，故而有

$$u_C(\tau) = U_s(1 - e^{-\frac{\tau}{\tau}}) = 0.623U_s$$

$$u_C(t) = 0.632U_s e^{-\frac{t-\tau}{\tau}}$$

(2)用阶跃函数表示激励，求阶跃响应。

根据开关的动作，电路的激励 $u_s(t)$ 可以用矩形脉冲表示，即

$$u_s(t) = U_s \varepsilon(t) - U_s \varepsilon(t - \tau)$$

RC 电路的单位阶跃响应为

$$(1 - e^{-\frac{t}{RC}})\varepsilon(t) = S(t)$$

故有 $\qquad u_C(t) = U_s(1 - e^{-\frac{t}{RC}})\varepsilon(t) - U_s(1 - e^{-\frac{t-\tau}{RC}})\varepsilon(t - \tau)$

第一项为阶跃响应，第二项为延迟的阶跃响应。其波形如图 9-26 所示。

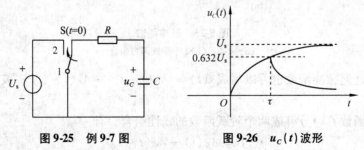

图 9-25 例 9-7 图   **图 9-26 $u_C(t)$ 波形**

9.6 一阶电路的冲激响应

电路对于单位冲激函数作用的零状态响应，称为单位冲激响应。单位冲激函数也

是一种奇异函数，可定义为

$$\begin{cases} \int_{-\infty}^{\infty} \delta(t)\,\mathrm{d}t = 1 & (t = 0) \\ \delta(t) = 0 & (t \neq 0) \end{cases} \tag{9-28}$$

单位冲激函数又称 δ 函数，它在 $t \neq 0$ 处为零，但在 $t = 0$ 处为奇异的。

单位冲激函数 $\delta(t)$ 可以看作是脉冲函数的极限情况。图 9-27(a) 所示为一个脉冲函数 $f(t)$ 的波形，高为 $1/\Delta$，宽为 Δ，在保持矩形面积为 1 不变的情况下，当脉冲宽度 Δ 趋近于零时，脉冲高度 $1/\Delta$ 趋近于无穷，在此极限情况下，可以得到宽度为零、高度趋于无限大但面积仍为 1 的脉冲波形，这就是单位冲激函数 $\delta(t)$，可记为

$$\lim_{\Delta \to 0} f_\Delta(t) = \delta(t) \tag{9-29}$$

单位冲激函数的波形如图 9-27(b) 所示，强度为 k 的冲激函数波形如图 9-27(c) 所示。

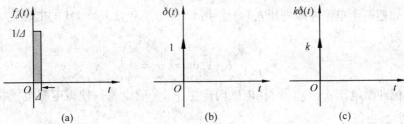

图 9-27　冲激函数

(a) 极限脉冲函数；(b) 单位冲激函数；(c) 冲激函数

与延迟单位阶跃函数 $f(t) = \varepsilon(t - t_0)$ 一样，可以把 $t = t_0$ 时的单位冲激函数写为 $\delta(t - t_0)$。$k\delta(t - t_0)$ 表示一个强度为 k，发生在 $t = t_0$ 时刻的冲激函数。

单位冲激函数有如下 2 个主要性质：

(1) 单位阶跃函数对时间的微分等于单位冲激函数，即两者关系为

$$\varepsilon(t) = \int_{-\infty}^{t} \delta(\xi)\,\mathrm{d}\xi = \begin{cases} 0 & (t \leqslant 0_-) \\ 1 & (t \geqslant 0_+) \end{cases}$$

$\delta(t)$ 对时间的积分等于单位阶跃函数 $\varepsilon(t)$，因此 $\varepsilon(t)$ 对时间的一阶微分等于 $\delta(t)$，即

$$\frac{\mathrm{d}\varepsilon(t)}{\mathrm{d}t} = \delta(t)$$

同理得到在线性电路中，阶跃响应 $s(t)$ 与同一电路的冲激响应 $h(t)$ 满足如下关系：

$$s(t) = \int h(t)\,\mathrm{d}t, \qquad h(t) = \frac{\mathrm{d}s(t)}{\mathrm{d}t}$$

(2) 取样性质。由于在 $t \neq 0$ 时，$\delta(t) = 0$，所以对在 $t = 0$ 时连续的任意函数 $f(t)$ 与冲激函数的乘积都有

$$f(t)\delta(t) = f(0)\delta(t)$$

因此

$$\int_{-\infty}^{\infty} f(t)\delta(t)\,\mathrm{d}t = \int_{-\infty}^{\infty} f(0)\delta(t)\,\mathrm{d}t = f(0)\int_{-\infty}^{\infty} \delta(t)\,\mathrm{d}t = f(0)$$

同理，对连续函数 $f(t)$，在任意 $t = t_0$ 时刻有

$$\int_{-\infty}^{\infty} f(t)\delta(t-t_0)\,\mathrm{d}t = f(t_0)$$

冲激函数能够把一个函数在某一时刻的值取样出来，所以其表现称为"取样"性质，又称为筛分性质。

根据 $\delta(t)$ 的定义可知：

（1）当把一个单位冲激电流 $\delta_i(t)$ 加到 $u_C(0_-) = 0$ 且 $C = 1\text{F}$ 的电容上，则电容电压 u_C 为

$$u_C = \frac{1}{C}\int_0^{0_+} \delta_i(t)\,\mathrm{d}t = \frac{1}{C} = 1\text{V}$$

这相当于 $\delta_i(t)$ 瞬间把电荷转移到电容上，使得 u_C 由 0 跃变到 1V。

（2）如把一个单位冲激电压 $\delta_u(t)$ 加到 $i_L(0_-) = 0$ 且 $L = 1\text{H}$ 的电感上，则电感上的电流为

$$i_L = \frac{1}{L}\int_0^{0_+} \delta_u(t)\,\mathrm{d}t = \frac{1}{L} = 1\text{A}$$

所以，单位冲激电压 $\delta_u(t)$ 瞬时在电感内产生了 1A 的电流，使得电感电流由 0 跃变到 1A。

在 $0_- \le t < 0_+$ 时，冲激函数使 u_C 或 i_L 发生跃变；当 $t \ge 0_+$ 时，$k\delta(t) = 0$，但是 $u_C(0_+)$ 和 $i_L(0_+)$ 不为零，电路相当于初始储能作用下的零输入响应，所以一阶电路冲激响应的求解在于计算冲激函数作用下的 $u_C(0_+)$ 和 $i_L(0_+)$ 的值。

【例9-8】 求图9-28 所示 RC 电路的冲激响应。

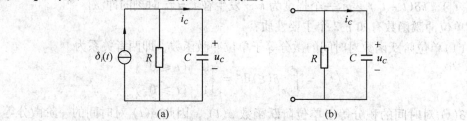

图9-28 例9-8图

解 由 KCL 得

$$C\frac{\mathrm{d}u_C}{\mathrm{d}t} + \frac{u_C}{R} = \delta_i(t)$$

已知 $u_C(0_-) = 0$，为求 $u_C(0_+)$ 的值，将上式在 0_- 至 0_+ 时间内求积分，有

$$\int_{0_-}^{0_+} C\frac{\mathrm{d}u_C}{\mathrm{d}t}\mathrm{d}t + \int_{0_-}^{0_+} \frac{u_C}{R}\mathrm{d}t = \int_{0_-}^{0_+} \delta_i(t)\,\mathrm{d}t$$

由电容上电压与电流关系可知，冲激电流作用下的电容电压不是冲激函数，因此有 $\int_{0_-}^{0_+} \frac{u_C}{R}\mathrm{d}t = 0$，于是有

$$\int_{0_-}^{0_+} C \mathrm{d}u_C = \int_{0_-}^{0_+} \delta_i(t)\mathrm{d}t = C[u_C(0_+) - u_C(0_-)] = 1$$

从而得 $u_C(0_+) = \dfrac{1}{C}$。

$t \geqslant 0_+$ 时，电路如图 9-28(b) 所示，为零输入响应，所以有

$$u_C(t) = u_C(0_+) \cdot \mathrm{e}^{-\frac{t}{\tau}} = \frac{1}{C} \cdot \mathrm{e}^{-\frac{t}{\tau}} \quad (t \geqslant 0_+)$$

$$i_C(t) = C \cdot \frac{\mathrm{d}u_C}{\mathrm{d}t} = C \cdot \frac{1}{C}\left(-\frac{1}{RC}\right)\mathrm{e}^{-\frac{t}{RC}} = \left(-\frac{1}{RC}\right)\mathrm{e}^{-\frac{t}{RC}} \quad (t \geqslant 0_+)$$

从而得

$$u_C(t) = \frac{1}{C} \cdot \mathrm{e}^{-\frac{t}{\tau}} \varepsilon(t)，\ i_C(t) = \left(-\frac{1}{RC}\right)\mathrm{e}^{-\frac{t}{\tau}} \varepsilon(t)。$$

求取一阶电路的冲激响应还可以采用另一种方法，即利用冲激响应与阶跃响应之间的关系 $h(t) = \dfrac{\mathrm{d}s(t)}{\mathrm{d}t}$，先求出一阶电路的单位阶跃响应，再对单位阶跃响应取时间 t 的导数，即可求得电路的单位冲激响应。

对于例 9-8，电容电压的单位阶跃响应为

$$s(t) = R(1 - \mathrm{e}^{-\frac{t}{RC}}) \quad (t > 0)$$

因此电容电压的单位冲激响应为

$$h(t) = \frac{\mathrm{d}s(t)}{\mathrm{d}t} = R \times \frac{1}{RC}\mathrm{e}^{-\frac{t}{RC}} = \frac{1}{C}\mathrm{e}^{-\frac{t}{RC}}\varepsilon(t)$$

可见这种方法有效简化了单位冲激响应的计算。

【例 9-9】　求图 9-29(a) 所示 RL 电路的单位冲激响应。

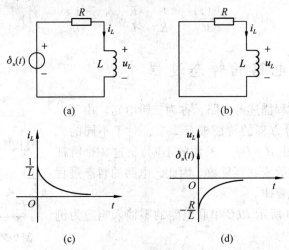

图 9-29　例 9-9 图

解　根据 KVL 有

$$\delta_u(t) = i_L R + L \frac{\mathrm{d}i_L}{\mathrm{d}t}$$

已知 $i_L(0_-) = 0$ ，为求 $i_L(0_+)$ 的值，将上式在 0_- 至 0_+ 时间内求积分，有

$$\int_{0_-}^{0_+} \delta_u(t)\,\mathrm{d}t = \int_{0_-}^{0_+} L\frac{\mathrm{d}i_L}{\mathrm{d}t}\mathrm{d}t + \int_{0_-}^{0_+} Ri_L\mathrm{d}t$$

由电感的电压与电流关系可知，冲激电压作用下的电感电流不是冲激函数，因此有 $\int_{0_-}^{0_+} Ri_L\mathrm{d}t = 0$ ，于是有

$$\int_{0_-}^{0_+} \delta_u(t)\,\mathrm{d}t = \int_{0_-}^{0_+} L\frac{\mathrm{d}i_L}{\mathrm{d}t}\mathrm{d}t = L[i_L(0_+) - i_L(0_-)] = 1$$

从而得

$$i_L(0_+) = \frac{1}{L} \text{。}$$

$t \geq 0_+$ 时，电路如图 9-29(b)所示，为零输入响应，所以有

$$i_L(t) = i_L(0_+)\mathrm{e}^{-\frac{t}{\tau}} = \frac{1}{L}\mathrm{e}^{-\frac{R}{L}t} \quad (t \geq 0_+)$$

$$u_L(t) = L\frac{\mathrm{d}i_L}{\mathrm{d}t} = L\frac{1}{L}(-\frac{R}{L})\mathrm{e}^{-\frac{R}{L}t} = (-\frac{R}{L})\mathrm{e}^{-\frac{R}{L}t} \quad (t \geq 0_+)$$

从而可得 $i_L(t) = \frac{1}{L}\mathrm{e}^{-\frac{R}{L}t}\varepsilon(t)$ ，$u_L(t) = (-\frac{R}{L})\mathrm{e}^{-\frac{R}{L}t}\varepsilon(t)$ ，两者波形如图 9-29(c)，(d)所示。

同样可以通过零状态响应，求取电感电流的单位阶跃响应为

$$s(t) = \frac{1}{R}(1 - \mathrm{e}^{-\frac{Rt}{L}}) \quad (t > 0)$$

电感电流的单位冲激响应为

$$h(t) = \frac{\mathrm{d}s(t)}{\mathrm{d}t} = \frac{1}{R} \times \frac{R}{L}\mathrm{e}^{-\frac{R}{L}t} = \frac{1}{L}\mathrm{e}^{-\frac{R}{L}t}\varepsilon(t)$$

※9.7 二阶电路的暂态过程

用二阶微分方程描述的电路，称为二阶电路。由于二阶(电路)线性微分方程的特征根有 2 个，对于不同的二阶电路(由于电路中 R、L、C 参数的不同)，这 2 个特征根可能是实数、虚数或共轭复数。因此，电路的暂态过程将呈现不同的变化规律。

下面以图 9-30 所示 RLC 串联电路的零输入响应为例加以讨论。

电路如图 9-30 所示，已达到稳定状态。在 $t = 0$ 时刻开关 S 动作，可知 $u_{C(0_-)} = U_0$ ，开关动作后，即 $t > 0$ ，电路的完备方程为

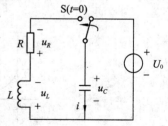

图 9-30 *RLC* 串联电路的零输入响应

$$u_C + u_L + u_R = 0$$

$$u_R = Ri$$

$$u_L = L \frac{\mathrm{d}i}{\mathrm{d}t}$$

$$i = C \frac{\mathrm{d}u_C}{\mathrm{d}t}$$

联立得到 u_C 满足的微分方程为

$$LC \frac{\mathrm{d}^2 u_C}{\mathrm{d}t^2} + RC \frac{\mathrm{d}u_C}{\mathrm{d}t} + u_C = 0$$

整理得到

$$\frac{\mathrm{d}^2 u_C}{\mathrm{d}t^2} + \frac{R}{L} \frac{\mathrm{d}u_C}{\mathrm{d}t} + \frac{1}{LC} u_C = 0 \tag{9-30}$$

由初始条件 $u_{C(0_+)} = u_{C(0_-)} = U_0$ 及电容电压与电流的微分关系，可得

$$\frac{\mathrm{d}u_C}{\mathrm{d}t} \Big|_{t=0_+} = \frac{1}{C} i(0_+) = \frac{1}{C} i(0_-) = 0$$

下面求出式(9-30)所示的二阶线性齐次微分方程在满足以上初始条件下的通解。

方程 $\frac{\mathrm{d}^2 u_C}{\mathrm{d}t^2} + \frac{R}{L} \frac{\mathrm{d}u_C}{\mathrm{d}t} + \frac{1}{LC} u_C = 0$ 的特征方程为 $p^2 + \frac{R}{L} p + \frac{1}{LC} = 0$ ，则其根为

$$\begin{cases} p_1 = -\dfrac{R}{2L} + \sqrt{\left(\dfrac{R}{2L}\right)^2 - \dfrac{1}{LC}} \\[4mm] p_2 = -\dfrac{R}{2L} - \sqrt{\left(\dfrac{R}{2L}\right)^2 - \dfrac{1}{LC}} \end{cases} \tag{9-31}$$

令 $\sigma = \dfrac{R}{2L}, \omega_0 = \dfrac{1}{\sqrt{LC}}$ ，则式(9-31)可写为

$$\begin{cases} p_1 = -\sigma + \sqrt{\sigma^2 - \omega_0{}^2} \\[2mm] p_2 = -\sigma - \sqrt{\sigma^2 - \omega_0{}^2} \end{cases} \tag{9-32}$$

显然 p_1 , p_2 由电路参数决定。根据 σ 和 ω_0 的不同取值，微分方程的通解或者说 u_C 的自由分量将有不同的函数形式，下面按不同的情况讨论。

(1) $\sigma > \omega_0$ ，即电路参数满足 $R > 2\sqrt{\dfrac{L}{C}}$ （非振荡放电）。

由式(9-32)可知，此时 p_1 , p_2 为 2 个不相等的负实根（R , L , C 均为正值）。则方程通解为

$$u_C = A_1 \mathrm{e}^{p_1 t} + A_2 \mathrm{e}^{p_2 t}$$

式中，A_1 , A_2 通过初始条件确定，即

$$u_C(0_+) = u_C(0_-) = U_0 = A_1 + A_2$$

$$\frac{\mathrm{d}u_C}{\mathrm{d}t} \Big|_{t=0_+} = A_1 p_1 + A_2 p_2 = 0$$

解得

$$\begin{cases} A_1 = \dfrac{p_2}{p_2 - p_1} U_0 \\ A_2 = -\dfrac{p_1}{p_2 - p_1} U_0 \end{cases} \tag{9-33}$$

由于 $p_1 p_2 = \dfrac{1}{LC}$ ，则有

$$u_C = \frac{U_0}{p_2 - p_1}(p_2 e^{p_1 t} - p_1 e^{p_2 t}) \quad (t > 0) \tag{9-34}$$

从而求得

$$\begin{cases} i = C\dfrac{\mathrm{d}u_C}{\mathrm{d}t} = \dfrac{U_0}{L(p_2 - p_1)}(e^{p_1 t} - e^{p_2 t}) \\ u_L = L\dfrac{\mathrm{d}i}{\mathrm{d}t} = \dfrac{U_0}{p_2 - p_1}(p_1 e^{p_1 t} - p_2 e^{p_2 t}) \end{cases} \quad (t > 0) \tag{9-35}$$

当 $\sigma > \omega_0$ 时，由式 (9-32) 知 $p_1 < 0$，$p_2 < 0$，且 $|p_1| < |p_2|$，同时由式 (9-33) 可确定 $A_1 > 0$，$A_2 < 0$，且 $|A_1| > |A_2|$。根据上述关系可以画出各量相应的波形，如图 9-31 所示。

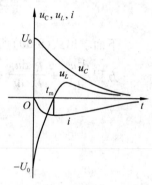

具体分析如下：

① $u_C = A_1 e^{p_1 t} + A_2 e^{p_2 t}$，$A_1$ 的绝对值较大，衰减较慢；A_2 的绝对值较小，衰减较快。

② 由于 $i = C\dfrac{\mathrm{d}u_C}{\mathrm{d}t}$，因此若 i 连续，则 u_C 波形处处光滑。

图 9-31 非振荡放电过程中的 u_C，u_L 和 i 的波形

③ 由图 9-31 知，当 $t > 0$ 时，i 恒为负值，整个暂态过程中电容一直处于放电状态，$|i|$ 的变化过程为由 0 开始逐渐增加，直至负的极大值，然后开始逐渐减小，当 $t \to \infty$ 时，电流 $|i|$ 趋近于 0。令 $\dfrac{\mathrm{d}i}{\mathrm{d}t} = 0$，求得电流 $|i|$ 达到最大值的时刻为 $t_m = \dfrac{1}{p_1 + p_2}\ln\dfrac{p_2}{p_1}$。

④ u_L 的变化规律为：当开关 S 闭合瞬间，由于 $i(0_-) = i(0_+) = 0$，此时电感为开路，由于 $u_{L(0_+)} = -U_0$，$|i|$ 逐渐增加，根据楞次定律有 $u_L < 0$，感应电动势阻止 $|i|$ 增大；当 $|i|$ 经过极值点后，$|i|$ 开始减小，于是 $u_L > 0$。因此当 $t < t_m$ 时，电感吸收能量，建立磁场；当 $t > t_m$ 时，电感释放能量，磁场削弱，趋近于消失；当 $t = t_m$ 时，电感电压为零。

上述过程中，由于电流 i 及电容电压 u_C 没有出现交替变化，所以这种情况又称"非振荡过程"或"过阻尼"过程。以上这种暂态过程，称为非振荡放电过程。

（2）$\sigma < \omega_0$，即电路参数满足 $R < 2\sqrt{\dfrac{L}{C}}$，称为振荡放电过程。

由式（9-32）可知，此时 p_1，p_2 为 2 个共轭复数，分别为

$$p_1 = -\sigma + \sqrt{\sigma^2 - \omega_0^{\ 2}} = -\sigma + \mathrm{j}\omega'$$

$$p_2 = -\sigma - \sqrt{\sigma^2 - \omega_0^2} = -\sigma - \mathrm{j}\omega'$$

式中，$\omega' = \sqrt{\omega_0^{\ 2} - \sigma^2}$，$\omega'$，$\omega_0$，$\sigma$ 之间的关系可用直角三角形表示。

当 p_1 与 p_2 为共轭复数时，由数学中微分方程理论可得通解为

$$u_C = A_1 \mathrm{e}^{-\sigma t}\sin\omega't + A_2 \mathrm{e}^{-\sigma t}\cos\omega't = A\mathrm{e}^{-\sigma t}\sin(\omega't + \theta) \tag{9-36}$$

式中的 A 和 θ 按初始条件确定如下：

$$u_{C(0_+)} = A\sin\theta = U_0$$

$$\frac{\mathrm{d}u_C}{\mathrm{d}t}\Big|_{t=0_+} = -\sigma A\sin\theta + A\omega'\cos\theta = 0$$

得到 $A = \dfrac{\omega_0}{\omega'}$，$\theta = \arctan\dfrac{\omega'}{\sigma}$，响应 u_C 为

$$u_C = \frac{\omega_0}{\omega'}U_0\,\mathrm{e}^{-\sigma t}\sin(\omega't + \theta)$$

进一步求得

$$i = C\frac{\mathrm{d}u_C}{\mathrm{d}t} = C\frac{\omega_0}{\omega'}U_0\mathrm{e}^{-\sigma t}\big[-\sigma\sin(\omega't + \theta) + \omega'\cos(\omega't + \theta)\big]$$

$$= -C\frac{\omega_0}{\omega'}U_0\,\mathrm{e}^{-\sigma t}\big[\omega_0\cos\theta\sin(\omega't + \theta) - \omega_0\sin\theta\cos(\omega't + \theta)\big]$$

$$= -C\frac{\omega_0^2}{\omega'}U_0\,\mathrm{e}^{-\sigma t}(-\sin\omega't)$$

$$= -\frac{U_0}{\omega'L}\mathrm{e}^{-\sigma t}\sin\omega't$$

$$u_L = L\frac{\mathrm{d}i}{\mathrm{d}t} = \frac{\omega_0}{\omega'}U_0\mathrm{e}^{-\sigma t}\sin(\omega't - \theta)$$

根据上述关系，可以定性画出各量相应的波形，如图 9-32 所示。

由图 9-32 可见，此时电压、电流都是按照指数规律衰减的正弦函数，它们按相同的周期正负交替变化，这种现象称为自由振荡。

振荡角频率 $\omega' = \sqrt{\omega_0^2 - \sigma^2} = \sqrt{\dfrac{1}{LC} - \dfrac{R^2}{4L^2}}$，由于电阻不断消耗能量，振荡幅度逐渐减小至零，所以这种振荡又称衰减振荡（阻尼振荡），其中 $\sigma = \dfrac{R}{2L}$

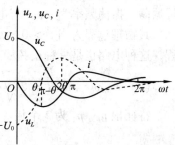

图 9-32 振荡放电过程中的 u_C，u_L 和 i 的波形

称为衰减系数。此时电路的暂态过程可称为"衰减振荡"过程或者"欠阻尼"过程。

从上述 u_C，i 和 u_L 的表达式可以看出，其波形必定呈现衰减振荡的状态，在整个过程中将周期性改变方向，储能元件也将周期性地变换能量，能量变换过程分析如下：

①当 $0 < \omega t < \theta$ 时，有 $u_C > 0, i < 0, u_L < 0$，此时 $p_C = u_C i < 0, p_R = i^2 R > 0$，$p_L = u_L i > 0$，电容发出功率，电阻和电感吸收功率。

②当 $\theta < \omega t < \pi - \theta$ 时，有 $u_C > 0, i < 0, u_L > 0$，此时 $p_C < 0, p_R > 0, p_L < 0$，电容和电感发出功率，电阻吸收功率。

③当 $\omega t = \pi - \theta$ 时，有 $u_C = 0$，电场能全部释放，而磁场能还未释放完，过渡过程仍继续。

④当 $\pi - \theta < \omega t < \pi$ 时，有 $u_C < 0$，$i < 0, u_L > 0$，$p_C = u_C i > 0$，$p_R = i^2 R > 0, p_L = u_L i < 0$，电容和电阻吸收功率，电感发出功率。

⑤当 $\omega t = \pi$ 时，有 $i = 0$，磁场能量全部释放，而电容又储存了一定的电场能。

⑥ $\omega t > \pi$ 时，电容开始反向放电，重复上述过程，周而复始形成上述振荡放电的物理过程。

由于 R 的存在，储存在电路中的能量逐渐消耗，因而振荡幅度越来越小，直至为零。

还有一个特殊情况，令 $R = 0$，则有关变量 $\sigma = \dfrac{R}{2L} = 0$，$\omega' = \sqrt{\omega^2 - \sigma^2} = \omega_0 = \dfrac{1}{\sqrt{LC}}$，此时为谐振频率，有 $p_1 = -\sigma + \mathrm{j}\omega' = \mathrm{j}\omega_0$，$p_2 = -\sigma - \mathrm{j}\omega' = -\mathrm{j}\omega_0$，$\theta = \arctan \dfrac{\omega'}{\sigma} = \dfrac{\pi}{\sigma}$，$A = \dfrac{\omega_0}{\omega'} U_0$，从而有

$$u_C = U_0 \cos\omega_0 t$$

$$i = -C\omega_0 U_0 \sin\omega_0 t = -\frac{U_0}{\omega_0 L}\sin\omega_0 t$$

$$u_L = -U_0 \cos\omega_0 t = -u_C$$

由此可见电压 u_C、电流 i 均为不衰减的正弦值，称为不衰减的自由振荡或无阻尼振荡，振荡频率为 ω_0，与电路的谐振频率相同。

其物理过程当 $t > 0$ 时，电路中无电阻 R，总能量不减少，即出现等幅振荡过程，这种电路也是一种正弦稳态电路。

（3）$\sigma = \omega_0$，即 $R = 2\sqrt{\dfrac{L}{C}}$，为临界情况。

特征根 p_1，p_2 为 2 个相等实根，即特征方程存在二重根，通解为

$$u_C = (A_1 + A_2 t)\mathrm{e}^{-\sigma t}$$

式中，A_1, A_2 可由初始条件确定如下：

$$u_{C(0_+)} = A_1 = U_0$$

$$\frac{\mathrm{d}u_C}{\mathrm{d}t}\Big|_{t=0_+} = A_2 - \sigma A_1 = 0$$

解得 $A_1 = 0$ ，$A_2 = \sigma U_0$ ，所以有

$$u_C = (A_1 + A_2 t)\mathrm{e}^{-\sigma t} = U_0(1 + \sigma t)\mathrm{e}^{-\sigma t}$$

$$i = C\frac{\mathrm{d}u_C}{\mathrm{d}t} = -\sigma^2 C U_0 t\mathrm{e}^{-\sigma t} = -\frac{U_0}{L}t\mathrm{e}^{-\sigma t}$$

$$u_L = L\frac{\mathrm{d}i}{\mathrm{d}t} = U_0(\sigma t - 1)\mathrm{e}^{-\sigma t}$$

由于 $\sigma = \omega_0$ ，刚好介于振荡与非振荡之间，所以称为临界状态，仍属于非振荡情形，R 为临界电阻。

回路中电阻大于临界电阻时，属于非振荡情形；回路中电阻小于临界电阻时，属于振荡情形。

前面讨论了 *RLC* 串联电路的零输入响应，这种响应只需计算自由分量。如果要求计算在外加电源作用下的零状态响应或全响应，不仅要计算自由分量，而且需要计算强制分量，该分量由外加激励电源决定，这里不再赘述，请读者自行分析。

【例 9-10】 电路如图 9-33 所示，设 $R = 20\,\Omega$ ，$L = 0.1\mathrm{H}$ ，$C = 20\,\mu\mathrm{F}$ ，储能元件的初始储能为零，试分别求 i_L 的单位阶跃响应 $s(t)$ 和单位冲激特性 $h(t)$ 。

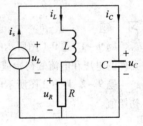

图 9-33 例 9-10 图

解 设 $i_\mathrm{s} = \varepsilon(t)\mathrm{A}$ ，电路的完备方程为

$$i_\mathrm{s} = i_C + i_L$$

$$u_C = u_R + u_L = 0$$

$$i_C = C\frac{\mathrm{d}u_C}{\mathrm{d}t}$$

$$u_L = L\frac{\mathrm{d}i_L}{\mathrm{d}t}$$

$$u_R = Ri_L$$

初始条件为 $u_{L(0_+)} = L\frac{\mathrm{d}i_L}{\mathrm{d}t}\big|_{t=0_+}$ ，$u_{L(0_+)} = u_{C(0_+)} + u_{R(0_+)} = u_{C(0_+)} + Ri_{L(0_+)}$ 。当 $t > 0$ 时，得到 KCL 方程微分关系式为

$$\frac{\mathrm{d}^2 i_L}{\mathrm{d}t^2} + \frac{R}{L}\frac{\mathrm{d}i_L}{\mathrm{d}t} + \frac{1}{LC}i_L = \frac{1}{LC}i_\mathrm{s}$$

代入数据有

$$\frac{\mathrm{d}^2 i_L}{\mathrm{d}t} + 200 \times \frac{\mathrm{d}i_L}{\mathrm{d}t} + 5 \times 10^5 i_L = 5 \times 10^5 \varepsilon(t)$$

由零状态初始条件 $i_{L(0_+)} = i_{L(0_-)} = 0$ 得

$$\frac{\mathrm{d}i_L}{\mathrm{d}t}\big|_{t=0_+} = \frac{1}{L}u_{C(0_+)} = \frac{1}{L}[-Ri_{L(0_+)} + u_{C(0_+)}] = 0$$

特征方程为 $p^2 + 200p + 5 \times 10^5 = 0$ ，解得特征根为

$$p_{1,2} = \frac{-200 \pm \sqrt{40000 - 4 \times 5 \times 10^5}}{2} = -100 \pm \mathrm{j}700 = -\sigma \pm \mathrm{j}\omega'$$

所以 i_L 的单位阶跃响应表达式为 $i_L = 1 + Ae^{-\sigma t}\sin(\omega' t + \theta) = 1 + Ae^{-100t}\sin(700t + \theta)$，由初始条件可确定 A 和 θ 为

$$i_{L(0_+)} = 1 + A\sin\theta = 0$$

$$\frac{\mathrm{d}i_t}{\mathrm{d}t}\Big|_{t=0_+} = -100 \times A\sin\theta + 700 \times A\cos\theta = 0$$

解得 $A = -1.01$，$\theta = 98.21°$，所以响应为

$$i_L = [1 - 1.01e^{-100t}\sin(700t + 98.21°)]\varepsilon(t)\ \text{A}$$

i_L 的单位阶跃特性求得为

$$s(t) = [1 - 1.01e^{-100t}\sin(700t + 98.21°)]\varepsilon(t)$$

由单位阶跃特性与单位冲击特性的关系，求得 $h(t)$ 为

$$h(t) = \frac{\mathrm{d}s(t)}{\mathrm{d}t} = 101e^{-100t}\sin(700t + 98.21°) - 707e^{-100t}\cos(700t + 98.21°)$$

$$= 714.2e^{-100t}\sin(700t + 16.34°)$$

习 题

题9-1. 题9-1 图所示的电路，已知开关 S 闭合前电路处于稳定状态，试求在开关 S 闭合后各元件的电压和电流的初始值。

题9-2. 题9-2 图所示电路在换路前已经处于稳态，当 $t = 0$ 时开关 S 闭合，求电容电流 i_C 的初始值。

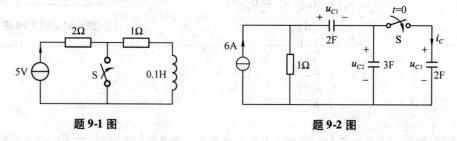

题9-1 图　　　　　　　　　题9-2 图

题9-3. 题9-3 图所示电路处于稳态，开关 S 在 $t = 0$ 时闭合，试确定 $u_a(0_-)$ 及 $u_a(0_+)$ 的值。

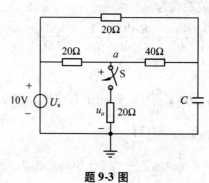

题9-3 图

题9-4. 在题9-4 图所示的电路中，$U_s = 14\text{V}$，当 $t = 0$ 时开关 S 闭合，已知开关 S 闭合前，电路已经处于稳定状态，试求 $t \geqslant 0$ 时的 u_c 和 i。

题9-5. 对题9-5 图所示电路，当 $t = 0$ 时开关 S 断开，在断开 S 前一瞬间，电容电压为6V，

试求 $t \geqslant 0$ 时 2Ω 电阻中的电流。

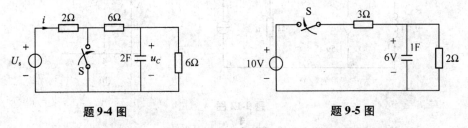

题 9-4 图　　　　　　　　　　题 9-5 图

题 9-6. 在题 9-6 图所示电路中，$u_{s1} = \varepsilon(t)\,\mathrm{V}$，$u_{s2} = 4\varepsilon(t)\,\mathrm{V}$，试求电路响应 $i_L(t)$。

题 9-7. 电路如题 9-7 图所示，当 $t = 0$ 时开关 S 闭合，在开关闭合前电路已经达到稳定，试求当 $t \geqslant 0$ 时的 $i(t)$。

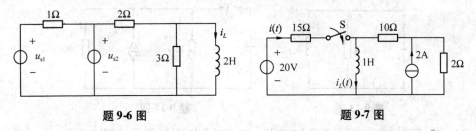

题 9-6 图　　　　　　　　　　题 9-7 图

题 9-8. 电路如题 9-8 图所示，试求 $t \geqslant 0$ 时的 $u_C(t)$ 和 $i_1(t)$。

题 9-9. 在题 9-9 图所示的电路中，开关 S 原在位置 1，且电路处于稳定状态，当 $t = 0$ 时开关由 1 合向 2，试求 $t \geqslant 0$ 时的电流 $i(t)$。

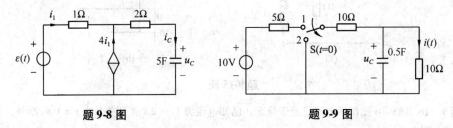

题 9-8 图　　　　　　　　　　题 9-9 图

题 9-10. 电路如题 9-10 图所示，已知 $i_s = 8\mathrm{A}$，$R = 4\Omega$，$C = 1\mathrm{F}$，在 $t = 0$ 时刻开关 S 闭合，试分别求 $u_C(0_-) = 6\mathrm{V}$ 和 $u_C(0_-) = 25\mathrm{V}$ 两种情况下的 i_C 和 u_C，以及电流源发出的功率。

题 9-11. 电路如题 9-11 图所示，试求 $t \geqslant 0$ 时的响应 $u_C(t)$。

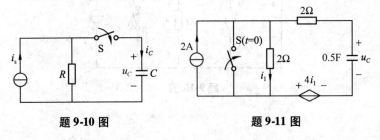

题 9-10 图　　　　　　　　　　题 9-11 图

题 9-12. 题 9-12 图（a）所示电路，其电流 $i_s(t)$ 的波形如图（b）所示，试求 $t \geqslant 0$ 时的响应 $i_L(t)$，并定性画出其变化曲线。

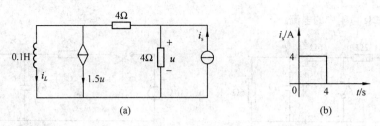

题 **9-12** 图

题 9 – 13. 求题 9-13 图所示电路的单位冲激响应 $u_L(t)$ 和 $i_L(t)$ 。

题 9 – 14. 题 9-14 图所示电路已处于稳定状态，已知电容 $C = 6\mu F$ ，电压为 10V，开关在 $t = 0$ 时刻闭合，试求 $t \geq 0$ 时的响应 $u_C(t)$ 。

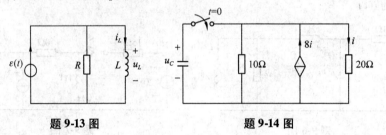

题 **9-13** 图　　　　　题 **9-14** 图

题 9 – 15. 题 9-15 图(a)所示电路中的电压 $u(t)$ 的波形如图(b)所示，试求电流 $i(t)$ 。

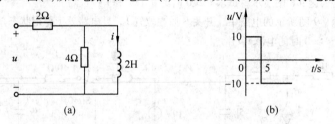

题 **9-15** 图

题 9 – 16. 题 9-16 图所示电路已处于稳态，已知电流源 $I_s = 2A$ ，开关 S 在 $t = 0$ 时断开，试求 $t \geq 0$ 的电容电压 $u_C(t)$ 。

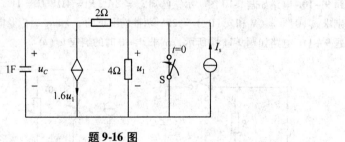

题 **9-16** 图

第 10 章

线性动态电路暂态过程的
复频域分析

[本章提要]

本章主要介绍拉普拉斯变换的定义及其反变换的部分分式法。介绍基尔霍夫定律的运算形式，以及运算阻抗、运算导纳的概念。通过运算电路来分析求解动态电路。

10.1 拉普拉斯变换

10.2 运算电路

10.3 应用拉普拉斯变换法分析线性电路

应用经典法研究的一阶电路和二阶电路，是根据电路定律和元件电压和电流关系建立描述电路的方程，建立的方程是以时间为自变量的线性定常微分方程，求解常微分方程即可得到电路变量在时域的解答。对于具有多个动态元件的复杂电路，用直接求解微分方程的方法去找到答案比较困难。在这里我们介绍积分变换法，求解高阶复杂动态电路更为有效。

积分变换法是通过积分变换，把已知的时域函数变换为频域函数，从而把时域的微分方程化为频域的代数方程，即建立如下关系：

$$时域函数 \underset{反变换}{\overset{积分变换}{\rightleftharpoons}} 频域函数$$

（微分方程） （代数方程）

对频域代数方程得到的解，可通过拉普拉斯反变换来求解满足电路初始条件的原微分方程的解答，而不需要确定积分常数。

拉氏变换法是求解高阶复杂动态电路的有效而重要的方法之一。

10.1　拉普拉斯变换

10.1.1　拉普拉斯变换的定义

设函数 $f(t)$ 在 $[0, \infty)$ 区间上有定义，而且在复平面 s 的某一域内收敛，则由此积分所确定的函数为

$$F(s) = \int_{0_-}^{\infty} f(t) e^{-st} dt, \quad 记为 F(s) = \mathscr{L}[f(t)]$$

上式称为函数 $f(t)$ 的拉普拉斯变换，简称拉氏变换。在数学意义上，t 是实数域中的变量，s 是复数域中的变量，在电路理论中，t 代表时间，s 是复参量，$s = \sigma + j\omega$ 具有时间倒数的量纲，即频率的量纲，因此称为复频率。式中积分下限取 0_-，是考虑 $f(t)$ 中可能包括 $\delta(t)$（单位冲激函数），在积分限 $0_- \rightarrow \infty$ 上对 t 取定积分，积分结果与 t 无关，而只取决于参数 s，因此它是复频率 s 的函数，记为 $F(s)$，$F(s)$ 称为 $f(t)$ 的象函数，$f(t)$ 称为 $F(s)$ 的原函数。

拉氏变换是一种积分变换，函数 $f(t)$ 的拉氏变换存在的条件是积分的结果为有限值，我们这里讨论的函数均存在拉氏变换。

在电路中，用 $U(s)$ 和 $I(s)$ 分别表示 $u(t)$，$i(t)$ 的拉氏变换，$u(t)$，$i(t)$ 是时间 t 的函数，即时域变量，它们可以用电压表及电流表来测量，而且可以用示波器观测到它们随时间变化的情况。时域变量是实际存在的变量，而它们的拉氏变换 $U(s)$ 和 $I(s)$ 是一种抽象变量，我们之所以把直观的时域变量变为抽象的复频率变量，是为

了便于分析和计算电路问题,对得出的结果再反变换为相应的时域变量。以前进行正弦稳态电路分析时,用的就是这种变换方法,当时我们把正弦量(时域变量)变换为相量(频域变量),根据电路的相量模型进行计算分析,得出结果后再把这些相量反变换为正弦量,正弦量是实际存在的,而相量是抽象的。而拉氏变换这种方法,同样是一种复频域分析方法,又称为"运算法"。

为了方便,$U(s)$ 的单位仍为 V,$I(s)$ 的单位仍为 A,这种做法只是用以表明时域量原来的单位,并不意味着变换量具有任何物理性质。

$f(t)$ 和 $F(s)$ 构成拉普拉斯变换对。本书中原函数用小写字母表示,而象函数则用大写字母表示,例如:

$$U(s) = \mathscr{L}[u(t)], \quad I(s) = \mathscr{L}[i(t)]$$

由 $F(s)$ 求 $f(t)$,这种求原函数的运算称为拉普拉斯反变换(简称拉氏反变换),记作 $f(t) = \mathscr{L}^{-1}[F(s)]$,将在 10.1.3 节中进行讨论。

下面介绍几种常用函数的拉普拉斯变换。

(1)单位阶跃函数 $f(t) = \varepsilon(t)$:

$$F(s) = \mathscr{L}[f(t)] = \int_{0_-}^{\infty} \varepsilon(t) e^{-st} dt = \int_{0_-}^{\infty} e^{-st} dt = -\frac{1}{s} e^{-st} \Big|_{0_-}^{\infty} = \frac{1}{s}$$

$$\mathscr{L}[\varepsilon(t)] = \frac{1}{s} \quad \text{或} \quad \mathscr{L}^{-1}\left[\frac{1}{s}\right] = \varepsilon(t) \ (t > 0)$$

式中,通过反变换得原函数,需注明定义域为 $t > 0$(因为拉氏变换式只对 t 的正半轴积分,称为单边拉普拉斯变换,所以原函数在 $t < 0$ 时的值是没有意义的)。

(2)单位冲激函数 $f(t) = \delta(t)$:

$$F(s) = \mathscr{L}[f(t)] = \int_{0_-}^{\infty} \delta(t) e^{-st} dt = \int_{0_-}^{0_+} \delta(t) e^{-st} dt = e^{-s(0)} \int_{0_-}^{0_+} \delta(t) dt = 1$$

冲激函数具有"筛分性",只在 0 点处具有函数值。

$$\mathscr{L}[\delta(t)] = 1 \quad \text{或} \quad \mathscr{L}^{-1}[1] = \delta(t)$$

(3)指数函数 $f(t) = e^{-at}$($\alpha > 0$):

$$F(s) = \mathscr{L}[f(t)] = \int_{0_-}^{\infty} e^{-at} e^{-st} dt = \int_{0_-}^{\infty} e^{-(s+a)t} dt = \frac{-1}{(s+a)} e^{-(s+a)t} \Big|_{0_-}^{\infty} = \frac{1}{s+a}$$

当 s 的实部大于 a 的实部时,极限 $\lim\limits_{t \to \infty} e^{-(s+a)t} = 0$,$F(s)$ 收敛于 $\dfrac{1}{s+a}$。

$$\mathscr{L}[e^{-at}] = \frac{1}{s+a} \quad \text{或} \quad \mathscr{L}^{-1}\left[\frac{1}{s+a}\right] = e^{-at} \ (t \geq 0)$$

从上述例子可以看出 e^{-st} 起到积分收敛的作用,因此称为收敛因子。更进一步说,只要 σ 足够大,$e^{-\sigma t}$ 就能足够快地趋于零。

10.1.2　拉普拉斯变换的基本性质

拉普拉斯变换具有许多重要性质,这里只介绍线性电路问题中用到的一些最基本性质。

1. 线性性质

若 $\mathscr{L}[f_1(t)] = F_1(s)$，$\mathscr{L}[f_2(t)] = F_2(s)$，则

$$\mathscr{L}[A_1f_1(t) + A_2f_2(t)] = A_1\mathscr{L}[f_1(t)] + A_2\mathscr{L}[f_2(t)] = A_1F_1(s) + A_2F_2(s)$$

证明　$\mathscr{L}[A_1f_1(t) + A_2f_2(t)] = \int_{0_-}^{\infty}[A_1f_1(t) + A_2f_2(t)]\mathrm{e}^{-st}\mathrm{d}t$

$$= A_1\int_{0_-}^{\infty}f_1(t)\mathrm{e}^{-st}\mathrm{d}t + A_2\int_{0_-}^{\infty}f_2(t)\mathrm{e}^{-st}\mathrm{d}t$$

$$= A_1F_1(s) + A_2F_2(s)$$

【例 10-1】　若 $(1)\,f(t) = \sin\omega t$；$(2)\,f(t) = k(1 - \mathrm{e}^{-at})$。定义域为 $[0_-,\infty)$，求象函数。

解　(1) 对 $f(t) = \sin(\omega t)$，由

$$\begin{cases} \mathrm{e}^{\mathrm{j}\omega t} = \cos\omega t + \mathrm{j}\sin\omega t \\ \mathrm{e}^{-\mathrm{j}\omega t} = \cos\omega t - \mathrm{j}\sin\omega t \end{cases}$$

可得

$$\mathscr{L}[\sin(\omega t)] = \mathscr{L}\left[\frac{1}{2\mathrm{j}}(\mathrm{e}^{\mathrm{j}\omega t} - \mathrm{e}^{-\mathrm{j}\omega t})\right] = \frac{1}{2\mathrm{j}}\left(\frac{1}{s - \mathrm{j}\omega} - \frac{1}{s + \mathrm{j}\omega}\right) = \frac{\omega}{s^2 + \omega^2}$$

(2) 对 $f(t) = k(1 - \mathrm{e}^{-at})$，有

$$\mathscr{L}[k(1 - \mathrm{e}^{-at})] = \mathscr{L}[k] - \mathscr{L}[k\mathrm{e}^{-at}] = \frac{k}{s} - \frac{k}{s + a} = \frac{ka}{s(s + a)}$$

2. 微分性质

若 $\mathscr{L}[f(t)] = F(s)$，则 $\mathscr{L}[f'(t)] = sF(s) - f(0_-)$。

证明　$\mathscr{L}\left[\dfrac{\mathrm{d}f(t)}{\mathrm{d}t}\right] = \int_{0_-}^{\infty}\dfrac{\mathrm{d}f(t)}{\mathrm{d}t}\mathrm{e}^{-st}\mathrm{d}t$，运用分部积分法可得

$$\int_{f(0_-)}^{f(\infty)}\mathrm{e}^{-st}\mathrm{d}f(t) = f(t)\mathrm{e}^{-st}\big|_{0_-}^{\infty} - \int_{1}^{0}f(t)\mathrm{d}\mathrm{e}^{-st} = -f(0_-) - \int_{0_-}^{\infty}f(t)(-s)\mathrm{e}^{-st}\mathrm{d}t = sF(s) - f(0_-)$$

该性质表明，一个函数求导后取拉氏变换，等于这个函数取拉氏变换后乘以复参量 s 再减去 0_- 时刻的初值。

推论：设 $F(s) = \mathscr{L}[f(t)]$，则

$$\mathscr{L}[f^n(t)] = s^nF(s) - s^{n-1}f(0_-) - s^{n-2}f^{(1)}(0_-) - \cdots - f^{(n-1)}(0_-)$$

该性质可将 $f(t)$ 的微分方程转化为关于 $F(s)$ 的代数方程，因此它对分析线性系统有着重要作用。

【例 10-2】　运用微分性质求 $f(t) = \cos\omega t$，$f(t) = \delta(t)$ 的象函数。

解　由于 $\dfrac{\mathrm{d}\sin\omega t}{\mathrm{d}t} = \omega\cos\omega t$，因此有

$$\cos\omega t = \frac{1}{\omega}\frac{\mathrm{d}\sin\omega t}{\mathrm{d}t}，\mathscr{L}[\sin\omega t] = \frac{\omega}{s^2 + \omega^2}$$

$$\mathscr{L}[\cos\omega t] = \mathscr{L}[\frac{1}{\omega}\frac{\mathrm{d}\sin\omega t}{\mathrm{d}t}] = \frac{1}{\omega}\mathscr{L}[\frac{\mathrm{d}\sin\omega t}{\mathrm{d}t}] = \frac{1}{\omega}s\frac{\omega}{s^2+\omega^2} - \sin0 = \frac{s}{s^2+\omega^2}$$

3. 积分性质

若 $\mathscr{L}[f(t)] = F(s)$ ，则 $\mathscr{L}[\int_{0_-}^{t} f(\xi)\mathrm{d}\xi] = \dfrac{F(s)}{s}$ 。

证明　根据分部积分法有

$$\mathscr{L}[\int_{0_-}^{t} f(\xi)\mathrm{d}\xi] = \int_{0_-}^{\infty}\{[\int_{0_-}^{t} f(\xi)\mathrm{d}\xi]\mathrm{e}^{-st}\mathrm{d}t\}$$

令

$$\mathscr{L}[\int_{0}^{t} f(\xi)\mathrm{d}\xi] = \int_{0_-}^{\infty}[\int_{0}^{t} f(\xi)\mathrm{d}\xi]\mathrm{e}^{-st}\mathrm{d}t = \int_{0_-}^{\infty}[\int_{0}^{t} f(\xi)\mathrm{d}\xi](\frac{1}{-s})\mathrm{d}\mathrm{e}^{-st}$$

$$= -\frac{1}{s}[\int_{0}^{t} f(\xi)\mathrm{d}\xi]\cdot\mathrm{e}^{-st}\Big|_{0_-}^{\infty} + \frac{1}{s}\int_{0_-}^{\infty} f(t)\mathrm{e}^{-st}\mathrm{d}t = \frac{F(s)}{s}$$

【例 10-3】　求 $f(t) = t$ 的象函数。

解　$f(t) = t = \int_{0_-}^{t} \varepsilon(\xi)\mathrm{d}\xi$ ，则 $\mathscr{L}[f(t)] = \dfrac{1}{s}\cdot\dfrac{1}{s} = \dfrac{1}{s^2}$ 。

4. 延迟性质

若 $\mathscr{L}[f(t)] = F(s)$ ，则 $\mathscr{L}[f(t-t_0)\varepsilon(t-t_0)] = \mathrm{e}^{-st_0}F(s)$ ，其中 $t<t_0$ 时，$f(t-t_0) = 0$ 。有

$$\mathscr{L}[f(t-t_0)\varepsilon(t-t_0)] = \int_{0_-}^{\infty} f(t-t_0)\varepsilon(t-t_0)\mathrm{e}^{-st}\mathrm{d}t = \int_{0}^{\infty} f(t-t_0)\mathrm{e}^{-st}\mathrm{d}t$$

令 $\tau = t - t_0$ ，则可得

$$\int_{0}^{\infty} f(t-t_0)\mathrm{e}^{-st}\mathrm{d}t = \int_{0}^{\infty} f(\tau)\mathrm{e}^{-s(t_0+\tau)}\mathrm{d}(t_0+\tau) = \mathrm{e}^{-st_0}\int_{0_-}^{\infty} f(\tau)\mathrm{e}^{-s\tau}\mathrm{d}\tau = \mathrm{e}^{-st_0}F(s)$$

【例 10-4】　求图 10-1 所示矩形脉冲的象函数。

解　图 10-1 所示矩形脉冲波的数学表达式为

$$f(t) = \varepsilon(t) - \varepsilon(t-\tau)$$

则 $\mathscr{L}[f(t)] = \mathscr{L}[\varepsilon(t)] - \mathscr{L}[\varepsilon(t-\tau)] = \dfrac{1}{s} - \dfrac{1}{s}\cdot\mathrm{e}^{-s\tau}$

$$= \frac{1}{s}(1 - \mathrm{e}^{-s\tau})$$

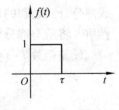

图 10-1　例 10-4 图

根据上述拉普拉斯变换的性质，可以方便地求出一些常用函数的象函数，见表 10-1 所列。

表 10-1　常用函数的拉氏变换

序号	原函数 $f(t)$	象函数 $F(s)$	序号	原函数 $f(t)$	象函数 $F(s)$
1	$A\delta(t)$	A	10	$\cos\omega t$	$\dfrac{s}{s^2+\omega^2}$
2	$A\varepsilon(t)$	$\dfrac{A}{S}$	11	$\sin(\omega t+\varphi)$	$\dfrac{s\sin\varphi+\omega\cos\varphi}{s^2+\omega^2}$
3	e^{-at}	$\dfrac{1}{s+a}$	12	$\cos(\omega t+\varphi)$	$\dfrac{s\cos\varphi-\omega\sin\varphi}{s^2+\omega^2}$
4	$1-e^{-at}$	$\dfrac{a}{s(s+a)}$	13	$t\sin\omega t$	$\dfrac{2\omega s}{(s^2+\omega^2)^2}$
5	t	$\dfrac{1}{s^2}$	14	$t\cos\omega t$	$\dfrac{s^2-\omega^2}{(s^2+\omega^2)^2}$
6	t^n	$\dfrac{n!}{s^{n+1}}$	15	$e^{-at}\sin\omega t$	$\dfrac{\omega}{(s+a)^2+\omega^2}$
7	te^{-at}	$\dfrac{1}{(s+a)^2}$	16	$e^{-at}\cos\omega t$	$\dfrac{s+a}{(s+a)^2+\omega^2}$
8	$t^n e^{-at}$	$\dfrac{n!}{(s+a)^{n+1}}$	17	$\sinh\omega t$	$\dfrac{\omega}{s^2-\omega^2}$
9	$\sin\omega t$	$\dfrac{\omega}{s^2+\omega^2}$	18	$\cosh\omega t$	$\dfrac{s}{s^2-\omega^2}$

10.1.3　拉普拉斯反变换的部分分式展开

应用拉氏变换求解电路的暂态过程时，不仅需要根据已知时间函数求象函数，还要由象函数求出相应的原函数，即需要计算拉氏反变换 $f(t)=\mathscr{L}^{-1}[F(s)]$。

在线性集总参数电路中，电压和电流的象函数往往都是 s 的有理分式，可以展开成部分分式之和的形式，对每个部分分式求原函数是很简单的。再根据反变换的线性性质，将所有部分分式的原函数相加，就得到所求象函数的原函数。

设象函数 $F(s)$ 为有理分式，表示为 2 个实系数 s 的多项式之比

$$F(s)=\frac{a_0 s^m+a_1 s^{m-1}+\cdots+a_m}{b_0 s^n+b_1 s^{n-1}+\cdots+b_n}=\frac{N(s)}{D(s)} \tag{10-1}$$

式中，m 和 n 均为正整数，且 $n\geqslant m$。

当 $n>m$ 时，$F(s)$ 是严格真有理分式。

当 $n=m$ 时，$F(s)$ 进一步化为

$$F(s)=A+\frac{N_0(s)}{D(s)} \tag{10-2}$$

式中，A 为常数，其拉普拉斯反变换所对应的时间函数为 $A\delta(t)$；余数项 $\dfrac{N_0(s)}{D(s)}$ 是严格真有理分式。

可把严格真有理分式分解成若干简单项之和，而这些简单项可以在拉氏反变换表中找到，这种方法称为部分分式法，或称为分解定理。

用部分分式法展开严格真有理分式时，需对分母多项式作因式分解，求出 $D(s)=0$ 时的根。$D(s)=0$ 的根可以是单根、共轭复根和重根 3 种情况，下面就对这 3 种不同情况分别讨论。

1. 单根

若 $D(s)=0$ 共有 n 个互异实数单根，分别为 p_1，p_2，$\cdots$，p_n，则 $F(s)$ 可以分解为

$$F(s)=\frac{k_1}{s-p_1}+\frac{k_2}{s-p_2}+\cdots+\frac{k_n}{s-p_n}=\sum_{i=1}^{n}\frac{k_i}{s-p_i} \tag{10-3}$$

式中，$k_1,k_2,\cdots,k_n$ 为待定系数。

为求取待定系数，将式(10-3)等号两边同时乘以 $(s-p_1)$，得到

$$(s-p_1)F(s)=k_1+(s-p_1)\left(\frac{k_2}{s-p_2}+\cdots+\frac{k_n}{s-p_n}\right)$$

令 $s=p_1$，则 $(s-p_1)\left(\dfrac{k_2}{s-p_2}+\cdots+\dfrac{k_n}{s-p_n}\right)=0$，得到

$$k_1=\left[(s-p_1)F(s)\right]_{s=p_1}$$

同理可求得 $k_2,k_3,\cdots,k_n$，因此确定各待定系数的公式为

$$k_i=\left[(s-p_i)F(s)\right]_{s=p_i}\quad(i=1,2,\cdots,n) \tag{10-4}$$

由于 p_i 是 $D(s)=0$ 的一个根，故 k_i 的表达式为 $\dfrac{0}{0}$ 的不定式，因此也可以用求极限的方法来确定 k_i，即

$$
\begin{aligned}
k_i &=\left[(s-p_i)F(s)\right]_{s=p_i}\\
&=\lim_{s\to p_i}\frac{(s-p_i)N(s)}{D(s)}\\
&=\lim_{s\to p_i}\frac{(s-p_i)N'(s)+N(s)}{D'(s)}\\
&=\frac{N(p_i)}{D'(p_i)}
\end{aligned}
\tag{10-5}
$$

所以确定各待定系数的另一个公式为

$$k_i=\frac{N(s)}{D'(s)}\Big|_{s=p_i}\quad(i=1,2,\cdots,n) \tag{10-6}$$

确定待定系数后，得到式(10-3)所示的象函数对应的原函数为

$$f(t)=\mathscr{L}^{-1}\left[F(s)\right]=\sum_{i=1}^{n}k_i e^{p_i t}=\sum_{i=1}^{n}\frac{N(p_i)}{D'(p_i)}e^{p_i t} \tag{10-7}$$

【例 10-5】 求象函数 $F(s) = \dfrac{2s + 1}{s^3 + 7s^2 + 10s}$ 所对应的原函数 $f(t)$。

解　$F(s) = \dfrac{2s + 1}{s(s^2 + 7s + 10)} = \dfrac{2s + 1}{s(s + 2)(s + 5)} = \dfrac{k_1}{s} + \dfrac{k_2}{s + 2} + \dfrac{k_3}{s + 5}$

$D(s) = s(s + 2)(s + 5) = 0$ 的根为

$$p_1 = 0, \ p_2 = -2, \ p_3 = -5$$

$D'(s) = 3s^2 + 14s + 10$，$N(s) = 2s + 1$，故可得

$$k_1 = \left.\frac{N(s)}{D'(s)}\right|_{s = p_1} = \left.\frac{2s + 1}{3s^2 + 14s + 10}\right|_{s = p_1 = 0} = \frac{1}{10} = 0.1$$

$$k_2 = \left.\frac{N(s)}{D'(s)}\right|_{s = p_2} = \left.\frac{2s + 1}{3s^2 + 14s + 10}\right|_{s = p_2 = -2} = \frac{-3}{-6} = 0.5$$

$$k_3 = \left.\frac{N(s)}{D'(s)}\right|_{s = p_2} = \left.\frac{2s + 1}{3s^2 + 14s + 10}\right|_{s = p_2 = -5} = \frac{-9}{15} = -0.6$$

$$F(s) = 0.1\frac{1}{s} + 0.5\frac{1}{s + 2} - 0.6\frac{1}{s + 5}$$

得
$$f(t) = 0.1\varepsilon(t) + 0.5e^{-2t} - 0.6e^{-5t}$$

2. 共轭复根

若 $D(s) = 0$ 具有共轭复根 $p_1 = \alpha + j\omega$，$p_2 = \alpha - j\omega$，则

$$k_1 = \left[(s - \alpha - j\omega)F(s)\right]_{s = \alpha + j\omega} = \left.\frac{N(s)}{D'(s)}\right|_{s = \alpha + j\omega}$$

$$k_2 = \left[(s - \alpha + j\omega)F(s)\right]_{s = \alpha - j\omega} = \left.\frac{N(s)}{D'(s)}\right|_{s = \alpha - j\omega}$$

象函数分解为

$$F(s) = \frac{N(s)}{D(s)} = \frac{k_1}{s - \alpha - j\omega} + \frac{k_2}{s - \alpha + j\omega}$$

由于 $F(s)$ 是实系数多项式之比，故 k_1，k_2 为共轭复数。

设 $k_1 = |k|\angle\varphi_k = |k|e^{j\varphi_k}$，$k_2 = |k|\angle - \varphi_k = |k|e^{-j\varphi_k}$，则有

$$f(t) = \mathscr{L}^{-1}[F(s)] = \mathscr{L}^{-1}\left[\frac{k_1}{s - (\alpha + j\omega)} + \frac{k_2}{s - (\alpha - j\omega)}\right]$$

$$= k_1 e^{(\alpha + j\omega)t} + k_2 e^{(\alpha - j\omega)t}$$

$$= |k|e^{j\varphi_k}e^{\alpha t}e^{j\omega t} + |k|e^{-j\varphi_k}e^{\alpha t}e^{-j\omega t}$$

$$= |k|e^{\alpha t}\left[e^{j(\varphi_k + \omega t)} + e^{-j(\varphi_k + \omega t)}\right]$$

$$= 2|k|e^{\alpha t}\cos(\omega t + \varphi_k) \tag{10-8}$$

【例 10-6】 求 $F(s) = \dfrac{s^2 + 6s + 5}{s(s^2 + 4s + 5)}$ 的原函数 $f(t)$。

解　$D(s) = s(s^2 + 4s + 5) = 0$ 的根分别为

$$p_1 = 0, \ p_2 = -2 + j, \ p_3 = -2 - j$$

则 $F(s) = \dfrac{k_1}{s} + \dfrac{k_2}{s - (-2 + j)} + \dfrac{k_3}{s - (-2 - j)}$, $D'(s) = 3s^2 + 8s + 5$, $N(s) = s^2 + 6s + 5$, 解得

$$k_1 = \frac{N(s)}{D'(s)} = \frac{s^2 + 6s + 5}{3s^2 + 8s + 5}\Big|_{s=0} = 1$$

$$k_2 = \frac{N(s)}{D'(s)} = \frac{s^2 + 6s + 5}{3s^2 + 8s + 5}\Big|_{s=-2+j} = -j$$

$$k_3 = j$$

由 $\begin{cases} p_1 = \alpha + j\omega \\ p_2 = \alpha - j\omega \end{cases}$ 得到 $\alpha = -2, \omega = 1$ ，同时由 $\begin{cases} k_2 = -j = |k| \angle \varphi_k \\ k_3 = j = |k| \angle -\varphi_k \end{cases}$ 得到 $|k| = 1$, $\varphi_k = -90°$ ，因此有

$$F(s) = \frac{1}{s} + \frac{-j}{s - (-2 + j)} + \frac{j}{s - (-2 - j)}$$

结合式(10-8)，得

$$f(t) = \varepsilon(t) + 2e^{-2t}\cos(t - 90°) = \varepsilon(t) + 2e^{-2t}\sin t$$

3. 重根

若 $D(s) = 0$ 含有 m 重根(可能是实根或共轭复根)，分别为 $p_1 = p_2 = \cdots = p_m$ ，则

$$F(s) = \frac{N(s)}{D(s)} = \frac{k_{11}}{(s - p_1)^m} + \frac{k_{12}}{(s - p_1)^{m-1}} + \cdots + \frac{k_{1m}}{s - p_1} + \cdots + \left(\frac{k_2}{s - p_2} + \frac{k_3}{s - p_3} + \cdots + \frac{k_n}{s - p_n}\right)$$

根据表 10-1，得到其对应的原函数为

$$f(t) = \mathscr{L}^{-1}[F(s)] = \frac{k_{11}}{(m - 1)!}t^{m-1}e^{p_1 t} + \frac{k_{12}}{(m - 2)!}t^{m-2}e^{p_1 t} + \cdots + k_{1m}e^{p_1 t} + k_2 e^{p_2 t} + \cdots + k_n e^{p_m t}$$

对于单根，仍采用 $k_i = \dfrac{N(s)}{D'(s)}\Big|_{s=p_i}$ 公式计算。

以三重根为例，计算重根对应的待定系数。

设具有三重根的象函数分解为

$$F(s) = \frac{k_{11}}{(s - p_1)^3} + \frac{k_{12}}{(s - p_1)^2} + \frac{k_{13}}{s - p_1} \tag{10-9}$$

将等式两边分别乘以 $(s - p_1)^3$ 得到

$$(s - p_1)^3 F(s) = k_{11} + k_{12}(s - p_1) + k_{13}(s - p_1)^2 \tag{10-10}$$

当 $s = p_1$ 时，$k_{12}(s - p_1) + k_{13}(s - p_1)^2 = 0$ ，则可得

$$k_{11} = (s - p_1)^3 F(s)\big|_{s=p_1}$$

将式(10-10)等号两边关于 s 求一阶导数，则

$$[(s - p_1)^3 F(s)]' = k_{12} + 2k_{13}(s - p_1) \tag{10-11}$$

当 $s = p_1$ 时，$2k_{13}(s - p_1) = 0$ ，则可得

$$k_{12} = [(s - p_1)^3 F(s)]'\big|_{s=p_1}$$

将式(10-10)等号两边关于 s 求二阶导数，则

$$[(s - p_1)^3 F(s)]'' = 2k_{13} \qquad (10-12)$$

因此有

$$k_{13} = \frac{1}{2}[(s - p_1)^3 F(s)]''|_{s=p_1}$$

故式(10-9)所示象函数对应的原函数为

$$f(t) = \frac{1}{2!}k_{11}t^2 e^{p_1 t} + k_{12}t e^{p_1 t} + k_{13}e^{p_1 t}$$

根据上述分离求解三重根待定系数的方法，可以推导得到当 $D(s) = 0$ 具有 m 重根的待定系数为

$$k_{1m} = \frac{1}{(m-1)!}\frac{\mathrm{d}^{m-1}}{\mathrm{d}s^{m-1}}[(s - p_1)^m F(s)]|_{s=p_1} \qquad (10-13)$$

【例 10-7】 求象函数 $F(s) = \dfrac{s + 4}{(s + 2)^3(s + 1)}$ 的原函数。

解 $D(s) = (s + 2)^3(s + 1) = 0$，有 $p_1 = -2$ 为三重根，$p_2 = -1$ 为单实根。则象函数分解为

$$F(s) = \frac{k_{11}}{(s + 2)^3} + \frac{k_{12}}{(s + 2)^2} + \frac{k_{13}}{s + 2} + \frac{k_2}{s + 1}$$

$$k_{11} = (s + 2)^3 F(s) = \frac{s + 4}{s + 1}|_{p_1 = -2} = -2$$

$$k_{12} = \frac{\mathrm{d}}{\mathrm{d}s}[(s + 2)^3 F(s)] = \frac{\mathrm{d}}{\mathrm{d}s}(\frac{s + 4}{s + 1})|_{p_1 = -2} = [\frac{-3}{(s + 1)^2}]|_{p_1 = -2} = -3$$

$$k_{13} = \frac{1}{2}\frac{\mathrm{d}^2}{\mathrm{d}s^2}[(s + 2)^3 F(s)] = \frac{1}{2}\frac{6(s + 1)}{(s + 1)^4}|_{p_1 = -2} = -3$$

$$k_2 = [(s + 1)F(s)]|_{p_2 = -1} = \frac{s + 4}{(s + 2)^3}|_{p_2 = -1} = 3$$

从而得到 $F(s) = \dfrac{-2}{(s + 2)^3} + \dfrac{-3}{(s + 2)^2} + \dfrac{-3}{s + 2} + \dfrac{3}{s + 1}$，其原函数为

$$f(t) = -t^2 e^{-2t} - 3t e^{-2t} - 3e^{-2t} + 3e^{-t}$$

10.2 运算电路

在 10.1 节中，根据电路分析对拉氏变换这一数学工具的需要，介绍了拉氏变换的有关知识。从本节开始，将把拉氏变换直接应用到电路分析中，并采用与正弦稳态分析相类似的方法，将电路基本定律和电路元件的模型用拉氏变换的形式来表示，从而可得到电路的复频域模型，或称为运算电路。

10.2.1 复频域中的电路定律

运算电路中的许多物理解释，是电路理论工作者附加给拉氏变换的，在学习时不

仅要熟练地应用拉氏变换这一数学工具，而且要深刻理解运算中的许多物理意义，把数学工具与电路内容结合起来。

将 $U(s) = \mathscr{F}[u(t)]$ 称为运算电压，$I(S) = \mathscr{F}[i(t)]$ 称为运算电流。

基尔霍夫定律的时域表达式如下：

对于任意节点，$\sum\limits_{k=1}^{n} i_k(t) = 0$；

对于任意回路，$\sum\limits_{k=1}^{n} u_k(t) = 0$。

根据拉氏变换的线性性质，可得到运算电压与运算电流在运算电路中满足的基尔霍夫定律如下：

对于任意节点，$\sum\limits_{k=1}^{n} I_k(s) = 0$；

对于任意回路，$\sum\limits_{k=1}^{n} U_k(s) = 0$。

可见运算电路的基尔霍夫定律与时域电路中的基尔霍夫定律在形式上是相同的。

10.2.2　复频域中的电路模型

1. 电阻的运算电路模型

在时域电路中，由欧姆定律知

$$\begin{cases} u(t) = Ri(t) \\ i(t) = Gu(t) \end{cases} \tag{10-14}$$

将式(10-14)进行拉氏变换，得到运算电压与运算电流的关系满足运算电路欧姆定律，即

$$\begin{cases} U(s) = RI(s) \\ I(s) = GU(s) \end{cases} \tag{10-15}$$

图 10-2　电阻的电路模型

(a)时域电路；(b)运算电路

根据式(10-14)，电阻元件的时域电路如图 10-2(a)所示；根据式(10-15)，得到电阻元件的运算电路如图 10-2(b)所示。

2. 电感的运算电路模型

当电压与电流取关联参考方向时，电感的时域伏安关系为

$$u(t) = L\frac{\mathrm{d}i}{\mathrm{d}t} \tag{10-16}$$

由微分性质知

$$\mathscr{L}[\frac{\mathrm{d}i}{\mathrm{d}t}] = sI(s) - i(0_-) \tag{10-17}$$

则有

$$U(s) = L[sI(s) - i(0_-)] = LsI(s) - Li(0_-) \tag{10-18}$$

进一步得到

$$I(s) = \frac{U(s)}{Ls} + \frac{i(0_-)}{s} \tag{10-19}$$

式中，$i(0_-)$ 表示电感中的初始电流。

式(10-18)和式(10-19)是电感元件伏安关系的运算形式，可以看出伏安关系已从时域中的微分形式变成了代数形式。当 $i(0_-) = 0$ 时，则上述运算形式可表示为

$$\begin{cases} U(s) = sLI(s) \\ sL = \dfrac{U(s)}{I(s)} \end{cases} \tag{10-20}$$

$$\begin{cases} I(s) = \dfrac{1}{sL}U(s) \\ \dfrac{1}{sL} = \dfrac{I(s)}{U(s)} \end{cases} \tag{10-21}$$

式中，sL 称为运算感抗；$\dfrac{1}{sL}$ 称为运算感纳。这与相量法的复感抗及复感纳形式相似，只是用 s 代替 $j\omega$。

式(10-18)中 $Li(0_-)$ 显然只具有电压性质，称为附加电压源，其方向与初始电流 $i(t)$ 的参考方向相反，根据该表达式得到电感的运算电路如图 10-3 (a) 所示；式(10-19)中的 $\dfrac{i(0_-)}{s}$ 具有电流性质，根据该表达式得到的电感运算电路的另一种形式如图 10-3(b)所示。

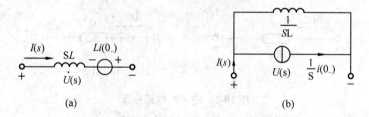

图 10-3　电感的运算电路模型

(a)串联；(b) 并联

由此可见，通过拉氏变换可将电感伏安关系的微分方程转化为代数方程，并将其初始电流反映在代数式中，表现为运算电路中的独立电源，从而简化了计算。

3. 电容的运算电路模型

当电压与电流取关联参考方向时，电容的时域伏安关系为

$$i(t) = C\frac{du}{dt} \tag{10-22}$$

由拉氏变换的微分性质可知

$$I(s) = \mathscr{L}[i(t)] = \mathscr{L}[C\frac{du}{dt}] = sCU(s) - CU(0_-) \tag{10-23}$$

推导得到运算电压与运算电流关系为

$$U(s) = \frac{1}{sC}I(s) + \frac{U(0_-)}{s} \tag{10-24}$$

式(10-23)和式(10-24)分别为电容元件 2 种伏安关系的运算形式，其中 $U(0_-)$ 为电容的初始电压，$\frac{1}{sC}$ 称为运算容抗，sC 称为运算容纳；$\frac{U(0_-)}{s}$ 称为附加电压源，其方向与初始电压方向一致，反映了电容初始电压的作用；$CU(0_-)$ 称为附加电流源。根据式(10-23)和式(10-24)得到电容的运算电路模型如图 10-4 所示。

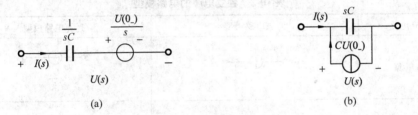

图 10-4　电容的运算电路模型

(a)串联；(b)并联

4. 耦合电感的运算电路模型

图 10-5(a)所示为耦合电感的时域电路模型，电压与电流参考方向如图所示，设两耦合线圈各有初始电流 $i_1(0_-)$ 和 $i_2(0_-)$，其一次、二次侧的电压和电流关系分别为

$$\begin{cases} u_1 = L_1\dfrac{di_1}{dt} + M\dfrac{di_2}{dt} \\ u_2 = L_2\dfrac{di_2}{dt} + M\dfrac{di_1}{dt} \end{cases} \tag{10-25}$$

对式(10-25)两边求取拉氏变换，可得

$$\begin{cases} U_1(s) = sL_1I_1(s) - L_1i_1(0_-) + sMI_2(s) - Mi_2(0_-) \\ U_2(s) = sL_2I_2(s) - L_2i_2(0_-) + sMI_1(s) - Mi_1(0_-) \end{cases} \tag{10-26}$$

式中，sM 称为运算互感抗；$Mi_1(0_-)$，$Mi_2(0_-)$ 为附加电压源，方向和 i_1，i_2 及同名端有关。根据式(10-26)得到的耦合电感运算电路模型如图 10-5(b)所示。

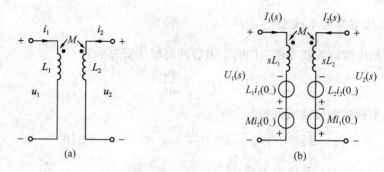

图 10-5 耦合电感电路模型

（a）时域电路；（b）运算电路

5. 电源的运算电路模型

上面讨论了 R，L，C 和 M 的伏安关系的运算形式及运算电路模型，这些元件均属于无源元件。与上述分析方法相同，现将常见的独立电源及受控电源的运算电路模型进行简要说明，见表 10-2 和表 10-3 所列。

表 10-2 独立电源的电路模型

独立电源	时域电路模型	运算电路模型
恒压源	$+ \ U_s \ -$	$+ \ \dfrac{U_s}{s} \ -$
恒流源	I_s	$\dfrac{I_s}{s}$
正弦电压源	$u_s(t)=U_m\cos\omega t$	$U_s(s)=U_m\dfrac{s}{s^2+\omega^2}$
正弦电流源	$i_s(t)=I_m\cos\omega t$	$I_s(s)=I_m\dfrac{s}{s^2+\omega^2}$
时变电压源	$u_s(t)$	$U_s(s)$
时变电流源	$i_s(t)$	$I_s(s)$

表 10-3　受控电源的电路模型

受控电源	电压控制电压源	电压控制电流源	电流控制电压源	电流控制电流源
时域电路模型	$u_1(t)$　$\mu u_1(t)$	$u_1(t)$　$gu_1(t)$	$i_1(t)$　$\gamma i_1(t)$	$i_1(t)$　$\beta i_1(t)$
运算电路模型	$U_1(s)$　$\mu U_1(s)$	$U_1(s)$　$gU_1(s)$	$I_1(s)$　$\gamma I_1(s)$	$I_1(s)$　$\beta I_1(s)$

【例 10-8】　将图 10-6(a)所示电路转换成运算电路。

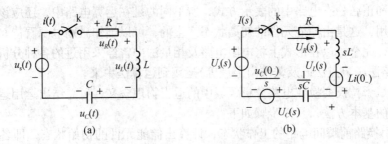

图 10-6　例 10-8 图

解　设电感电流初始值为 $i(0_-)$，电容电压初始值为 $u_C(0_-)$，电压与电路参考方向如图 10-6 所示，根据式(10-15)、式(10-18)以及式(10-24)并参见表 10-2，可将图 10-6(a)所示电路转换成图 10-6(b)所示运算电路。

根据基尔霍夫定律的运算形式有

$$U_R(s) + U_L(s) + U_C(s) = U_s(s) \tag{10-27}$$

将式(10-15)、式(10-18)以及式(10-24)带入式(10-27)，则有

$$RI(s) + sLI(s) - Li(0_-) + \frac{1}{sC}I(s) + \frac{u_C(0_-)}{s} = U_s(s) \tag{10-28}$$

进一步整理得到

$$\left(R + s + \frac{1}{sC}\right)I(s) = U_s(s) + Li(0_-) - \frac{u_C(0_-)}{s} \tag{10-29}$$

令 $R + sL + \dfrac{1}{sC} = Z(s)$，称为运算阻抗，则式(10-29)可化为

$$Z(s)I(s) = U_s(s) + Li(0_-) - \frac{u_C(0_-)}{s} \tag{10-30}$$

若 $i(0_-) = 0$，$u_C(0_-) = 0$，则有

$$\begin{cases} U(s) \ = \ Z(s)I(s) \\ I(s) \ = \ Y(s)U(s) \\ Y(s) \ = \ 1/Z(s) \end{cases} \tag{10-31}$$

式(10-31)即为欧姆定律的运算形式，其中 $Y(s)$ 称为运算导纳。

10.3　应用拉普拉斯变换法分析线性电路

所谓应用拉普拉斯变换法分析线性电路，是指通过拉氏变换将时域电路转化为运算电路，在运算电路中直接列写出运算形式的电路方程，求出运算解，然后进行拉氏反变换求得时域解，这种分析电路的方法工程上称为运算法。

在运算法求解过程中进行的是代数运算，不再是时域内求解微分方程，从而有效简化了求解过程。

10.2 节的分析表明，电路基本定律的运算电路形式在表示形式上完全类似于在直流电路和正弦稳态电路中的表示方式，所不同的是在运算电路中，还应该考虑附加电源的作用，这是由储能元件的初始状态产生的，可以当作激励电源看待。因此对于运算电路，完全可以在形式上将电阻电路及相量法中曾经采用过的各种分析方法和定理(如回路法、节点法以及戴维南定理等)运用到运算法中来。

通过赋予拉氏变换在电路分析领域中的适当物理含义，可总结出运用运算法分析线性电路的基本方法，具体步骤如下：

(1)由换路前瞬间电路的工作状态，计算出储能元件的初始状态，即各电感电流和电容电压的初始值。

(2)画出运算电路图。将所有电路元件均由运算电路模型表示，如 R 用 R 代替，L 用 sL 及与附加电压源 $Li(0_-)$ 相串联的有源支路代替，C 用运算电容 $1/(sC)$ 及与附加电压源 $U_C(0_-)/s$ 相串联的有源支路替代；将电源变换成相应的运算形式(运算电路的结构、电压和电流参考方向均与时域电路图中一致)。

(3)根据运算电路图，应用线性电路的各种分析方法如回路法、节点法、戴维南定理、串并联等效变换等，计算出响应的象函数，即解的运算形式(简称运算解)。求得的运算解一般是 s 的有理分式。

(4)应用部分分式展开法，将运算解进行拉氏反变换，求出相应的时域解，时域解是相应时间的函数表达式。从时域解可以清晰地看出响应随时间的变化规律，及各具体量值大小等。

【例 10-9】　电路如图 10-7(a)所示，元件参数均已知，若(1) $i(t) \ = \ \varepsilon(t)\mathrm{A}$，(2) $i(t) \ = \ \delta(t)\mathrm{A}$，试求 $u(t)$。

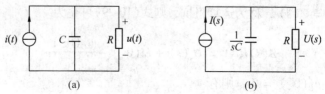

(a)　　　　　　　　　　　(b)

图 10-7　例 10-9 图

解　(1) $i(t) = \varepsilon(t)\,\mathrm{A}$

第一步：建立运算模型。

①电源用其象函数代替为 $\mathscr{L}[i(t)] = I(s) = \dfrac{1}{s}$；

②元件用相应运算模型代替，本题中 $u_C(0_-) = 0$，运算电路模型如图 10-7(b)所示。

第二步：分析计算。据式(10-31)可得

$$U(s) = Z(s)I(s) = \dfrac{R\dfrac{1}{sC}}{R + \dfrac{1}{sC}} \cdot \dfrac{1}{s} = \dfrac{1}{sC\left(s + \dfrac{1}{RC}\right)} = \dfrac{R}{Rs^2C + s} = \dfrac{R}{s(s \cdot RC + 1)} = \dfrac{k_1}{s} + \dfrac{k_2}{s + \dfrac{1}{RC}}$$

求解待定系数，分别为

$$k_1 = \dfrac{R}{2RCs + 1}\Big|_{s=0} = R$$

$$k_2 = \dfrac{R}{2RCs + 1}\Big|_{s=-\frac{1}{RC}} = -R$$

从而得到

$$U(s) = \dfrac{R}{s} - \dfrac{R}{s + \dfrac{1}{RC}}$$

第三步：拉氏反变换。可得

$$u(t) = \mathscr{L}[U(s)] = \left(R\varepsilon(t) - Re^{-\frac{1}{RC}t}\right)\mathrm{V} = R\left(1 - e^{-\frac{1}{RC}t}\right)\varepsilon(t)\,\mathrm{V}$$

(2) $i(t) = \delta(t)\,\mathrm{A}$

求取电源象函数为 $I(s) = 1$，引入运算阻抗，反应运算电压与运算电流关系为

$$U(s) = Z(s)I(s) = \dfrac{R\dfrac{1}{sC}}{R + \dfrac{1}{sC}} = \dfrac{R}{RsC + 1} = \dfrac{\dfrac{1}{C}}{s + \dfrac{1}{RC}}$$

拉氏反变换得到

$$u(t) = \dfrac{1}{C}e^{-\frac{1}{RC}t}\varepsilon(t)\,\mathrm{V}$$

【**例 10-10**】　电路如图 10-8(a)所示，已知开关 K 在 $t = 0$ 时刻闭合，试求电流 $i_1(t)$。

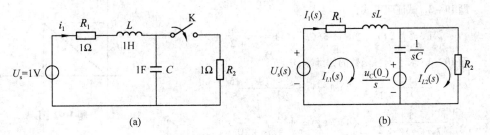

图 10-8　例 10-10 图

解 (1)建立运算模型。已知 $U_s = 1\text{V}$，求取电源的运算形式为 $\mathscr{L}[U_s] = \mathscr{L}[1] = \dfrac{1}{s}$。

在图 10-8(a)所示状态下求取电感初始电流 $i_1(0_-) = 0$，电容电压初始值 $u_C(0_-) = 1\text{V}$。

元件用相应运算模型代替，得到运算电路模型如图 10-8(b)所示。

(2)分析计算。应用回路法，回路电流如图 10-8(b)所示，可得

$$\begin{cases} (R_1 + sL + \dfrac{1}{sC})I_{L1}(s) - \dfrac{1}{sC}I_{l2}(s) = U_s(s) - u_C(0_-) \\ (R_2 + \dfrac{1}{sC})I_{l2}(s) - \dfrac{1}{sC}I_{L1}(s) = \dfrac{u_C(0_-)}{s} \end{cases}$$

解得

$$I_1(s) = I_{L1}(s) = \frac{1}{s(s^2 + 2s + 2)} = \frac{k_1}{s} + \frac{k_2}{s - (-1 + \mathrm{j})} + \frac{k_3}{s - (-1 - \mathrm{j})}$$

求解待定系数，分别为

$$k_1 = \frac{1}{3s^2 + 4s + 2}\Big|_{s=0} = 0.5$$

$$k_2 = \frac{1}{3s^2 + 4s + 2}\Big|_{s=-1+\mathrm{j}} = -\frac{1}{4} + \frac{1}{4}\mathrm{j}$$

(3)拉氏反变换。可得

$$i_1(t) = \frac{1}{2}\varepsilon(t) + \frac{\sqrt{2}}{2}\mathrm{e}^{-t}\cos(t + 135°)$$

根据三角函数变换关系得到

$$i_1(t) = \frac{1}{2}(1 - \mathrm{e}^{-t}\cos t + \mathrm{e}^{-t}\sin t)\varepsilon(t)$$

习 题

题 10-1. 求下列各函数的象函数：

(1) $f(t) = 2t\cos\omega t\cos\omega$；(2) $f(t) = \mathrm{e}^{2at} + t - 2$；

(3) $f(t) = \cos\omega t\sin\omega$；(4) $\mathrm{e}^{-t}\sin t$。

题 10-2. 求题 10-2 图所示波形的拉普拉斯变换。

题 10-3. 试证明等式：

$$\mathscr{L}[\mathrm{e}^{-2t} + 2(t-2)\mathrm{e}^t + 3\delta(t-1)] = \frac{1 + 2\mathrm{e}^s}{s+2} + 3\mathrm{e}^{-s}$$

题 10-4. 求下列各函数的原函数：

(1) $\dfrac{1}{(s+2)(s+1)}$；(2) $F(s) = \dfrac{s^2 + 10s + 15}{2s^2 + 2s + 5}$；

(3) $\dfrac{1}{(s+5)(s+2)}$；(4) $F(s) = \dfrac{1 - \mathrm{e}^s}{s^2 + 5s + 10}$。

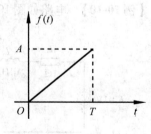

题 10-2 图

题 10-5. 题 10-5 图所示电路已处于稳态，开关 S 在 $t = 0$ 时断开。试画出换路后的运算电路。

题 10 - 6. 题 10-6 图所示电路，开关动作前电路已稳定，开关 S 在 $t = 0$ 时断开，当 $t \geqslant 0$ 时：

(1)画出运算电路；

(2)求电流 $i(t)$ 的象函数 $I(s)$；

(3)求电流 $i(t)$。

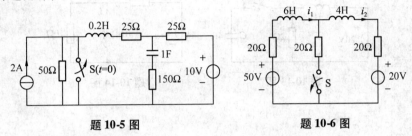

题 10-5 图　　　　　　题 10-6 图

题 10 - 7. 含互感的电路如题 10-7 图所示，当 $t = 0$ 时开关 S 闭合，试求电压 $u_0(t)$。

题 10 - 8. 题 10-8 图所示电路已处于稳态，当 $t = 0$ 时刻开关 S 从 1 合到 2，请应用拉式变换求 $u_0(t)$。

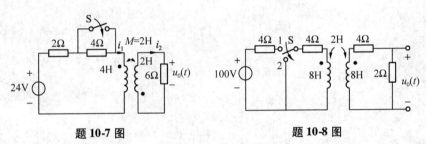

题 10-7 图　　　　　　题 10-8 图

题 10 - 9. 题 10-9 图所示电路已处于稳态且 $u_{C1}(0_-) = 0$，开关 S 在 $t = 0$ 时闭合，试求 $t \geqslant 0$ 时的响应 $u_{C1}(t)$ 和 $u_{C2}(t)$。

题 10 - 10. 电路如题 10-10 图所示，已知电容的初始电压为 5V，开关 S 在 $t = 0$ 时闭合，试求 $t \geqslant 0$ 的 $u_C(t)$。

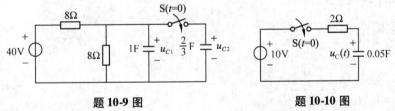

题 10-9 图　　　　　　题 10-10 图

题 10 - 11. 题 10-11 图所示电路已处于稳态，开关 S 在 $t = 0$ 时闭合，试求 $t > 0$ 电流 $i_L(t)$。

题 10 - 12. 题 10-12 图所示电路中 $i_s = e^{-1}\varepsilon(t)\mathrm{A}$，试用运算法求 $U_2(s)$。

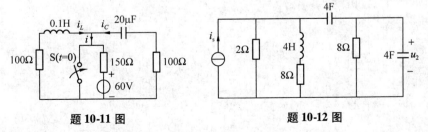

题 10-11 图　　　　　　题 10-12 图

题 10 - 13. 题 10-13 图所示电路已处于稳定状态，已知电容初始储能为零，开关 S 在 $t = 0$ 时闭合，试求 $t \geq 0$ 时电流 $i_1(t)$。

题 **10 – 14.** 电路如题 10-14 图所示，已知 $u_s(t) = [\varepsilon(t) + \varepsilon(t+1) - \varepsilon(t-1)]V$，试求 $i_L(t)$。

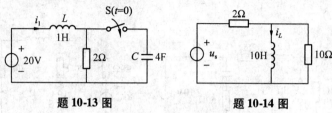

题 **10-13 图**　　　　题 **10-14 图**

第 11 章

二端口网络

[本章提要]

　　本章主要介绍二端口网络和描述二端口常用的 4 种参数，以及参数间的转换，同时重点介绍了二端口的 T 型等效电路和 π 型等效电路。最后介绍了二端口的连接方式。

前面章节的电路分析是在一个电路的结构和元件参数已知的情况下计算电压和电流，所分析的是一个完整的电路。

随着集成电路的发展，很大的实用电路集成在很小的芯片上，经封装后使用在各种电子仪器和电器设备中，这就好比把将整个网络装在"黑盒子"中，只引出若干个端钮与其他网络、电源或负载相连接。对于这样的网络，感兴趣的只是它的外部特性，即分析端钮上的电特性，而对其内部情况并不感兴趣。这类分析方法称为网络的端口分析法。

11.1　二端口网络

1. 一端口网络(单口网络)

构成端口的条件：对于一对端钮(端子)，若流入一个端钮的电流总是等于流出另一端钮的电流，则该对端钮构成一端口，如图 11-1 所示，其作用是传输能量和处理信息。

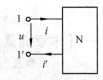

图 11-1　一端口网络

一端口网络与外界的联系仅仅只有 2 个端钮，故由 KCL 定律有 $i = i'$。

任意二端元件，都可以看作是结构最简单的一端口网络。

2. 多端口网络(n 端口网络)

多端网络中的任意 2 个端钮并不是总可以形成一个端口，构成一个端口必须满足一定的条件，如图 11-2 所示的多端口网络，应该满足以下条件

$$\begin{cases} i_1 = i'_1 \\ i_2 = i'_2 \\ \quad\vdots \\ i_n = i'_n \end{cases} \tag{11-1}$$

上式即为端口条件，可表述为：若有 2 个端钮，在任意时刻流入一个端钮的电流等于流出另一个端钮的电流，则此 2 个端钮构成一个端口。简言之，一对来回线可构成一端口。

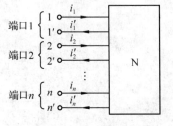

图 11-2　多端口网络

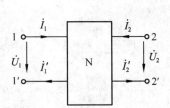

图 11-3　二端口网络

3. 二端口网络

工程上最常用的二端口网络的概念，又称双口网络(简称二端口或双口)，如图 11-3 所示。若为正弦稳态电路，应满足如下条件：

$$\begin{cases} \dot{I}_1 = \dot{I}'_1 & (构成端口\ 1-1') \\ \dot{I}_2 = \dot{I}'_2 & (构成端口\ 2-2') \end{cases}$$

由于 $1-1'$ 端口习惯上接入输入，故称为输入口；而 $2-2'$ 端口是连接负载的，故称为输出口(习惯上传输方向为从左到右)。

四端钮网络并不都是双口网络。图 11-4 所示为三相负载 Z_A，Z_B 和 Z_C 的星形连接电路，由于它不满足端口条件，所以不能看作是双口网络，而只能看作是四端钮网络。

多端钮网络和多端口网络都存在，但工程上最为广泛的是一端口网络和二端口网络。图 11-5 所示为二端口的实例。

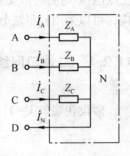

图 11-4　四端钮网络

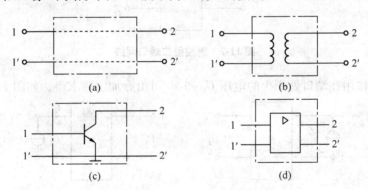

(a)　　　　　　　　　　　(b)

(c)　　　　　　　　　　　(d)

图 11-5　常见的二端口网络

(a)长传输线；(b)理想变压器；(c)晶体管；(d)运算放大器

引入二端口网络概念后，处理和分析电路的方法技巧更灵活了。对于某一网络，按局部电路的功能可作条块分割，如图 11-6(a)所示，应用戴维南定理和二端口网络的概念可等效简化为图 11-6(b)。

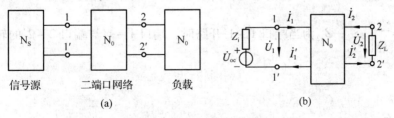

信号源　　二端口网络　　负载

(a)　　　　　　　　　　　(b)

图 11-6　网络的分割与电路等效

本章介绍的二端口网络是线性无源的，如用运算法分析时，还规定独立的储能元件$(C，L)$初始条件均为零(即不存在附加电源)。

11.2 二端口的方程和参数

在进行端口分析时，若只注重于网络的外部特性，则网络的内部特征可以用端口上的电压-电流的伏安方程来表述。对线性无源二端口的分析，若要求取正弦稳态响应，可以采用相量法分析；若要求取动态响应，可以采用运算法分析。

11.2.1 二端口网络的 Z 参数(流控型伏安特性)

假设在端口 $1-1'$ 和 $2-2'$ 处分别施加独立电流源 $\dot{I}_1$ 和 $\dot{I}_2$，如图 11-7 所示。

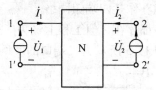

图 11-7 流控型二端口网络

电流源作用在端口处产生的电压 $\dot{U}_1$ 和 $\dot{U}_2$ 可由叠加定理求得，如图 11-8 所示。

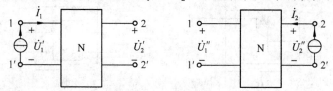

图 11-8 Z 参数的测定

则端口 $1-1'$ 处的电压可以分解为 2 部分：

$$\dot{U}_1 = \dot{U}_1' + \dot{U}_1'' = Z_{11}\dot{I}_1 + Z_{12}\dot{I}_2$$

式中，$\dot{U}_1'$ 为电流源 $\dot{I}_1$ 单独作用时，在端口 $1-1'$ 处产生的电压；$\dot{U}_1''$ 为电流源 $\dot{I}_2$ 单独作用时，在端口 $1-1'$ 处产生的电压；Z_{11} 为当端口 $2-2'$ 开路时，端口 $1-1'$ 的输入阻抗，$Z_{11} = \left.\dfrac{\dot{U}_1}{\dot{I}_1}\right|_{\dot{I}_2=0}$ ；Z_{12} 为当端口 $1-1'$ 开路时，端口 $1-1'$ 与端口 $2-2'$ 的转移阻抗，

$Z_{12} = \left.\dfrac{\dot{U}_1}{\dot{I}_2}\right|_{\dot{I}_1=0}$ 。

同理有

$$\dot{U}_2 = \dot{U}_2' + \dot{U}_2'' = Z_{21}\dot{I}_1 + Z_{22}\dot{I}_2$$

式中，$\dot{U}_2'$ 为电流源 $\dot{I}_1$ 单独作用时，在端口 $2-2'$ 处产生的电压；$\dot{U}_2''$ 为电流源 $\dot{I}_2$ 单

独作用时，在端口 $2-2'$ 处产生的电压；Z_{21} 为当端口 $2-2'$ 开路时，端口 $2-2'$ 与端口

$1-1'$ 的转移阻抗，$Z_{21} = \left.\dfrac{\dot{U}_2}{\dot{I}_1}\right|_{\dot{I}_2=0}$；$Z_{22}$ 为当端口 $1-1'$ 开路时，端口 $2-2'$ 的输出阻抗，

$Z_{22} = \left.\dfrac{\dot{U}_2}{\dot{I}_2}\right|_{\dot{I}_1=0}$。

从而得到 Z 参数方程为

$$\begin{cases} \dot{U}_1 = Z_{11}\dot{I}_1 + Z_{12}\dot{I}_2 \\ \dot{U}_2 = Z_{21}\dot{I}_1 + Z_{22}\dot{I}_2 \end{cases}$$

写成矩阵形式为

$$\begin{bmatrix} \dot{U}_1 \\ \dot{U}_2 \end{bmatrix} = \begin{bmatrix} Z_{11} & Z_{12} \\ Z_{21} & Z_{22} \end{bmatrix} \cdot \begin{bmatrix} \dot{I}_1 \\ \dot{I}_2 \end{bmatrix}$$

令 $Z = \begin{bmatrix} Z_{11} & Z_{12} \\ Z_{21} & Z_{22} \end{bmatrix}$，称为二端口的 Z 参数矩阵，又称开路阻抗矩阵，而 Z_{11}，Z_{12}，

Z_{21} 及 Z_{22} 为二端口的 Z 参数。Z 参数决定于二端口网络内部的电路结构、元件参数和网络的工作频率。

11.2.2 二端口网络的 Y 参数（压控型伏安特性）

如图 11-9 所示，若在两端口上分别施加 2 个独立电压源 $\dot{U}_1$ 和 $\dot{U}_2$，则由叠加原理可以得到 Y 参数方程为

$$\dot{I}_1 = \dot{I}_1' + \dot{I}_1'' = Y_{11}\dot{U}_1 + Y_{12}\dot{U}_2$$

$$\dot{I}_2 = \dot{I}_2' + \dot{I}_2'' = Y_{21}\dot{U}_1 + Y_{22}\dot{U}_2$$

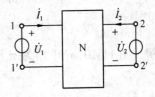

图 11-9　压控型二端口网络

式中，$\dot{I}_1'$ 为电压源 $\dot{U}_1$ 单独作用时，在端口 $1-1'$ 处产生的电流；$\dot{I}_1''$ 为电压源 $\dot{U}_2$ 单独作用时，在端口 $1-1'$ 处产生的电流；$\dot{I}_2'$ 为电压源 $\dot{U}_1$ 单独作用时，在端口 $2-2'$ 处产生的电流；$\dot{I}_2''$ 为电压源 $\dot{U}_2$ 单独作用时，在端口 $2-2'$ 处产生的电流；Y_{11} 为当端口 $2-2'$ 短路时，端口 $1-1'$ 的输入导纳，$Y_{11} = \left.\dfrac{\dot{I}_1}{\dot{U}_1}\right|_{\dot{U}_2=0}$　Y_{12}

为当端口 $1-1'$ 短路时，端口 $1-1'$ 与端口 $2-2'$ 的转移导纳，$Y_{12} = \left.\dfrac{\dot{I}_1}{\dot{U}_2}\right|_{\dot{U}_1=0}$；$Y_{21}$ 为当

端口 $2-2'$ 短路时，端口 $2-2'$ 与端口 $1-1'$ 的转移导纳，$Y_{21} = \left.\dfrac{\dot{I}_2}{\dot{U}_1}\right|_{\dot{U}_2=0}$；$Y_{22}$ 为当端口

$1-1'$短路时，端口 $2-2'$的输出导纳，$Y_{22} = \dfrac{\dot{I}_2}{\dot{U}_2}\bigg|_{\dot{U}_1=0}$。

将 Y 参数方程写成矩阵形式为

$$\begin{bmatrix} \dot{I}_1 \\ \dot{I}_2 \end{bmatrix} = \begin{bmatrix} Y_{11} & Y_{12} \\ Y_{21} & Y_{22} \end{bmatrix} \cdot \begin{bmatrix} \dot{U}_1 \\ \dot{U}_2 \end{bmatrix}$$

令 $Y = \begin{bmatrix} Y_{11} & Y_{12} \\ Y_{21} & Y_{22} \end{bmatrix}$，称为网络的 Y 参数矩阵，Y_{11}，Y_{12}，Y_{21}，Y_{22}为网络的 Y 参数。Y 参数决定于二端口网络内部的电路结构、元件参数和网络的工作频率。

【**例 11-1**】 求图 11-10(a)所示电路的 Y 参数矩阵。

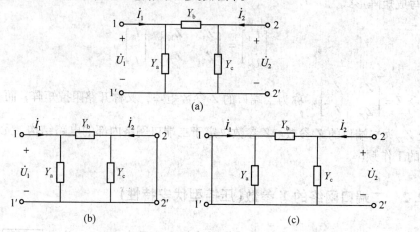

图 11-10 例 11-1 图

解 图 11-10(a)电路为 π 型电路，Y 参数方程为

$$\begin{cases} \dot{I}_1 = Y_{11}\dot{U}_1 + Y_{12}\dot{U}_2 \\ \dot{I}_2 = Y_{21}\dot{U}_1 + Y_{22}\dot{U}_2 \end{cases}$$

当 $\dot{U}_2 = 0$ 时，等效电路如图 11-10(b)所示，求得

$$Y_{11} = \dfrac{\dot{I}_1}{\dot{U}_1}\bigg|_{\dot{U}_2=0} = Y_a + Y_b, \quad Y_{21} = \dfrac{\dot{I}_2}{\dot{U}_1}\bigg|_{\dot{U}_2=0} = -Y_b$$

当 $\dot{U}_1 = 0$ 时，等效电路如图 11-10(c)所示，求得

$$Y_{12} = \dfrac{\dot{I}_1}{\dot{U}_2}\bigg|_{\dot{U}_1=0} = -Y_b, \quad Y_{22} = \dfrac{\dot{I}_2}{\dot{U}_2}\bigg|_{\dot{U}_1=0} = Y_c + Y_b$$

从而得到 Y 参数矩阵为

$$Y = \begin{bmatrix} Y_{11} & Y_{12} \\ Y_{21} & Y_{22} \end{bmatrix} = \begin{bmatrix} Y_a + Y_b & -Y_b \\ -Y_b & Y_c + Y_b \end{bmatrix}$$

本例中 $Y_{12} = Y_{21} = -Y_b$，由互易定理可知，对于仅由 R，$L(M)$，C 构成的无源二端口，有 $Y_{12} \equiv Y_{21}$，所以对于任何一个无源线性二端口，只要 3 个独立的参数就可以表征它的性能。将 $Y_{12} = Y_{21}$ 称为互易条件，若同时满足 $Y_{11} = Y_{22}$，则 Y 参数矩阵严格对称，因此称 $Y_{11} = Y_{22}$ 为对称条件。将同时满足互易条件和对称条件的二端口称为对称二端口。

将对称二端口的 2 个端口互换位置后与外电路连接，其外部特性完全一样，即从任意端口看进去，电气特性都完全一样，因此又称为电气对称。将连接方式和元件性质及参数的大小具有对称性的网络，称为结构对称网络。电气对称并不一定意味着结构上的对称。可见对称二端口的 $Y(Z)$ 参数只有 2 个是独立的。

对比 $\begin{bmatrix} \dot{I}_1 \\ \dot{I}_2 \end{bmatrix} = Y \cdot \begin{bmatrix} \dot{U}_1 \\ \dot{U}_2 \end{bmatrix}$ 和 $\begin{bmatrix} \dot{U}_1 \\ \dot{U}_2 \end{bmatrix} = Z \cdot \begin{bmatrix} \dot{I}_1 \\ \dot{I}_2 \end{bmatrix}$，可得出 $Z = Y^{-1}$ 或 $Y = Z^{-1}$，即有

$$\begin{bmatrix} Z_{11} & Z_{12} \\ Z_{21} & Z_{22} \end{bmatrix} = Y^{-1} = \frac{Y^*}{|Y|} = \frac{\begin{bmatrix} Y_{22} & -Y_{12} \\ -Y_{21} & Y_{11} \end{bmatrix}}{\begin{vmatrix} Y_{11} & Y_{12} \\ Y_{21} & Y_{22} \end{vmatrix}} = \frac{1}{\Delta Y} \begin{bmatrix} Y_{22} & -Y_{12} \\ -Y_{21} & Y_{11} \end{bmatrix}$$

式中，$\Delta Y = Y_{22}Y_{11} - Y_{12}Y_{21}$。因此可以得出 Z 参数的互易条件为 $Z_{12} = Z_{21}$，对称条件为 $Z_{11} = Z_{22}$。

对于含受控源的线性 R、$L(M)$、C 二端口网络，$Z_{12} \neq Z_{21}$，$Y_{12} \neq Y_{21}$。

【例 11-2】　求图 11-11 所示二端口网络的 Z 参数矩阵。

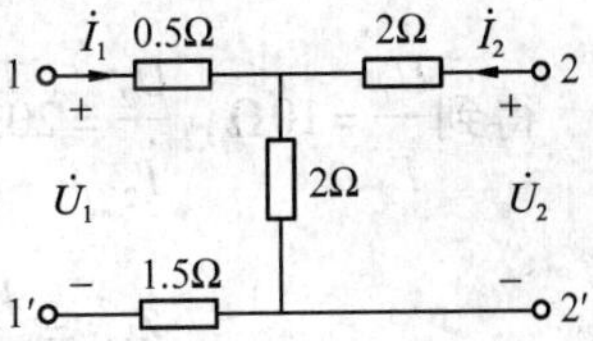

解　该二端口网络的 Z 参数方程为

$$\begin{cases} \dot{U}_1 = Z_{11}\dot{I}_1 + Z_{12}\dot{I}_2 \\ \dot{U}_2 = Z_{21}\dot{I}_1 + Z_{22}\dot{I}_2 \end{cases}$$

当 $\dot{I}_2 = 0$ 时，求得

$$Z_{11} = \frac{\dot{U}_1}{\dot{I}_1} \bigg|_{i_2=0} = \frac{4\dot{I}_1}{\dot{I}_1} = 4\Omega,$$

$$Z_{21} = \frac{\dot{U}_2}{\dot{I}_1} \bigg|_{i_2=0} = \frac{2\dot{I}_1}{\dot{I}_1} = 2\Omega$$

当 $\dot{I}_1 = 0$ 时，求得

$$Z_{12} = \frac{\dot{U}_1}{\dot{I}_2} \bigg|_{i_1=0} = \frac{2\dot{I}_2}{\dot{I}_2} = 2\Omega, \quad Z_{22} = \frac{\dot{U}_2}{\dot{I}_2} \bigg|_{i_1=0} = \frac{4\dot{I}_2}{\dot{I}_2} = 4\Omega$$

因此得到 Z 参数矩阵为 $Z = \begin{bmatrix} 4 & 2 \\ 2 & 4 \end{bmatrix}$。

从这个例子可以看出，该二端口网络的结构不对称，但电气上是对称的，即

图 11-11　例 11-2 图

$Z_{11} = Z_{22}$。可见，电气对称的 R，$L(M)$，C 二端口网络，网络结构可能不对称。

【例11-3】 求图 11-12 所示的二端口网络的 Z 参数，其中 $\mu = \dfrac{1}{60}$。

解 Z 参数方程为

$$\begin{cases} \dot{U}_1 = Z_{11}\dot{I}_1 + Z_{12}\dot{I}_2 \\ \dot{U}_2 = Z_{21}\dot{I}_1 + Z_{22}\dot{I}_2 \end{cases}$$

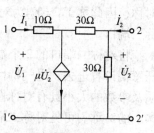

图 11-12　例 11-3 图

当 $\dot{I}_2 = 0$ 时，有

$$\begin{cases} \dot{U}_1 = 10\dot{I}_1 + 60(\dot{I}_1 - \mu\dot{U}_2) \\ \dot{U}_2 = 30(\dot{I}_1 - \mu\dot{U}_2) \end{cases}$$

得到 $\dfrac{\dot{U}_1}{\dot{I}_1} = 50\,\Omega$，$\dfrac{\dot{U}_2}{\dot{I}_1} = 20\,\Omega$，因此有

$$Z_{11} = \left.\frac{\dot{U}_1}{\dot{I}_1}\right|_{\dot{I}_2=0} = 50\,\Omega, \quad Z_{21} = \left.\frac{\dot{U}_2}{\dot{I}_1}\right|_{\dot{I}_2=0} = 20\,\Omega$$

当 $\dot{I}_1 = 0$ 时，有

$$\begin{cases} \dot{U}_1 = -30\mu\dot{U}_2 + 30(\dot{I}_2 - \mu\dot{U}_2) \\ \dot{U}_2 = 30(\dot{I}_2 - \mu\dot{U}_2) \end{cases}$$

得到 $\dfrac{\dot{U}_1}{\dot{I}_2} = 10\,\Omega$，$\dfrac{\dot{U}_2}{\dot{I}_2} = 20\,\Omega$，因此有

$$Z_{12} = \left.\frac{\dot{U}_1}{\dot{I}_2}\right|_{\dot{I}_1=0} = 10\,\Omega \quad Z_{22} = \left.\frac{\dot{U}_2}{\dot{I}_2}\right|_{\dot{I}_1=0} = 20\,\Omega$$

从本例可看出 $Z_{12} \neq Z_{21}$。

【例11-4】 求图 11-13 所示的二端口网络的 Y 参数。

解 Y 参数方程为

$$\begin{cases} \dot{I}_1 = Y_{11}\dot{U}_1 + Y_{12}\dot{U}_2 \\ \dot{I}_2 = Y_{21}\dot{U}_1 + Y_{22}\dot{U}_2 \end{cases}$$

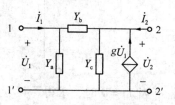

图 11-13　例 11-4 图

当端口 $2 - 2'$ 短接，即 $\dot{U}_2 = 0$，有

$$\begin{cases} \dot{I}_1 = \dot{U}_1(Y_a + Y_b) \\ \dot{I}_2 = -\dot{U}_1 Y_b - g\dot{U}_1 \end{cases}$$

整理后得到 $\dfrac{\dot{I}_1}{\dot{U}_1} = Y_a + Y_b$，$\dfrac{\dot{I}_2}{\dot{U}_1} = -Y_b - g$，因此有

$$Y_{11} = \dfrac{\dot{I}_1}{\dot{U}_1}\bigg|_{\dot{U}_2=0} = Y_a + Y_b, \qquad Y_{21} = \dfrac{\dot{I}_2}{\dot{U}_1}\bigg|_{\dot{U}_2=0} = -Y_b - g$$

当端口 1 – 1′短接，即 $\dot{U}_1 = 0$，有

$$\begin{cases} \dot{I}_1 = -\dot{U}_2 Y_b \\ \dot{I}_2 = (Y_b + Y_c)\dot{U}_2 \end{cases}$$

整理后得到 $\dfrac{\dot{I}_1}{\dot{U}_2} = -Y_b$，$\dfrac{\dot{I}_2}{\dot{U}_2} = Y_b + Y_c$，因此有

$$Y_{12} = \dfrac{\dot{I}_1}{\dot{U}_2}\bigg|_{\dot{U}_1=0} = -Y_b, \qquad Y_{22} = \dfrac{\dot{I}_2}{\dot{U}_2}\bigg|_{\dot{U}_1=0} = Y_c + Y_b$$

可见在本例的情况下 $Y_{12} \neq Y_{21}$。

11.2.3 二端口网络的 *T* 参数(传输型伏安特性)

有许多工程问题需要分析输入和输出的直接关系，如果用 *Z* 参数和 *Y* 参数显然很不方便，因此需要建立输出—输入电压电流的关系方程。这时输出口电流参考方向应改为指向负载，为了不变动 $\dot{I}_2$ 按照习惯设定的参考方向，而用 $-\dot{I}_2$ 表示输出电流。

下面从 *Y* 参数方程推导出($\dot{U}_1$, $\dot{I}_1$)与($\dot{U}_2$, $-\dot{I}_2$)的直接关系式。

Y 参数方程为

$$\begin{cases} \dot{I}_1 = Y_{11}\dot{U}_1 + Y_{12}\dot{U}_2 & (11\text{-}2) \\ \dot{I}_2 = Y_{21}\dot{U}_1 + Y_{22}\dot{U}_2 & (11\text{-}3) \end{cases}$$

由式(11-3)得

$$\dot{U}_1 = -\dfrac{Y_{22}}{Y_{21}}\dot{U}_2 + \dfrac{1}{Y_{21}}\dot{I}_2 = -\dfrac{Y_{22}}{Y_{21}}\dot{U}_2 - \dfrac{1}{Y_{21}}(-\dot{I}_2) \qquad (11\text{-}4)$$

将式(11-4)代入式(11-2)得

$$\dot{I}_1 = Y_{11}\Big[-\dfrac{Y_{22}}{Y_{21}}\dot{U}_2 - \dfrac{1}{Y_{21}}(-\dot{I}_2)\Big] + Y_{12}\dot{U}_2 = \Big(Y_{12} - \dfrac{Y_{11}Y_{22}}{Y_{21}}\Big)\dot{U}_2 - \dfrac{Y_{11}}{Y_{21}}(-\dot{I}_2)\,(11\text{-}5)$$

令式(11-4)、式(11-5)中相应系数为

$$A = -\dfrac{Y_{22}}{Y_{21}} \qquad\qquad B = -\dfrac{1}{Y_{21}}$$

$$C = Y_{12} - \dfrac{Y_{11}Y_{22}}{Y_{21}} \qquad\qquad D = -\dfrac{Y_{11}}{Y_{21}}$$

则可表示成矩阵形式为

$$\begin{bmatrix} \dot{U}_1 \\ \dot{I}_1 \end{bmatrix} = \begin{bmatrix} A & B \\ C & D \end{bmatrix} \begin{bmatrix} \dot{U}_2 \\ -\dot{I}_2 \end{bmatrix}$$

上式称为 T 参数方程，令 $T = \begin{bmatrix} A & B \\ C & D \end{bmatrix}$，各系数称为 T 参数，由于它在电力传输和有线通信中最先应用，因而称为传输方程。T 参数又称传输参数、一般参数或 A 参数。

T 参数方程表示了输入($\dot{U}_1$，$\dot{I}_1$)与输出($\dot{U}_2$，$-\dot{I}_2$)之间的关系，各 T 参数的物理意义和计算方法如下：

$A = \dfrac{\dot{U}_1}{\dot{U}_2}\bigg|_{-\dot{i}_2=0}$，代表当端口 $2-2'$ 开路时，端口 $1-1'$ 与端口 $2-2'$ 的端口电压比；

$B = \dfrac{\dot{U}_1}{-\dot{I}_2}\bigg|_{\dot{U}_2=0}$，代表当端口 $2-2'$ 短路时，端口 $1-1'$ 与端口 $2-2'$ 的端口转移阻抗；

$C = \dfrac{\dot{I}_1}{\dot{U}_2}\bigg|_{-\dot{i}_2=0}$，代表当端口 $2-2'$ 开路时，端口 $1-1'$ 与端口 $2-2'$ 的转移导纳；

$D = \dfrac{\dot{I}_1}{-\dot{I}_2}\bigg|_{\dot{U}_2=0}$，代表当端口 $2-2'$ 短路时，端口 $1-1'$ 与端口 $2-2'$ 的端口电流比。

上述 T 参数计算式都是根据 T 参数方程在传输口短路和开路的条件下求得的，其中 A，D 为输入—输出的电压和电流之比，是没有量纲的物理量。

对于无源线性二端口 $B \neq C$，但由于 $Y_{12} = Y_{21}$，则有下式成立：

$$AD - BC = \frac{Y_{22}}{Y_{21}} \cdot \frac{Y_{11}}{Y_{21}} + \frac{1}{Y_{21}}\left(Y_{12} - \frac{Y_{11}Y_{22}}{Y_{21}}\right) = \frac{Y_{12}}{Y_{21}} = 1$$

从而得到 T 参数矩阵的互易条件为 $\Delta T = AD - BC = 1$，这说明对于无源线性二端口，A，B，C，D 4 个参数中只有 3 个是独立的，即 3 个 T 参数即可描述输入与输出之间的关系。对于具有对称性的二端口，存在 $Y_{11} = Y_{22}$，因此得到 T 参数矩阵的对称条件为 $A = D$。

【例 11-5】 计算图 11-14 所示二端口网络的 T 参数。

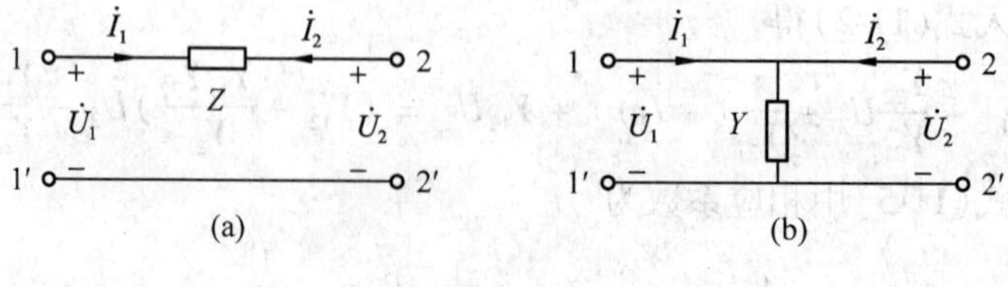

图 11-14　例 11-5 图

解 （1）对图 11-14(a)电路有

$$A = \frac{\dot{U}_1}{\dot{U}_2}\bigg|_{-\dot{I}_2=0} = \frac{\dot{U}_2}{\dot{U}_2} = 1$$

$$B = \frac{\dot{U}_1}{-\dot{I}_2}\bigg|_{\dot{U}_2=0} = Z$$

$$C = \frac{\dot{I}_1}{\dot{U}_2}\bigg|_{-\dot{I}_2=0} = 0$$

$$D = \frac{\dot{I}_1}{-\dot{I}_2}\bigg|_{\dot{U}_2=0} = 1$$

$$T = \begin{bmatrix} 1 & Z \\ 0 & 1 \end{bmatrix}$$

（2）对图 11-14（b）电路有

$$A = \frac{\dot{U}_1}{\dot{U}_2}\bigg|_{-\dot{I}_2=0} = \frac{\dot{U}_2}{\dot{U}_2} = 1$$

$$B = \frac{\dot{U}_1}{-\dot{I}_2}\bigg|_{\dot{U}_2=0} = 0$$

$$C = \frac{\dot{I}_1}{\dot{U}_2}\bigg|_{-\dot{I}_2=0} = Y$$

$$D = \frac{\dot{I}_1}{-\dot{I}_2}\bigg|_{\dot{U}_2=0} = 1$$

$$T = \begin{bmatrix} 1 & 0 \\ Y & 1 \end{bmatrix}$$

对于简单二端口，也可以直接列写出 T 参数方程。

11.2.4 二端口网络的 H 参数（混合参数伏安特性）

H 参数又称混合参数，也是一套常用的参数，它总是用 $\dot{I}_1$ 和 $\dot{U}_2$ 的线性组合来表示 $\dot{U}_1$ 和 $\dot{I}_2$。这组方程用在晶体管电路的分析和测量时，显得很方便。

可以从 Y 参数方程推出（$\dot{U}_1$，$\dot{I}_2$）与（$\dot{I}_1$，$\dot{U}_2$）的直接关系式为

$$\begin{cases} \dot{I}_1 = Y_{11}\dot{U}_1 + Y_{12}\dot{U}_2 \\ \dot{I}_2 = Y_{21}\dot{U}_1 + Y_{22}\dot{U}_2 \end{cases} \tag{11-6}$$

整理得到

$$\begin{cases} \dot{U}_1 = \dfrac{1}{Y_{11}}\dot{I}_1 - \dfrac{Y_{12}}{Y_{11}}\dot{U}_2 \\[2mm] \dot{I}_2 = Y_{21}\left(\dfrac{1}{Y_{11}}\dot{I}_1 - \dfrac{Y_{12}}{Y_{11}}\dot{U}_2\right) + Y_{22}\dot{U}_2 = \dfrac{Y_{21}}{Y_{11}}\dot{I}_1 + \dfrac{Y_{11}Y_{22} - Y_{12}Y_{21}}{Y_{11}}\dot{U}_2 \end{cases} \tag{11-7}$$

令 $\begin{cases} H_{11} = \dfrac{1}{Y_{11}},\ H_{12} = -\dfrac{Y_{12}}{Y_{11}}, \\[3mm] H_{21} = \dfrac{Y_{21}}{Y_{11}},\ H_{22} = \dfrac{Y_{11}Y_{22} - Y_{12}Y_{21}}{Y_{11}}, \end{cases}$ 则式（11-7）写成矩阵形式为

$$\begin{bmatrix} \dot{U}_1 \\ \dot{I}_2 \end{bmatrix} = \begin{bmatrix} H_{11} & H_{12} \\ H_{21} & H_{22} \end{bmatrix} \begin{bmatrix} \dot{I}_1 \\ \dot{U}_2 \end{bmatrix} \tag{11-8}$$

式中各系数称为 H 参数，其意义和计算方法如下：

$H_{11} = \left.\dfrac{\dot{U}_1}{\dot{I}_1}\right|_{\dot{U}_2 = 0}$ ，代表当端口 $2-2'$ 短路时，端口 $1-1'$ 的输入阻抗；

$H_{12} = \left.\dfrac{\dot{U}_1}{\dot{U}_2}\right|_{\dot{I}_1 = 0}$ ，代表当端口 $1-1'$ 开路时，端口 $1-1'$ 与端口 $2-2'$ 的端口电压比；

$H_{21} = \left.\dfrac{\dot{I}_2}{\dot{I}_1}\right|_{\dot{U}_2 = 0}$ ，代表当端口 $2-2'$ 短路时，端口 $2-2'$ 与端口 $1-1'$ 的端口电流比；

$H_{22} = \left.\dfrac{\dot{I}_2}{\dot{U}_2}\right|_{\dot{I}_1 = 0}$ ，代表当端口 $1-1'$ 开路时，端口 $2-2'$ 的输出导纳。

可见 H 参数表示的量各不相同，表示方式又是混合型的，故 H 参数又称混合参数。

对于无源线性二端口网络，因为 $Y_{12} = Y_{21}$，所以有互易条件 $H_{12} = -H_{21}$；当网络对称时，满足 $Y_{11} = Y_{22}$，有 $H_{11}H_{22} - H_{12}H_{21} = \Delta H = 1$ 关系式成立，所以对称条件为 $\Delta H = 1$。

【例 11-6】　求图 11-15 所示理想变压器的 T，H，Z 和 Y 参数。

解　理想变压器一次侧与二次侧的电压和电流关系为

$$\begin{cases} u_1 = n u_2 \\[2mm] i_1 = -\dfrac{1}{n}i_2 \end{cases}$$

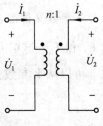

图 11-15　例 11-6 图

可以得出 T 参数矩阵和 H 参数矩阵分别为

$$T = \begin{bmatrix} n & 0 \\ 0 & \dfrac{1}{n} \end{bmatrix},\quad H = \begin{bmatrix} 0 & n \\ -n & 0 \end{bmatrix}$$

Z，Y 参数不存在，因此理想变压器只能用传输矩阵或混合矩阵来描述。

【例 11-7】　计算图 11-16(a)所示晶体管元件的 H 参数。

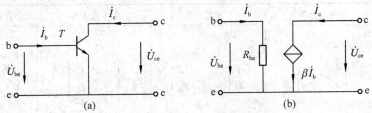

图 11-16　例 11-7 图

(a)晶体管；(b)晶体管等效电路

解　晶体管的等效电路如图 11-16(b)所示，因此可以把晶体管看作是二端口网络，由图 11-6(b)可得相应 H 参数方程为

$$\dot{U}_{be} = H_{11}\dot{I}_{b} + H_{12}\dot{U}_{ce}$$

$$\dot{I}_{c} = H_{21}\dot{I}_{b} + H_{22}\dot{U}_{ce}$$

令 $\dot{U}_{ce}=0$，可得如下短路参数：

$$H_{11} = \left.\frac{\dot{U}_{be}}{\dot{I}_{b}}\right|_{\dot{U}_{ce}=0} = R_{be}，表示晶体管的输入电阻；$$

$$H_{21} = \left.\frac{\dot{I}_{c}}{\dot{I}_{b}}\right|_{\dot{U}_{ce}=0} = \beta，表示晶体管的放大倍数。$$

令 $\dot{I}_{b}=0$，可得开路参数为

$$H_{12} = \left.\frac{\dot{U}_{be}}{\dot{U}_{ce}}\right|_{\dot{I}_{b}=0} = \frac{\dot{I}_{b}R_{be}}{\dot{U}_{ce}} = 0，\quad H_{22} = \left.\frac{\dot{I}_{c}}{\dot{U}_{ce}}\right|_{\dot{I}_{b}=0} = \frac{\beta\dot{I}_{b}}{\dot{U}_{ce}} = 0$$

由此可以得到方程为

$$\begin{cases} \dot{U}_{be} = R_{be}\dot{I}_{b} \\ \dot{I}_{c} = \beta\dot{I}_{b} \end{cases}$$

二端口网络的参数共有 6 组，上面介绍了常用的 4 组。二端口网络在端口上显示出来的外部特性，就是通过每组参数所确定的参数方程来描述的。

在实际应用中，一种器件或电路往往用某一种参数来描述较为方便，如：π 型电路用 Y 参数；T 型电路用 Z 参数；晶体管电路用 H 参数；对于传输线的分析用 T 参数方程来描述。

只有二端口网络线性无源时才具有互易性，这时网络的任意一组参数中只有 3 个是独立的；若同时具备互易性和对称性，则仅有 2 个参数是独立的。

Y 参数、Z 参数、T 参数和 H 参数之间可以相互转换，可以根据以上的推导方法实现，总结见表 11-1。

表 11-1 参数矩阵间的转换

对象	Z 参数矩阵	Y 参数矩阵	T 参数矩阵	H 参数矩阵
Z 参数矩阵	$\begin{bmatrix} Z_{11} & Z_{12} \\ Z_{21} & Z_{22} \end{bmatrix}$	$\dfrac{1}{\Delta Y}\begin{bmatrix} Y_{22} & -Y_{12} \\ -Y_{21} & Y_{11} \end{bmatrix}$	$\begin{bmatrix} \dfrac{A}{C} & \dfrac{\Delta T}{C} \\ \dfrac{1}{C} & \dfrac{D}{C} \end{bmatrix}$	$\begin{bmatrix} \dfrac{\Delta H}{H_{22}} & \dfrac{H_{12}}{H_{22}} \\ -\dfrac{H_{21}}{H_{22}} & \dfrac{1}{H_{22}} \end{bmatrix}$
Y 参数矩阵	$\dfrac{1}{\Delta Z}\begin{bmatrix} Z_{22} & -Z_{12} \\ -Z_{21} & Z_{11} \end{bmatrix}$	$\begin{bmatrix} Y_{22} & -Y_{12} \\ -Y_{21} & Y_{11} \end{bmatrix}$	$\begin{bmatrix} \dfrac{D}{B} & -\dfrac{\Delta T}{B} \\ -\dfrac{1}{B} & \dfrac{A}{B} \end{bmatrix}$	$\begin{bmatrix} \dfrac{1}{H_{11}} & -\dfrac{H_{12}}{H_{11}} \\ \dfrac{H_{21}}{H_{11}} & \dfrac{\Delta H}{H_{11}} \end{bmatrix}$
T 参数矩阵	$\begin{bmatrix} \dfrac{Z_{11}}{Z_{21}} & \dfrac{\Delta Z}{Z_{21}} \\ \dfrac{1}{Z_{21}} & \dfrac{Z_{22}}{Z_{21}} \end{bmatrix}$	$\begin{bmatrix} -\dfrac{Y_{22}}{Y_{21}} & -\dfrac{1}{Y_{21}} \\ -\dfrac{\Delta Y}{Y_{21}} & -\dfrac{Y_{11}}{Y_{21}} \end{bmatrix}$	$\begin{bmatrix} A & B \\ C & D \end{bmatrix}$	$\begin{bmatrix} -\dfrac{\Delta H}{H_{21}} & -\dfrac{H_{11}}{H_{21}} \\ -\dfrac{H_{22}}{H_{21}} & -\dfrac{1}{H_{21}} \end{bmatrix}$
H 参数矩阵	$\begin{bmatrix} \dfrac{\Delta Z}{Z_{22}} & \dfrac{Z_{12}}{Z_{22}} \\ -\dfrac{Z_{21}}{Z_{22}} & \dfrac{1}{Z_{22}} \end{bmatrix}$	$\begin{bmatrix} \dfrac{1}{Y_{11}} & -\dfrac{Y_{12}}{Y_{11}} \\ \dfrac{Y_{21}}{Y_{11}} & \dfrac{\Delta Y}{Y_{11}} \end{bmatrix}$	$\begin{bmatrix} \dfrac{B}{D} & \dfrac{\Delta T}{D} \\ -\dfrac{1}{D} & \dfrac{C}{D} \end{bmatrix}$	$\begin{bmatrix} H_{11} & H_{12} \\ H_{21} & H_{22} \end{bmatrix}$

11.3 二端口的等效电路

任何复杂的无源线性一端口可以用一个等效阻抗来表征它的外部特性，同理，既然任何给定的无源线性二端口的外部特性可以用 3 个参数确定，那么只要找到一个由 3 个阻抗(导纳)组成的简单二端口，如果这个二端口与给定的二端口的参数分别相等，则这 2 个双口的外部特性也完全相同，即两者是等效的。

由 3 个阻抗(导纳)组成的简单二端口只有 2 种形式，即 T 型电路和 π 型电路。

11.3.1 二端口网络的 T 型等效电路

1. 无受控源的二端口网络的等效电路

二端口网络如图 11-17(a)所示，已知 Z 参数，要确定此二端口如图 11-17(b)所示的 T 型等效电路中 Z_1，Z_2 和 Z_3 应满足的条件。

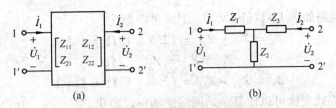

图 11-17　无受控源二端口网络的 T 型等效电路

如图 11-17(b)所示，T 型等效电路中 Z 参数为

$$Z_{11} = \frac{\dot{U}_1}{\dot{I}_1}\bigg|_{i_2=0} = Z_1 + Z_2, \qquad Z_{12} = \frac{\dot{U}_1}{\dot{I}_2}\bigg|_{i_1=0} = Z_2$$

$$Z_{21} = \frac{\dot{U}_2}{\dot{I}_1}\bigg|_{i_2=0} = Z_2, \qquad Z_{22} = \frac{\dot{U}_2}{\dot{I}_2}\bigg|_{i_1=0} = Z_2 + Z_3$$

通过上述方程，可以求得 T 型等效电路中元件参数为

$$Z_1 = Z_{11} - Z_{21}, \qquad Z_2 = Z_{12} = Z_{21}, \qquad Z_3 = Z_{22} - Z_{12}$$

查表 11-1，可以得到 T 型等效电路中元件参数与 T 参数之间的关系为

$$Z_1 = \frac{A-1}{C}, \qquad Z_2 = \frac{1}{C}, \qquad Z_3 = \frac{D-1}{C}$$

若对于对称二端口，由于有 $Z_{11} = Z_{22}$，$A = D$，故它的 T 型等效电路也一定是对称的，满足 $Z_1 = Z_3$。

【例 11-8】　求图 11-18 所示网络的 T 型等效模型。

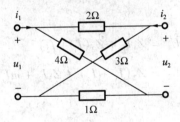

图 11-18　例 11-8 图

解　　$$Z_{11} = \frac{u_1}{i_1}\bigg|_{i_2=0} = \frac{(1+4)\times(3+2)}{(1+4)+(3+2)}\Omega = \frac{25}{10}\Omega = 2.5\Omega$$

$$Z_{21} = \frac{u_2}{i_1}\bigg|_{i_2=0} = \frac{\frac{1}{2}i_1 \times 3 - \frac{1}{2}i_1 \times 1}{i_1} = 1\Omega$$

$$Z_{12} = \frac{u_1}{i_2}\bigg|_{i_1=0} = \frac{\frac{3+1}{2+3+4+1}i_2 \times 4 - \frac{4+2}{2+3+4+1}i_2 \times 1}{i_2} = 1\Omega$$

$$Z_{22} = \frac{u_2}{i_2}\bigg|_{i_1=0} = \frac{(2+4)\times(3+1)}{(2+4)+(3+1)}\Omega = \frac{24}{10}\Omega = 2.4\Omega$$

T 型等效电路如图 11-17(b) 所示，其元件参数为

$$Z_1 = Z_{11} - Z_{21} = (2.5 - 1)\Omega = 1.5\Omega$$
$$Z_2 = Z_{12} = Z_{21} = 1\Omega$$
$$Z_3 = Z_{22} - Z_{12} = (2.4 - 1)\Omega = 1.4\Omega$$

可见，这样的等效变换可以使复杂的网络结构得以简化。

2. 含受控源的二端口网络的等效电路

二端口网络含有受控源时，表征二端口网络特性的 4 个参数都是独立的，若 Z 参数已知，如图 11-19(a) 所示，试确定图 11-19(b) 所示的等效电路中的元件参数。

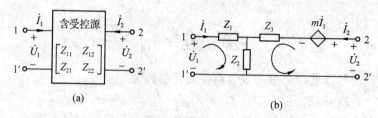

(a)　　　　　　　　　　(b)

图 11-19　含受控源二端口网络的等效电路

由图 11-19(b) 可得

$$\begin{cases} \dot{U}_1 = (Z_1 + Z_2)\dot{I}_1 + Z_2\dot{I}_2 \\ \dot{U}_2 = Z_2\dot{I}_1 + (Z_2 + Z_3)\dot{I}_2 + m\dot{I}_1 \end{cases} \tag{11-9}$$

整理后得到

$$\begin{cases} \dot{U}_1 = Z_1\dot{I}_1 + Z_2(\dot{I}_1 + \dot{I}_2) \\ \dot{U}_2 = Z_2(\dot{I}_1 + \dot{I}_2) + Z_3\dot{I}_2 + m\dot{I}_1 \end{cases} \tag{11-10}$$

Z 参数方程为

$$\begin{cases} \dot{U}_1 = Z_{11}\dot{I}_1 + Z_{12}\dot{I}_2 \\ \dot{U}_2 = Z_{21}\dot{I}_1 + Z_{22}\dot{I}_2 \end{cases} \tag{11-11}$$

整理后有

$$\begin{cases} \dot{U}_1 = (Z_{11} - Z_{12})\dot{I}_1 + Z_{12}(\dot{I}_1 + \dot{I}_2) \\ \dot{U}_2 = (Z_{21} - Z_{12})\dot{I}_1 + (Z_{22} - Z_{12})\dot{I}_2 + Z_{12}(\dot{I}_1 + \dot{I}_2) \end{cases} \tag{11-12}$$

对比式(11-10)和式(11-12)，可以得到

$$\begin{cases} Z_1 = Z_{11} - Z_{12}, \quad Z_2 = Z_{12}, \\ Z_3 = Z_{22} - Z_{12}, \quad m = Z_{21} - Z_{12} \end{cases} \tag{11-13}$$

式(11-13)在求取含有受控源的二端口网络的 T 型等效电路参数时，可以直接使用。

11.3.2　二端口网络的 π 型等效电路

1. 无受控源的二端口网络的等效电路

二端口网络如图 11-20(a)所示，已知二端口网络的 Y 参数，求其 π 型电路的等效电路。

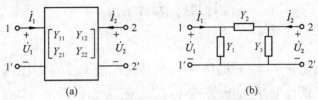

图 11-20　无受控源的二端口网络 π 型等效电路

下面推导 π 型电路的 Y_1，Y_2 和 Y_3 参数关系。由图 11-20(b)知网络的 Y 参数为

$$Y_{11} = \left.\frac{\dot{I}_1}{\dot{U}_1}\right|_{\dot{U}_2=0} = Y_1 + Y_2, \quad Y_{21} = \left.\frac{\dot{I}_2}{\dot{U}_1}\right|_{\dot{U}_2=0} = -Y_2$$

$$Y_{12} = \left.\frac{\dot{I}_1}{\dot{U}_2}\right|_{\dot{U}_1=0} = -Y_2, \quad Y_{22} = \left.\frac{\dot{I}_2}{\dot{U}_2}\right|_{\dot{U}_1=0} = Y_2 + Y_3$$

由上述方程可以计算出

$$\begin{cases} Y_1 = Y_{11} + Y_{12} \\ Y_2 = -Y_{12} = -Y_{21} \\ Y_3 = Y_{21} + Y_{22} \end{cases}$$

查表 11-1，可以得到 T 型等效电路中元件 Y 参数与 T 参数之间的关系为

$$Y_1 = \frac{D-1}{B}, \quad Y_2 = \frac{1}{B}, \quad Y_3 = \frac{A-1}{B}$$

对于对称二端口，由于有 $Y_{11} = Y_{22}$，$A = D$，故它的 π 型等效电路也一定是对称的，有 $Y_1 = Y_3$。

2. 含受控源的二端口网络的等效电路

含受控源的二端口网络若 Y 参数已知，试确定如图 11-21 所示的等效电路中的元件参数。

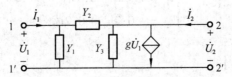

图 11-21　含受控源的二端口网络等效电路

由节点法可求得

$$\begin{cases} \dot{I}_1 = Y_1\dot{U}_1 + Y_2(\dot{U}_1 - \dot{U}_2) \\ \dot{I}_2 = Y_2(\dot{U}_2 - \dot{U}_1) + Y_3\dot{U}_2 + g\dot{U}_1 \end{cases} \tag{11-14}$$

Y 参数方程为

$$\begin{cases} \dot{I}_1 = Y_{11}\dot{U}_1 + Y_{12}\dot{U}_2 \\ \dot{I}_2 = Y_{21}\dot{U}_1 + Y_{22}\dot{U}_2 \end{cases} \tag{11-15}$$

整理后得到

$$\begin{cases} \dot{I}_1 = Y_{11}\dot{U}_1 + Y_{12}\dot{U}_2 + Y_{12}\dot{U}_1 - Y_{12}\dot{U}_1 = (Y_{11} + Y_{12})\dot{U}_1 - Y_{12}(\dot{U}_1 - \dot{U}_2) \\ \dot{I}_2 = Y_{21}\dot{U}_1 + Y_{22}\dot{U}_2 + Y_{12}\dot{U}_1 - Y_{12}\dot{U}_1 + Y_{12}\dot{U}_2 - Y_{12}\dot{U}_2 \\ \quad = -Y_{12}(\dot{U}_2 - \dot{U}_1) + (Y_{22} + Y_{12})\dot{U}_2 + (Y_{21} - Y_{12})\dot{U}_1 \end{cases} \tag{11-16}$$

对比式(11-14)和式(11-16)可以得到

$$\begin{cases} Y_1 = Y_{11} + Y_{12}, \quad Y_2 = -Y_{12}, \\ Y_3 = Y_{22} + Y_{12}, \quad g = Y_{21} - Y_{12} \end{cases} \tag{11-17}$$

若网络具有互易性，即 $Y_{21} = Y_{12}$，则 $g = 0$，受控源消失。

【例 11-9】 求图 11-22 所示二端口网络的 π 型等效电路。

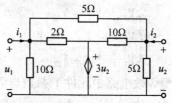

图 11-22 例 11-9 图

解 按节点电压法，有

$$\begin{cases} \left(\dfrac{1}{10} + \dfrac{1}{2} + \dfrac{1}{5}\right)u_1 - \dfrac{1}{2} \times 3u_2 - \dfrac{1}{5}u_2 = i_1 \\ -\dfrac{1}{5}u_2 - \dfrac{1}{10} \times 3u_2 + \left(\dfrac{1}{10} + \dfrac{1}{5} + \dfrac{1}{5}\right)u_2 = i_2 \end{cases}$$

整理得到

$$\begin{cases} i_1 = 0.8u_1 - 1.7u_2 \\ i_2 = -0.2u_1 + 0.2u_2 \end{cases}$$

所以 $Y = \begin{bmatrix} 0.8 & -1.7 \\ -0.2 & 0.2 \end{bmatrix}$。

π 型等效电路如图 11-21 所示，其参数为

$$\begin{cases} Y_1 = Y_{11} + Y_{12} = -0.9, \quad Y_2 = -Y_{12} = 1.7, \\ Y_3 = Y_{22} + Y_{12} = -1.5, \quad g = Y_{21} - Y_{12} = 1.5。 \end{cases}$$

11.4　二端口的转移函数

以上对二端口的讨论都是按正弦稳态情况考虑的，故采用相量法。运用运算法分析二端口，则上述参数是复变量 s 的函数。

二端口的转移函数(传递函数)，就是由拉氏变换形式表示的输出电压或电流与输入电压或电流之比(注意：二端口内部必须没有独立电源和附加电源)。

1. 无端接的二端口

(1)定义：当二端口没有外接负载及输入激励无内阻时，二端口称为无端接。

(2)无端接二端口的转移函数：

电压转移函数(又称转移电压比函数) $U_2(s)/U_1(s)$，电流转移函数(又称转移电流比函数) $I_2(s)/I_1(s)$；

转移导纳函数 $I_2(s)/U_1(s)$，转移阻抗函数 $U_2(s)/I_1(s)$。

计算方法如下。

①由 Z 参数方程推导：

Z 参数方程为

$$\begin{cases} U_1(s) = Z_{11}I_1(s) + Z_{12}I_2(s) \\ U_2(s) = Z_{21}I_1(s) + Z_{22}I_2(s) \end{cases}$$

此时 $I_2(s)=0$(即端口2无外接负载)，故有

$$\begin{cases} U_1(s) = Z_{11}I_1(s) \\ U_2(s) = Z_{21}I_1(s) \end{cases}$$

因此电压转移函数为 $U_2(s)/U_1(s) = Z_{21}(s)/Z_{11}(s)$。

②由 Y 参数方程推导：

Y 参数方程为

$$\begin{cases} I_1(s) = Y_{11}U_1(s) + Y_{12}U_2(s) \\ I_2(s) = Y_{21}U_1(s) + Y_{22}U_2(s) \end{cases}$$

此时 $I_2(s)=0$(即端口2无外接负载)，转移电压比函数为

$$U_2(s)/U_1(s) = -Y_{21}(s)/Y_{22}(s)$$

当 $U_2(s)=0$ 时，得到转移电流比函数为

$$I_2(s)/I_1(s) = Y_{21}(s)/Y_{11}(s) = -Z_{21}(s)/Z_{22}(s)$$

转移导纳函数为

$$I_2(s)/U_1(s) = Y_{21}(s)$$

当 $I_2(s)=0$ 时，得到转移阻抗函数为

$$U_2(s)/I_1(s) = Z_{21}(s)$$

这些转移函数可纯粹用 Y 参数或 Z 参数表示，当然也可以用 $T(A)$ 参数或 H 参数来表示。

2. 双端接的二端口

(1)定义：实际应用中，二端口的输出接有负载阻抗 Z_L，输入端一般皆有电压源和阻抗 Z_s 的串联组合，这样的二端口称为双端接二端口。

(2)双端接二端口的转移函数：通常关注的是转移电压比函数 $U_2(s)/U_s(s)$。

双端接二端口如图 11-23 所示，试分析其转移电压比函数 $U_2(s)/U_s(s)$。

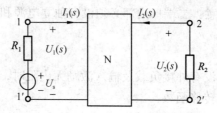

图 11-23 双端接二端口

R_1. 输入端的电阻；R_2. 输出端的电阻

端口电压与电流关系为

$$\begin{cases} U_1(s) = U_s(s) - R_1 I_1(s) \\ U_2(s) = - R_2 I_2(s) \end{cases}$$

代入 Z 参数方程

$$\begin{cases} U_1(s) = Z_{11} I_1(s) + Z_{12} I_2(s) \\ U_2(s) = Z_{21} I_1(s) + Z_{22} I_2(s) \end{cases}$$

得到

$$\begin{cases} U_s(s) - R_1 I_1(s) = Z_{11} I_1(s) + Z_{12} I_2(s) \\ - R_2 I_2(s) = Z_{21} I_1(s) + Z_{22} I_2(s) \end{cases}$$

解得

$$I_2(s) = \frac{- U_s(s) Z_{21}(s)}{[R_1 + Z_{11}(s)][R_2 + Z_{22}(s)] - Z_{12}(s) Z_{21}(s)},$$

因此有

$$\frac{U_2(s)}{U_s(s)} = \frac{- R_2 I_2(s)}{U_s(s)} = \frac{R_2 Z_{21}(s)}{[R_1 + Z_{11}(s)][R_2 + Z_{22}(s)] - Z_{12}(s) Z_{21}(s)}$$

3. 单端接的二端口

(1)定义：只计及二端口的负载阻抗或只考虑输入电源阻抗时，称为单端接的二端口，如图 11-24 所示。

(2)单端接二端口的转移函数：

转移导纳函数 $I_2(s)/U_1(s)$，转移阻抗函数 $U_2(s)/I_1(s)$；

转移电流比函数 $I_2(s)/I_1(s)$，转移电压比函数 $U_2(s)/U_1(s)$。

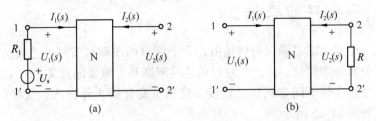

图 11-24 单端接二端口

只计及二端口的负载阻抗的单端口网络，如图 11-24(b)所示。

①计算转移导纳函数 $I_2(s)/U_1(s)$。由图 11-24(b)可得

$$U_2(s) = -RI_2(s) \qquad (11\text{-}18)$$

由 Y 参数方程 $I_2(s) = Y_{21}U_1(s) + Y_{22}U_2(s)$，与式(11-18)联立，消去 $U_2(s)$可得

$$I_2(s)/U_1(s) = \frac{Y_{21}(s)/R}{Y_{22}(s) + \dfrac{1}{R}}$$

②计算转移阻抗 $U_2(s)/I_1(s)$。由 Z 参数方程得

$$U_2(s) = Z_{21}I_1(s) + Z_{22}I_2(s)$$

联立 $U_2(s) = -RI_2(s)$，消去 $I_2(s)$可得

$$U_2(s)/I_1(s) = \frac{RZ_{21}(s)}{R + Z_{22}(s)}$$

③计算转移电流比函数 $I_2(s)/I_1(s)$。由 Z 参数方程得

$$U_1(s) = Z_{11}I_1(s) + Z_{12}I_2(s), U_2(s) = Z_{21}I_1(s) + Z_{22}I_2(s)$$

联立 $U_2(s) = -RI_2(s)$，消去 $U_1(s)$和 $U_2(s)$得

$$\frac{I_2(s)}{I_1(s)} = \frac{Y_{21}(s)Z_{11}(s)}{1 + Y_{22}(s)R - Z_{12}(s)Y_{21}(s)} = \frac{Y_{21}(s)/R}{Y_{11}(s)\left[Y_{22}(s) + 1/R\right] - Y_{12}(s)Y_{21}(s)}$$

④计算电压转移函数 $U_2(s)/U_1(s)$。由 Z 参数方程得

$$U_2(s) = Z_{21}I_1(s) + Z_{22}I_2(s)$$

联立 $U_2(s) = -RI_2(s)$ 和 Y 参数方程 $I_1(s) = Y_{11}U_1(s) + Y_{12}U_2(s)$，消去 $I_1(s)$和 $I_2(s)$得

$$U_2(s)/U_1(s) = \frac{Z_{21}(s)Y_{11}}{1 + \dfrac{1}{R}Z_{22}(s) - Z_{12}(s)Z_{21}(s)} = \frac{Z_{21}(s)R}{Z_{11}(s)\left[R + Z_{22}(s) - RZ_{12}(s)Z_{21}(s)\right]}$$

以上介绍了一些转移函数的计算方法。如前所述，二端口常为完成某种功能而起着耦合 2 部分电路的作用，如高、低通滤波器的功能往往就是通过转移函数描述或指定的。转移函数的极点和零点的分布，与二端口内部元件及连接方式等密切相关，而零、极点的分布又决定了电路的特性。可以根据转移函数确定二端口内部元件的连接方式及元件值，此即是所谓电路设计或网络综合。可见二端口的转移函数是一个很重

要的概念。

※ 11.5 二端口的连接

如果把一个复杂的二端口看成是由若干个简单的二端口按某种连接方式而形成，就将使电路分析得到简化，因此二端口的连接问题具有重要的意义。

二端口可按多种不同方式相互连接，这里主要介绍 3 种方式：级联（链联）、串联和并联。如图 11-25 所示。

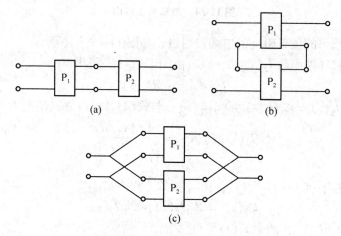

图 11-25　二端口的主要连接方式

（a）级联；（b）串联；（c）并联

这里主要研究复合二端口的参数与部分二端口之间的关系。

11.5.1　级联

二端口的级联关系如图 11-26 所示，设二端口 P_1 和 P_2 的 T 参数分别为

$$T' = \begin{bmatrix} A' & B' \\ C' & D' \end{bmatrix}, \quad T'' = \begin{bmatrix} A'' & B'' \\ C'' & D'' \end{bmatrix}$$

则有

$$\begin{bmatrix} \dot{U}_1' \\ \dot{I}_1' \end{bmatrix} = T' \begin{bmatrix} \dot{U}_2' \\ -\dot{I}_2' \end{bmatrix}, \quad \begin{bmatrix} \dot{U}_1'' \\ \dot{I}_1'' \end{bmatrix} = T'' \begin{bmatrix} \dot{U}_2'' \\ -\dot{I}_2'' \end{bmatrix}$$

由于 $\dot{U}_1 = \dot{U}_1'$，$\dot{U}_2' = \dot{U}_1''$，$\dot{U}_2 = \dot{U}_2''$，$\dot{I}_1 = \dot{I}_1'$，$\dot{I}_2' = -\dot{I}_1''$ 及 $\dot{I}_2 = \dot{I}_2''$，故得

$$\begin{bmatrix} \dot{U}_1 \\ \dot{I}_1 \end{bmatrix} = \begin{bmatrix} \dot{U}_1' \\ \dot{I}_1' \end{bmatrix} = T' \begin{bmatrix} \dot{U}_2' \\ -\dot{I}_2' \end{bmatrix} = T' \begin{bmatrix} \dot{U}_1'' \\ \dot{I}_1'' \end{bmatrix} = T'T'' \begin{bmatrix} \dot{U}_2'' \\ -\dot{I}_2'' \end{bmatrix} = T'T'' \begin{bmatrix} \dot{U}_2 \\ -\dot{I}_2 \end{bmatrix} = T \begin{bmatrix} \dot{U}_2 \\ -\dot{I}_2 \end{bmatrix}$$

式中，$T = T'T''$，为复合二端口的 T 参数矩阵。

推广：多个二端口网络级联，其复合二端口网络的传输参数矩阵，就等于各个二

端口的传输矩阵依次相乘的乘积。

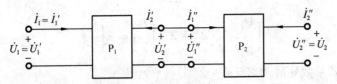

图 11-26　二端口的级联关系

【**例 11-10**】　求图 11-27 所示电路的 T 参数。

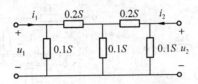

图 11-27　例 11-10 图

解　由例【11-4】知图 11-27 所示二端口网络可分解为 5 个网络的级联，其中

$$T_1 = \begin{bmatrix} 1 & 0 \\ 0.1 & 1 \end{bmatrix}, T_2 = \begin{bmatrix} 1 & 5 \\ 0 & 1 \end{bmatrix}, T_3 = \begin{bmatrix} 1 & 0 \\ 0.1 & 1 \end{bmatrix}, T_4 = \begin{bmatrix} 1 & 5 \\ 0 & 1 \end{bmatrix}, T_5 = \begin{bmatrix} 1 & 0 \\ 0.1 & 1 \end{bmatrix}$$

因此得到 T 参数矩阵为

$$T = T_1 T_2 T_3 T_4 T_5 = \begin{bmatrix} 1 & 0 \\ 0.1 & 1 \end{bmatrix}\begin{bmatrix} 1 & 5 \\ 0 & 1 \end{bmatrix}\begin{bmatrix} 1 & 0 \\ 0.1 & 1 \end{bmatrix}\begin{bmatrix} 1 & 5 \\ 0 & 1 \end{bmatrix}\begin{bmatrix} 1 & 0 \\ 0.1 & 1 \end{bmatrix} = \begin{bmatrix} 2.75 & 1.25 \\ 0.525 & 2.75 \end{bmatrix}$$

11.5.2　串联

二端口的串联关系如图 11-27 所示，两个二端口网络输入端与输出端口分别串联，流过的电流相同。只有 P_1 与 P_2 连接处形成的回路中电流为零，方可保证串联后 P_1 与 P_2 各自端口条件不被破坏，否则将导致 P_1 和 P_2 以前建立的参数方程不再成立。

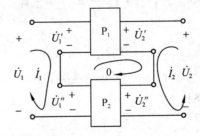

图 11-28　二端口的串联关系

由图 11-28 可得

$$\dot{U}_1 = \dot{U}_1' + \dot{U}_1'', \dot{U}_2 = \dot{U}_2' + \dot{U}_2''$$

所以若建立 Z 参数方程，则有

$$\begin{bmatrix} \dot{U}_1 \\ \dot{U}_2 \end{bmatrix} = \begin{bmatrix} \dot{U}_1' + \dot{U}_1'' \\ \dot{U}_2' + \dot{U}_2'' \end{bmatrix} = Z'\begin{bmatrix} \dot{I}_1' \\ \dot{I}_2' \end{bmatrix} + Z''\begin{bmatrix} \dot{I}_1'' \\ \dot{I}_2'' \end{bmatrix}$$

由于 $\dot{I}_1 = \dot{I}'_1$, $\dot{I}_1 = \dot{I}''_1$, $\dot{I}'_2 = \dot{I}_2$ 及 $\dot{I}_2 = \dot{I}''_2$, 故有

$$\begin{bmatrix} \dot{U}_1 \\ \dot{U}_2 \end{bmatrix} = (Z' + Z'') \begin{bmatrix} \dot{I}_1 \\ \dot{I}_2 \end{bmatrix} = Z \begin{bmatrix} \dot{I}_1 \\ \dot{I}_2 \end{bmatrix}$$

复合二端口的 Z 参数矩阵为 $Z = Z' + Z''$。

【例 11-11】 求图 11-29 所示二端口网络的 Z 参数。

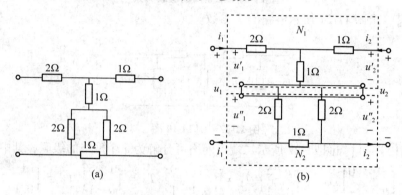

图 11-29 例 11-11 图

解 图 11-29 所示二端口网络可分解为 T 型二端口网络 N_1 与二端口网络 N_2 的串联，其中 $Z'_{11} = Z'_1 + Z'_2 = 2 + 1 = 3\Omega$ $Z'_{12} = Z'_{21} = Z'_2 = 1\Omega$ $Z'_{22} = Z'_2 + Z'_3 = 1 + 1 = 2\Omega$

所以 $Z' = \begin{bmatrix} 3 & 1 \\ 1 & 2 \end{bmatrix}$。

对于二端口网络 N_2 有

$$\begin{cases} \left(\dfrac{1}{2} + 1\right)(-u''_1) - (-u''_2) = -i_1 \\ -u''_1 - \left(\dfrac{1}{2} + 1\right)(-u''_2) = -i_2 \end{cases}$$

整理得到

$$\begin{cases} u''_1 = 1.2i_1 + 0.8i_2 \\ u''_2 = 0.8i_1 + 1.2i_2 \end{cases}$$

于是有 $Z'' = \begin{bmatrix} 1.2 & 0.8 \\ 0.8 & 1.2 \end{bmatrix}$

图 11-29 所示二端口网络的 Z 参数阵有 $Z = Z' + Z'' = \begin{bmatrix} 4.2 & 1.8 \\ 1.8 & 3.2 \end{bmatrix}$。

11.5.3 并联

二端口的并联关系如图 11-30 所示，有

$$\begin{cases} \dot{U}_1 = \dot{U}'_1 = \dot{U}''_1 \\ \dot{U}_2 = \dot{U}'_2 = \dot{U}''_2 \end{cases}$$

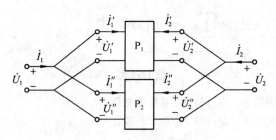

图 11-30 二端口的并联关系

若每个端口条件(流入一个端子的电流等于流出另一个端子的电流)不因并联而被破坏，则复合二端口总的电流应为

$$\dot{I}_1 = \dot{I}'_1 + \dot{I}''_1 , \dot{I}_2 = \dot{I}'_2 + \dot{I}''_2$$

则有

$$\begin{bmatrix} \dot{I}_1 \\ \dot{I}_2 \end{bmatrix} = \begin{bmatrix} \dot{I}'_1 \\ \dot{I}'_2 \end{bmatrix} + \begin{bmatrix} \dot{I}''_1 \\ \dot{I}''_2 \end{bmatrix} = Y' \begin{bmatrix} \dot{U}'_1 \\ \dot{U}'_2 \end{bmatrix} + Y'' \begin{bmatrix} \dot{U}''_1 \\ \dot{U}''_2 \end{bmatrix} = (Y' + Y'') \begin{bmatrix} \dot{U}_1 \\ \dot{U}_2 \end{bmatrix} = Y \begin{bmatrix} \dot{U}_1 \\ \dot{U}_2 \end{bmatrix}$$

从而得到复合二端口的 Y 参数矩阵为 $Y = Y' + Y''$。

习 题

题 11-1. 求题 11-1 图所示二端口的 T 参数矩阵。

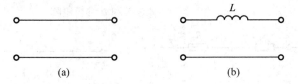

(a)   (b)

题 11-1 图

题 11-2. 求题 11-2 图所示二端口的 Y 参数矩阵。

题 11-3. 求题 11-3 图所示二端口的 Y 参数和 Z 参数矩阵。

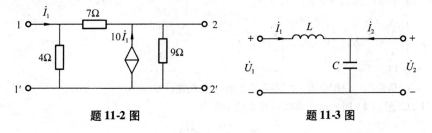

题 11-2 图   **题 11-3 图**

题 11-4. 题 11-4 图所示二端口，已知 $R_1 = R_2 = R_3 = 5\Omega$，$R_4 = R_5 = 1\Omega$，求此二端口的 Y 和 Z 参

数矩阵。

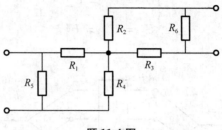

题 11-4 图

题 11-5. 求题 11-5 图所示二端口的混合参数 H 矩阵。

题 11-6. 求题 11-6 图所示二端口的 T 参数、Z 参数。

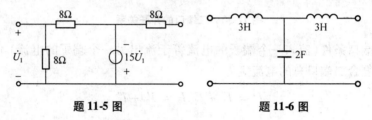

题 11-5 图　　　　　　**题 11-6 图**

题 11-7. 已知二端口的 Y 参数矩阵为

$$Y = \begin{bmatrix} -0.25 & 1.8 \\ 1.5 & -0.75 \end{bmatrix} S$$

试求 H 参数矩阵，并说明二端口中是否有受控源。

题 11-8. 已知题 11-8 图所示二端口的 Z 参数矩阵为

$$Z = \begin{bmatrix} 38 & -19 \\ 8 & 5 \end{bmatrix} \Omega$$

求 R_1，R_2，R_3 和 r。

题 11-9. 求题 11-9 图所示二端口的 Y 参数、Z 参数和 H 参数矩阵。

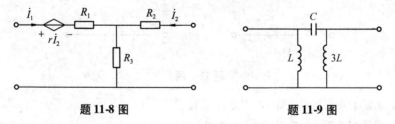

题 11-8 图　　　　　　　**题 11-9 图**

题 11-10. 已知二端口参数矩阵为

$$(a) Z = \begin{bmatrix} \dfrac{11}{3} & \dfrac{5}{8} \\ \dfrac{8}{13} & \dfrac{3}{7} \end{bmatrix} \Omega; \quad (b.) Y = \begin{bmatrix} 8 & -9 \\ 7 & 3 \end{bmatrix} S$$

试问该二端口是否含有受控电源，并求它的等效 π 型电路。

题 11-11. 题 11-11 图所示二端口的 H 参数矩阵为

$$H = \begin{bmatrix} 0.5 & 23 \\ 1 & 4 \end{bmatrix}$$

求电压的转移函数 $U_2(s)/U_1(s)$。

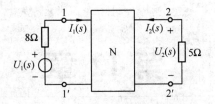

题 11-11 图

题 11-12. 求题 11-12 图所示二端口的 T 参数矩阵，设内部二端口 P_1 的 T 参数矩阵为

$$T_1 = \begin{bmatrix} a & b \\ c & d \end{bmatrix}$$

题 11-13. 求题 11-13 图所示的双 T 型电路的 Z 参数。

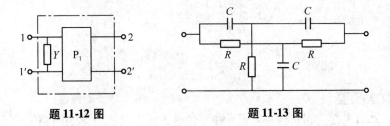

题 11-12 图　　　　　　　**题 11-13 图**

第 12 章

简单非线性电阻电路的分析

[本章提要]

本章主要介绍非线性电阻元件及特性，简单非线性电阻电路的分析法、小信号分析法、分段线性分析法。重点讲述含有非线性电阻元件的电路的分析方法。

12.1　非线性电阻元件

12.2　非线性电阻电路分析

12.3　分段线性化方法

12.4　小信号分析法

12.1　非线性电阻元件

12.1.1　非线性电阻元件概念和性质

从前面的讨论可知，线性电阻元件的端电压 u 与通过它的电流 i 成正比，即

$$u = f(i) = Ri$$

其特性曲线是在 u—i 平面上过坐标原点的一条直线。

非线性电阻元件的电压、电流关系不满足欧姆定律，其特性方程遵循某种特定的非线性函数关系，可一般性地表达为

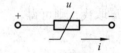

图 12-1　非线性电阻元件的图形符号

$$u = f(i) \tag{12-1}$$

非线性电阻元件的图形符号如图 12-1 所示。

非线性电阻元件的种类较多，就其电压、电流关系而言，有随时间变化的非线性时变电阻，也有不随时间变化的非线性定常电阻。本章只介绍非线性定常电阻元件，通常也称为非线性电阻。常见的非线性电阻一般又分为电流控制型电阻、电压控制型电阻和单调型电阻等。

如果电阻元件的端电压 u 是电流 i 的单值函数，则这种电阻称为电流控制型电阻（简称流控型），可表示为

$$u = f(i) \tag{12-2}$$

电阻两端电压是其电流的单值函数，即每给定一个电流值时，可确定唯一的电压值；但每给定一个电压值，则可能对应多个电流值。其典型的伏安特性曲线如图 12-2(a)所示，如辉光二极管就具有这样的伏安特性。

如果电阻元件通过的电流 i 是端电压 u 的单值函数，则这种电阻称为电压控制型电阻（简称压控型），可表示为

$$i = g(u) \tag{12-3}$$

电阻上所流过的电流是其端电压的单值函数，即每给定一个电压值时，可确定唯一的电流值；但每给定一个电流值，则可能对应多个电压值。其典型的伏安特性曲线如图 12-2(b)所示，如隧道二极管就具有这样的伏安特性。

由图 12-2 可见，流控型电阻和压控型电阻的伏安特性曲线均有一段下倾段，在此段内电流随电压增大而减小。

如果电阻元件的端电压 u 是电流 i 的单值函数，电流 i 也是电压 u 的单值函数，则这种电阻称为单调型电阻。电子技术中 PN 结就是一个典型的单调型电阻。PN 结的电流方程为

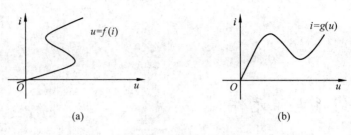

图 12-2　伏安特性曲线

（a）流控型电阻特性曲线；（b）压控型电阻特性曲线

$$I = I_{\mathrm{s}}(\mathrm{e}^{\frac{qU}{kT}} - 1) \tag{12-4}$$

式中，I_{s} 为反向饱和电流；q 为电子的电荷量，$q = 1.60 \times 10^{-19}\mathrm{C}$；$k$ 为玻尔兹曼常数，$k = 1.38 \times 10^{-23}\mathrm{J/K}$；$T$ 为热力学温度，单位 K（开尔文）。将式（12-4）中的 kT/q 用 U_{T} 取代，则可得

$$I = I_{\mathrm{s}}(\mathrm{e}^{\frac{U}{U_{\mathrm{T}}}} - 1)$$

常温下，即 $T = 300\mathrm{K}（27℃）$时，$U_{\mathrm{T}} \approx 26\mathrm{mV}$，称为温度电压当量。

从式（12-4）可以求出

$$U = U_{\mathrm{T}}\ln(\frac{I}{I_{\mathrm{s}}} - 1)$$

可见，这种非线性电阻的 u，i 呈一一对应，既是电流控制型的又是电压控制型的，其特性曲线呈单调增长或单调下降，如图 12-3 所示。

如果电阻元件的 $u—i$（或 $i—u$）特性曲线对称于坐标原点，则称为双向型元件，简称双向元件。线性电阻都是双向元件，大多数非线性电阻都不是双向元件。

非线性电阻的端电压和电流的比值，没有固定的值，有时引入静态电阻和动态电阻的概念。

非线性电阻在某一工作状态下（如图 12-3 中的 P 点）的静态电阻 R 等于该点的电压 u 与电流 i 之比，即

$$R = \frac{u}{i} \tag{12-5}$$

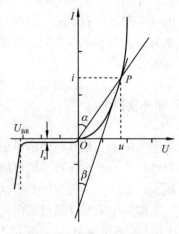

图 12-3　PN 结的伏安特性

P 点处的静态电阻 R，其值正比于 $\tan\alpha$。

非线性电阻在某一工作状态下（如图 12-3 中的 P 点）的动态电阻 R_{d} 等于该点的电压对电流的导数，即

$$R_{\mathrm{d}} = \frac{\mathrm{d}u}{\mathrm{d}i} \tag{12-6}$$

P 点处的动态电阻 R_{d} 正比于 $\tan\beta$。

对于单调型电阻，其静态电阻与动态电阻都与工作点有关。当 P 点位置不同时，R 与 R_{d} 值均变化。对压控型和流控型非线性电阻，伏安特性曲线的下倾段 R_{d} 为负，因此，动态电阻具有"负电阻"性质。

【例 12-1】　设一非线性电阻，其电流、电压关系为 $u = f(i) = 8i^2 + 10$。

（1）试分别求出 $i_1 = 1A$，$i_2 = 5A$ 时所对应的电压 u_1，u_2；（2）求出 $i = 1A$ 时的静态电阻 R 和动态电阻 R_d；（3）求 $i = \cos 314t$ 时的电压 u；（4）设 $u_{12} = f(i_1 + i_2)$，试问 u_{12} 是否等于 $u_1 + u_2$？

解　（1）当 $i_1 = 1A$ 时有

$$u_1 = (8 \times 1^2 + 10)\text{V} = 18\text{V}$$

当 $i_2 = 5A$ 时

$$u_2 = (8 \times 5^2 + 10)\text{V} = 210\text{V}$$

（2）$i = 1A$ 时的静态电阻 R 和动态电阻 R_d 分别为

$$R = \frac{8 + 10\Omega}{1} = 18\Omega$$

$$R_d = \frac{du}{di}\Big|_{i=1} = 8 \times 2 \times i = 8 \times 2 \times 1\Omega = 16\Omega$$

（3）当 $i = \cos 314t$ 时有

$$\begin{aligned} u &= 8i^2 + 10 = 8\cos^2(314t) + 10 \\ &= 4\cos 628t + 14 \end{aligned}$$

由此可见，利用非线性电阻可以产生与输入频率不同的输出，这种特性的功用称为倍频作用。

（4）当 $u_{12} = f(i_1 + i_2)$ 时有

$$\begin{aligned} u_{12} &= 8(i_1 + i_2)^2 + 10 \\ &= 8(i_1^2 + 2i_1 i_2 + i_2^2) + 10 \\ &= 8i_1^2 + 8i_2^2 + 16i_1 i_2 + 10 \end{aligned}$$

显然

$$u_{12} \neq u_1 + u_2$$

即叠加定理并不适用于非线性电阻。

12.1.2　二极管

12.1.2.1　二极管的结构

二极管是将 PN 结用外壳封装起来，并加上电极引线而构成的，用 VD 或 D 表示。由 P 区引出的电极为阳极（正极），由 N 区引出的电极为阴极（负极）。二极管的几种常见外形如图 12-4（a）所示，其图形符号如图 12-4（b）所示。

二极管的类型很多，按所用半导体材料，可分为硅二极管和锗二极管；按结构不同，可分为点接触型、面接触型以及平面二极管。

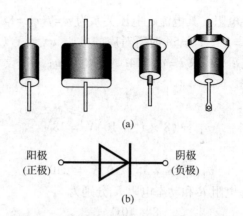

(a)

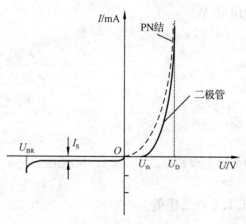

阳极
(正极)

阴极
(负极)

(b)

图 12-4　二极管的几种常见外形与图形符号

(a) 几种常见外形；(b) 图形符号

12.1.2.2　二极管的伏安特性

二极管的伏安特性是指流过二极管的电流 I 与二极管两端电压 U 的关系。不同的二极管的伏安特性不尽相同，但伏安特性曲线的基本形状相似。下面以硅二极管为例进行讨论。

1. 二极管伏安特性

(1)正向特性。实测二极管的伏安特性曲线如图 12-5 所示。通过曲线可见，当正向电压很低时，正向电流几乎为零，这是由于外加电场不足以克服内电场对多数载流子扩散运动所造成的阻挡作用，二极管此时呈现较高的电阻值，这段区域称为"死区"。只有当正向电压足够大时，正向电流才从零随端电压按指数规律增大。使二极管开始导通的临界电压称为开启电压 U_{th}，此时二极管呈现较小的电阻值，处于正向导通状态。硅管的开启电压约为 0.5V，锗管的开启电压约为 0.1V。导通后，二极管的正向导通电压通常可近似为一个常数，其正向导通压降用 U_D 表示。硅管的导通压降为 0.6～0.7V，锗管的导通压降为 0.2～0.3V。

图 12-5　二极管的伏安特性曲线

(2)反向特性。反向电压在一定范围内增大时，反向电流很小且基本恒定，即为反向饱和电流 I_s。

(3)击穿特性。当反向电压增加到一定数值时，反向电流急剧增大，此时所对应的电压称为反向击穿电压 U_{BR}。在反向击穿时，二极管失去单向导电性，如果此时流过较大的电流，二极管将因过热而损坏。

2. 二极管的电流方程

根据理论分析，二极管的电流与电压的关系可用下述方程来描述：

$$I \approx I_s (e^{\frac{U}{U_T}} - 1) \tag{12-7}$$

式中，U 为二极管两端的外加电压；I 为通过二极管的电流；I_s 为反向饱和电流；U_T 为温度电压当量。

12.1.2.3　二极管的等效电路

由于二极管的伏安特性具有非线性，因此，二极管是一种非线性器件。为了分析计算的方便，常在一定的条件下，对二极管的非线性特性进行线性化或分段线性化处理，用线性元件所构成的电路来近似模拟二极管的特性，以取代电路中的二极管。这样，就可以将线性电路的分析方法应用于二极管电路中。根据不同的工作条件和要求，在分析精度允许的条件下，可采用不同的模型来描述二极管的特性。常用的二极管等效模型有以下 4 种。

1. 理想等效模型

二极管的理想等效模型是最简单的一种二极管模型。图 12-6(a)中，用粗实线所示的伏安特性来代替虚线所示的实际二极管的伏安特性，图 12-6(b)表示它的等效模型（电路符号）。二极管导通时正向压降为零，截止时反向电流为零。理想二极管加有正向电压时导通，相当于短路(电压为零)，加有反向电压时截止，相当于开路(电流为零)。故常称其为开关元件。

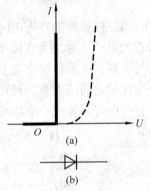

图 12-6　二极管的理想等效模型
(a)伏安特性；(b)等效模型

2. 恒压源等效模型

当电源电压与二极管的管压降相比，数值相差不是很大时，用二极管的理想等效模型进行计算将带来很大的误差，这时可以采用图 12-7(a)中粗实线所示恒压源伏安特性来代替实际二极管的伏安特性。二极管的恒压源等效模型如图 12-7(b)所示，其中 U_D 是二极管导通时的正向导通电压。对于硅管，$U_D \approx 0.7V$；对于锗管，$U_D \approx 0.2V$。导通时正向压降为一个常量 U_D，截止时反向电流为零。显然，这种模型与二极管的实际特性更为接近，应用比较广泛。

3. 折线等效模型

实际中二极管的正向导通压降并不是恒定的，它随着二极管电流的增加而增加。为了更接近二极管的实际特性，可用图 12-8(a)中粗折线所示的伏安特性代替实际的二极管的伏安特性。二极管正向电压 U 大于 U_{th} 后，电流 I 与 U 呈线性关系，斜率的倒数为 r_D，二极管截止时反向电流为零。二极管的折线等效模型是理想二极管、电压源和电阻 r_D 的串联，且 $r_D = \Delta U / \Delta I$，如图 12-8 (b)所示。

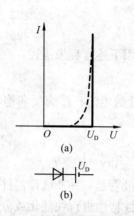

图 12-7 二极管的恒压源等效模型

（a）伏安特性；（b）等效模型

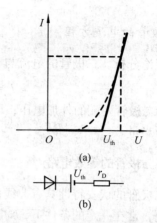

图 12-8 二极管的折线等效模型

（a）伏安特性；（b）等效模型

以上所介绍的是二极管在直流电压作用下的等效模型，所以又称为直流等效模型。

4. 二极管的交流小信号模型

当二极管外加直流正向电压时，二极管流过直流电流，在伏安特性曲线上所对应的点为 Q 点，称之为直流工作点，如图 12-9（a）所示。如果再引入微小的变化（交流）信号，则二极管将在直流工作点 Q 点附近做微小的变动。为了分析电压和电流的微小变化量之间的关系，可以用以 Q 点为切点的直线来近似微小变化时的特性曲线，即将二极管等效成一个动态电阻 r_d，其模型如图 12-9（b）所示。

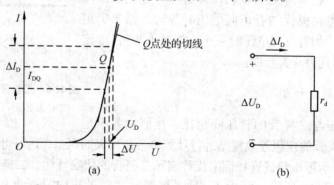

图 12-9 二极管的微变等效模型

（a）伏安特性；（b）二极管的交流小信号模型

根据上面的定义，有

$$r_d = \frac{\Delta U_D}{\Delta I_D} \tag{12-8}$$

r_d 可由二极管伏安特性表达式 $I \approx I_S(\mathrm{e}^{\frac{U}{U_T}} - 1)$ 求取。对该式求 I 对 U 的导数，可得

$$\frac{\mathrm{d}I}{\mathrm{d}U} = \frac{I_S \mathrm{e}^{\frac{U}{U_T}}}{U_T} \approx \frac{I}{U_T} \tag{12-9}$$

在直流工作点 Q 处，$I = I_{DQ}$，则可得

$$r_d \approx \frac{U_T}{I_{DQ}} \qquad (12\text{-}10)$$

上面介绍的二极管的微变等效模型，仅限于用来计算叠加在 Q 点上的电压和电流的微小变化量。r_d 是二极管的动态电阻，不能用它来计算直流量，应该引起注意。

【例 12-2】 二极管电路如图 12-10(a)所示，设 D 为理想二极管。试画出相应的 u_o 波形。

解 求解这类电路的思路是确定二极管 D 在信号作用下所处的状态。根据二极管的单向导电性，即正向导通反向截止，即可得到 u_o 的波形。

此电路为单向限幅电路，由于 D 为理想二极管，因此当 $u_i > 2V$ 时，D 导通，输出电压 $u_o = 2V$；当 $u_i \leq 2V$ 时，D 截止，输出电压 $u_o = u_i$。

从而可得对应于输入电压的输出电压 u_o 波形，如图 12-10(b)所示。

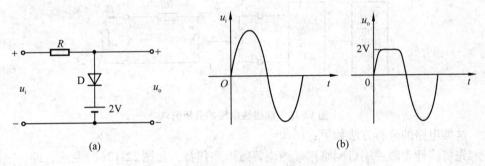

图 12-10 例 12-2 图

【例 12-3】 二极管双向限幅电路如图 12-11(a)所示，二极管的正向导通压降 $U_D = 0.7V$。若输入电压 u_i 为图 12-11(b)所示的三角波，试画出 u_o 的波形。

解 u_o 波形如图 12-11(c)所示。请读者自行分析。

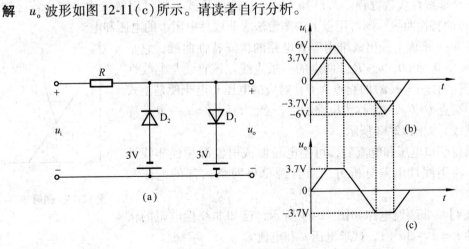

图 12-11 例 12-3 图

12.2 非线性电阻电路分析

含有非线性元件的电路称为非线性电路。严格说，一切实际电路都是非线性电路，许多非线性元件的非线性特征不容忽略，否则将无法解释电路中发生的物理现象。分析非线性电路基本依据仍然是 KCL、KVL 和元件的伏安特性。

12.2.1 含有单个非线性电阻的电路分析

非线性电路如图 12-12 所示，图(a)表示含一个非线性电阻的电路，可以将其看作一个线性含源电阻一端口网络和一个非线性电阻的连接，如图(b)所示。图中所示非线性电阻可以是一个非线性电阻元件，也可以是一个含非线性电阻的单口网络的等效非线性电阻。

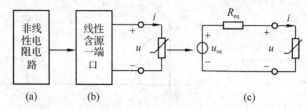

图 12-12   非线性电路的分析方法

这类电路的分析方法如下：

先将线性含源一端口网络用戴维南等效电路代替，如图 12-12(c)所示，即

$$u = u_{oc} - R_{eq}i$$

然后将非线性电阻元件的伏安特性 $i = g(u)$ 代入上式，求得

$$u = u_{oc} - R_{eq}g(u)$$

这是一个非线性代数方程。若已知 $i = g(u)$ 的解析式，则可用解析法求解；若已知 $i = g(u)$ 的特性曲线，则可用以下的图解法求非线性电阻上的电压和电流：

在 u—i 平面上画出戴维南等效电路的伏安特性曲线，它是通过 $(u_{oc}, 0)$ 和 $(0, u_{oc}/R_{eq})$ 两点的一条直线。该直线与非线性电阻特性曲线 $i = g(u)$ 的交点为 Q，对应的电压和电流便是上式的解。交点 $Q(U_Q, I_Q)$ 称为电路的工作点，直线 $u = u_{oc} - R_{eq}i$ 称为负载线，如图 12-13 所示。

求得端口电压和电流后，可用电压源或电流源替代非线性电阻，再用线性电路分析方法求含源单口网络内部的电压和电流。

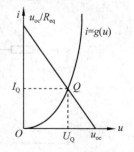

图 12-13   图解法

【例 12-4】 非线性电路如图 12-14 所示，已知非线性电阻的伏安特性 $i_1 = u^2 - 3u + 1$，试求电压 u 和电流 i。

解 已知非线性电阻特性的解析表达式，可以用解析法求解。

$i_2 = \dfrac{u}{1} = u$，并且已知 $i_1 = u^2 - 3u + 1$，可得

$$i = i_1 + i_2 = u^2 - 2u + 1$$

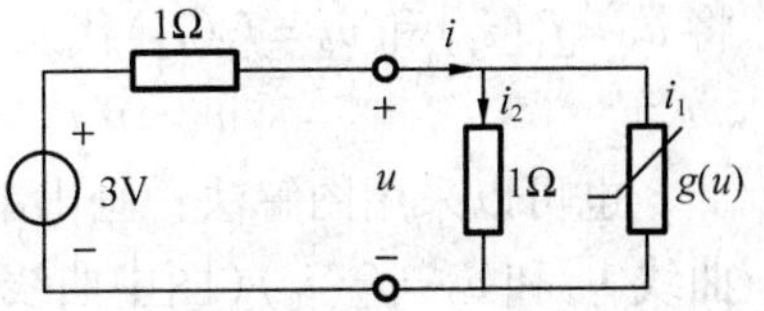

写出 1Ω 电阻和 $3\mathrm{V}$ 电压源串联一端口的伏安特

性方程：

$$1 \times i = 3 - u$$

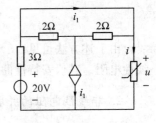

图 12-14　例 12-4 图

由以上两式求得

$$u^2 - u - 2 = 0$$

求解此二次方程，得到两组解如下：

$$u = 2\mathrm{V}, i = 1\mathrm{A};$$
$$u = -1\mathrm{V}, i = 4\mathrm{A}$$

【例 12-5】 电路如图 12-15 所示，已知非线性电阻的伏安特性为 $u = 0.5i^2 \mathrm{V}$。

(1) 求流过非线性电阻的电流 i；

(2) 若 $i = 2\mathrm{A}$，求此时电压源发出的功率。

解 (1) 对电路列回路方程，有

$$u - 20 + 3(i + i_1) = 0$$
$$2i + 2(i - i_1) = 0$$

消去 i_1 并整理可得

$$u + 9i = 20$$

由于非线性电阻的伏安特性为 $u = 0.5i^2 \mathrm{V}$，对上述 2 个方程

联立求解，可得

图 12-15　例 12-5 图

$$i = 2\mathrm{A}, \text{或 } i = -20\mathrm{A}$$

(2) 当电流 i 为 $2\mathrm{A}$ 时，$i_1 = 2i = 4\mathrm{A}$，此时电压源发出的功率为

$$P = UI = 20 \times (i + i_1) = 20 \times 6\mathrm{W} = 120\mathrm{W}$$

12.2.2　非线性电阻的串联和并联

由线性电阻串联和并联组成的一端口网络，就端口特性而言，等效于一个线性电
阻，其电阻值可用串联和并联等效电阻的公式来求得。

由非线性电阻(也可包含线性电阻)串联和并联组成的一端口网络，就端口特性
而言，等效于一个非线性电阻。

1. 非线性电阻的串联

图 12-16(a) 表示 2 个流控非线性电阻的串联，各电阻的伏安特性为 $u_1 = f_1(i_1)$ 和
$u_2 = f_2(i_2)$，列出 KCL 和 KVL 方程为

$$i = i_1 = i_2$$
$$u = u_1 + u_2$$

将 $u_1 = f_1(i_1)$ 和 $u_2 = f_2(i_2)$ 代入上式，得到

$$u = f(i) = f_1(i_1) + f_2(i_2) = f_1(i) + f_2(i) \tag{12-11}$$

也可以采用图解法：画出串接各电阻的伏安特性曲线 $u_1 = f_1(i_1)$［图 12-16(b) 中曲线 1］和 $u_2 = f_2(i_2)$（图中曲线 2），给定一系列电流值，在同一电流下将电压相加，就可得到一端口网络的伏安特性曲线上的一系列点，连接这一系列点，便得到等效电阻的伏安特性曲线（图中曲线 3），如图 12-16(b) 所示。

若 2 个电阻均为流控型，则串联后的总电阻为流控型的；若两电阻不同为流控型，也可用图解法得到等效电阻的伏安特性曲线。

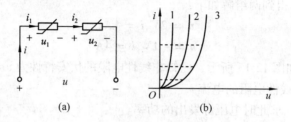

图 12-16　非线性电阻的串联

由上述方法可见，n 个非线性电阻串联一端口，就端口特性而言，等效于一个非线性电阻，其伏安特性曲线，可以用同一电流坐标下电压坐标相加的方法求得。

2. 非线性电阻的并联

图 12-17(a) 表示 2 个压控非线性电阻的并联，各电阻的伏安特性为 $i_1 = g_1(u_1)$ 和 $i_2 = g_2(u_2)$，如图 12-17(b) 中的曲线 1 和 2 所示。由图可知：

$$u = u_1 = u_2$$
$$i = i_1 + i_2$$
$$i = g(u) = g_1(u_1) + g_2(u_2) = g_1(u) + g_2(u) \tag{12-12}$$

可见，2 个压控非线性电阻的并联等效为一个压控型电阻。

同样也可用图解法求解：画出并联的各电阻的伏安特性曲线，在同一电压值下将电流相加，便得到等效电阻的伏安特性曲线，如图 12-17(b) 中的曲线 3 所示。

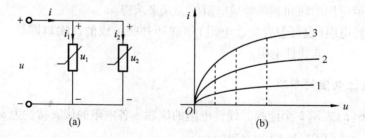

图 12-17　非线性电阻的并联

综上所述，可以总结如下：①只有所有非线性电阻元件的控制类型相同，才能得出其串联或并联等效电阻伏安特性的解析表达式。②流控型非线性电阻串联组合的等

效电阻，还是一个流控型的非线性电阻；压控型非线性电阻并联组合的等效电阻，还是一个压控型的非线性电阻。③压控型和流控型非线性电阻串联或并联，用图解方法可以获得等效非线性电阻的伏安特性。非线性电阻的电压、电流关系往往难以用解析式表示，即使能用解析式表示也较难求解。一般非线性电阻的电压、电流关系常以曲线形式给出，所以用图解法较为方便。

12.3　分段线性化方法

分段线性化方法(也称折线法)是研究非线性电路的一种有效的方法。它的特点是把非线性的求解过程分成几个线性区段来近似地逼近，对于每个线段来说，可应用线性电路的计算方法。

非线性电阻的特性曲线，用分段线性化来描述，如前面介绍的理想二极管，其电压、电流关系可由负 u 轴和正 i 轴这样的 2 条直线段组成，其特性曲线如图 12-6(a)所示。理想二极管的特性是：在电压 $u>0$(正向偏置)时，理想二极管工作在电阻为 0 的线性区域；在 $u<0$(反向偏置)时，则其工作在电阻为 ∞ 的线性区域。分析理想二极管电路的关键，在于确定理想二极管是正向偏置(导通)还是反向偏置(截止)，如果属于前一种情况，二极管以短路线替代，若属于后一种情况，则二极管以开路替代，替代后都可以得到一个线性电路，容易求得结果。当电路中仅含一个理想二极管时，利用戴维南定理分析计算十分方便，无须使用图解方法。

【例 12-6】 电路如图 12-18(a)所示，试分析在 $U_s=12\text{V}$ 和 $U_s=20\text{V}$ 时电路中理想二极管通过的电流。

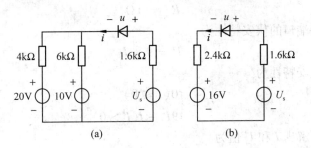

图 12-18　例 12-6 图

解　在分析理想二极管电路时，首先确定二极管是否导通。当这个二极管接在复杂的电路中时，可以先把含二极管的支路断开，利用戴维南定理求得电路其余部分的戴维南等效电路后，再把含二极管的支路接上，然后在这个简单的电路中确定二极管的工作区域，且判断它是否导通。

首先应用戴维南定理把左边的两个电压源支路组成的一端口用戴维南等效定理置换，如图 12-18(b)所示，可求得其等效电路的电压 U_{oc} 和电阻 R_{eq} 为

$$U_{oc}=\left(\frac{20-10}{4+6}\times6+10\right)\text{V}=(6+10)\text{V}=16\text{V}$$

$$R_{eq} = \frac{4 \times 6}{4 + 6}k\Omega = 2.4k\Omega$$

当 $U_s = 12V$ 时，二极管两端的开路电压 $u = -4V$，它处于截止状态，因此二极管不能导通，电流 $i = 0$。

当 $U_s = 20V$ 时，二极管两端的开路电压 $u = 4V$，它处于导通状态，因此二极管正向导通，可得

$$i = \frac{20 - 16}{2400 + 1600}A = 0.001A$$

【例12-7】 图 12-19(a)所示电路，非线性电阻的伏安特性为：$U = \begin{cases} 0(I \leqslant 0) \\ 9I^2 - I(I > 0) \end{cases}$，求 I 和 U。

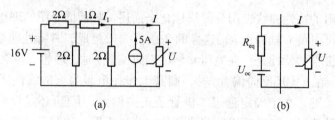

(a)　　　　　　　　(b)

图 12-19　例 12-7 图

解 先求非线性元件以外的一端口网络的戴维南等效电路，如图 12-19(b)所示。

由戴维南定理可以得出

$$U_{oc} = 9V$$
$$R_{eq} = 1\Omega$$

戴维南等效电路端口的伏安特性为

$$U = 9 - I$$

非线性电阻的伏安特性为

$$U = \begin{cases} 0(I \leqslant 0) \\ 9I^2 - I(I > 0) \end{cases}$$

由以上两式即可解出 I 和 U 值为

$$I = 1A, I = -1A(舍去)$$
$$U = 8V$$

12.4　小信号分析法

小信号分析法是分析非线性电阻电路的一种极其独特的方法。在工程实践中，特别是在电子电路中，常会遇到既含有作为偏置电路的直流电源 U_0 又含有交变电源 $u_s(t)$ 的非线性电路，因此电路的响应中除了有直流分量外，还有时变分量。假设在任何时刻都有 $U_0 \gg |u_s(t)|$，则称 $u_s(t)$ 为小信号电压。对含有小信号的非线性电阻电路的分析，在工程上经常采用小信号分析法。

非线性电路如图 12-20(a)所示。

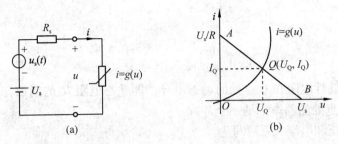

图 12-20　非线性电路的小信号分析法

U_s 为直流电压源，电阻 R_s 为线性电阻，非线性电阻为电压控制型电阻，其电压、电流关系为 $i = g(u)$。根据 KVL 列写电路方程为

$$U_s + u_s(t) = R_s i(t) + u(t)$$

把非线性电阻的电压电流关系 $i = g(u)$ 代入上式，可得

$$U_s + u_s(t) = R_s g(u) + u(t)$$

如果没有小信号 $u_s(t)$ 存在，该非线性电路的解，可由一端口的特性曲线(负载线)AB 与非线性电阻特性曲线相交的交点 $Q(U_Q, I_Q)$ 来确定，该交点成为静态工作点；如果已知非线性电阻的解析式，也可根据图 12-21(a)的电路关系求得。

当有小信号 $u_s(t)$ 加入后，此时电路是直流电源和小信号共同作用的，由于 $u_s(t)$ 的幅值很小，因此，非线性电阻上的响应必然在工作点附近变动。因此，电路的解就可以写为

$$u(t) = U_Q + u_1(t)$$
$$i(t) = I_Q + i_1(t) \tag{12-13}$$

式中，$u_1(t)$ 和 $i_1(t)$ 是由小信号 $u_s(t)$ 引起的偏差，幅值很小。

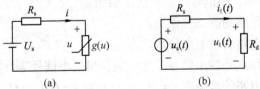

图 12-21　小信号等效电路

由于 $i = g(u)$，而 $u = U_Q + u_1(t)$，所以式(12-13)可写为

$$I_Q + i_1(t) = g[U_Q + u_1(t)] \tag{12-14}$$

将其在工作点 Q 附近展开为泰勒级数为

$$I_Q + i_1(t) = g(U_Q) + g'(U_Q)u_1(t) + \frac{1}{2}g''(U_Q)u_1(t)^2 + \cdots \tag{12-15}$$

考虑到 $u_1(t)$ 很小，可略去二次及高次项，可得

$$I_Q + i_1(t) \approx g(U_Q) + g'(U_Q)u_1(t) \tag{12-16}$$

由于 $I_Q = g(U_Q)$，则式(12-16)可写为

$$i_1(t) = g'(U_Q)u_1(t)$$

故有

$$\frac{dg}{du}\Big|_{U_Q} = G_d = \frac{1}{R_d} \tag{12-17}$$

式中，G_d 为非线性电阻在 Q 点处的动态电导，即动态电阻 R_d 的倒数，二者取决于非线性电阻在 Q 点处的斜率，是一个常数。

小信号电压和电流关系可写为

$$i_1(t) = G_d u_1(t)$$

或

$$u_1(t) = R_d i_1(t) \tag{12-18}$$

从而可得

$$U_s + u_s(t) = R_s i + u = R_s[I_Q + i_1(t)] + [U_Q + u_1(t)]$$
$$= R_s I_Q + U_Q + R_s i_1(t) + u_1(t)$$

由于

$$U_s = R_s I_Q + U_Q$$

所以有

$$u_s(t) = (R_s + R_d)i_1(t) \tag{12-19}$$

由式(12-19)可以画出一个相应的电路，如图 12-21(b)所示，该电路为非线性电路在工作点处的小信号等效电路。此等效电路为线性电路，于是可求得

$$i_1(t) = \frac{u_s(t)}{R_s + R_d}$$

$$u_1(t) = R_d i_1(t)$$

通过以上分析可知，小信号分析法的步骤为：

(1)求解非线性电路的静态工作点；

(2)求解非线性电路的动态电导或动态电阻；

(3)画出静态工作点处的小信号等效电路，根据小信号等效电路进行求解；

(4)求出非线性电路的全响应 $u = U_Q + u_1(t)$ 和 $i = I_Q + i_1(t)$。

【例 12-8】 图 12-22(a)所示非线性电阻电路，非线性电阻的电压、电流关系为 $i = \frac{1}{2}u^2(u > 0)$，式中电流 i 的单位为 A，电压 u 的单位为 V。电阻 $R_s = 1\Omega$，直流电压源 $U_s = 3V$，直流电流源 $I_s = 1A$，小信号电压源 $u_s(t) = 6 \times 10^{-3}\cos t$ V，试求 u 和 i。

解 求静态工作点 $Q(U_Q, I_Q)$。令小信号源 $u_s(t) = 0$，由图 12-22(b)电路可求得

$$U_Q = 2V, \quad I_Q = 2A$$

工作点处的动态电导为

$$G_d = \frac{di}{du}\Big|_{U_Q=2} = \frac{d}{du}\left(\frac{1}{2}u^2\right)\Big|_{U_Q=2} = 2S$$

动态电阻为 $R_d = 0.5\Omega$，小信号等效电路如图 12-22(c)所示。

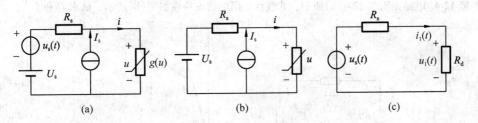

图 12-22　例 12-8 图

小信号响应为

$$i_1(t) = \frac{u_s(t)}{R_s + R_d} = \frac{6 \times 10^{-3}\cos t}{1 + \frac{1}{2}} = 4 \times 10^{-3}\cos t \text{ (A)}$$

$$u_1(t) = R_d i_1(t) = 0.5 \times 4 \times 10^{-3}\cos t = 2 \times 10^{-3}\cos t \text{ (V)}$$

全响应为

$$i = I_Q + i_1(t) = 2 + 4 \times 10^{-3}\cos t \text{ (A)}$$

$$u = U_Q + u_1(t) = 2 + 2 \times 10^{-3}\cos t \text{ (V)}$$

习　题

题 12-1. 假设电路中各非线性电阻的伏安特性为 $i_1 = u_1^3$，$i_2 = u_2^2$，$i_3 = u_3^{3/2}$，试写出题 12-1 图所示的两节点的电压方程。

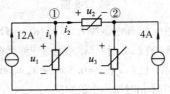

题 12-1 图

题 12-2. 电路如题 12-2 图所示，设二极管为理想二极管，常温下 $U_T \approx 26\text{mV}$，电容 C 对交流信号可视为短路，输入信号 $u_i = 20\sqrt{2}\sin\omega t$ mV。试求：

（1）二极管的动态电阻；

（2）流过二极管的电流 i_D。

题 12-3. 二极管电路如题 12-3 图所示，设二极管为理想二极管，试分别求出 $R = 1\text{k}\Omega$，$R_L = 4\text{k}\Omega$ 时电路电流 I_1，I_2，I_0 和输出电压 U_0。

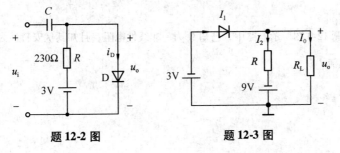

题 12-2 图　　　　　　　　　　**题 12-3 图**

题 12-4. 电路如图题 12-4(a)所示，非线性电阻的伏安特性如图(b)所示，试求 U 和 I。

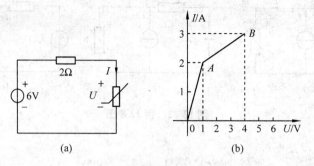

题 12-4 图

题 12-5. 电路如题 12-5 图(a)所示，非线性电阻的特性曲线如图(b)所示，其他已知条件如下：$R_1 = 2\Omega$，$R_2 = 8\Omega$，$U_s = 6V$，试求 ab 左端的戴维南等效电路及电压 U 的值。

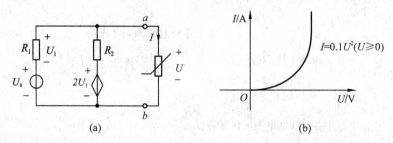

题 12-5 图

题 12-6. 题 12-6 图所示电路中，已知电流源 $I_s = 1A$，$R_1 = 4\Omega$，$R_2 = 6\Omega$，$R_3 = 3\Omega$，$r = 2\Omega$，非线性电阻的伏安特性为 $U = I^2 - 5I - 3(I > 0$ 时)，试求通过非线性电阻的电流 I。

题 12-7. 电路如题 12-7 图所示，已知 $i_s(t) = 0.5\cos\omega t$ A，非线性电阻的伏安特性 $i = g(u) = u^2$（$u > 0$），求电路在静态工作点处由小信号所产生的响应。

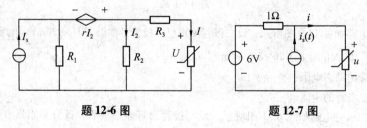

题 12-6 图　　　　　　　　题 12-7 图

题 12-8. 二极管电路如题 12-8 图所示，设二极管为理想二极管，试计算当输入电压为 $\pm 10V$ 时的输出电压。

题 12-9. 在题 12-9 图所示电路中，已知 N 为一非线性电阻，且知其伏安特性为 $i = g(u) = \dfrac{1}{40}u^2$（$u > 0$），试求电流 I。

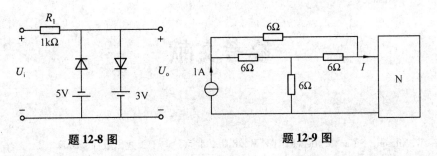

题 12-8 图　　　　　　　　　　题 12-9 图

题 12-10. 电路如题 12-10 图所示，已知 $U_s = 4\text{V}$，$u_s(t) = 15\cos(\omega t)$ V，非线性电阻的伏安特性

为 $i = f(u) = \begin{cases} \dfrac{1}{50}u^2 & (u \geqslant 0) \\ 0 & (u < 0) \end{cases}$，$u$，$i$ 单位分别为 V，A，试求静态工作点 Q 及 Q 点处 $u_s(t)$ 产生的电

压和电流。

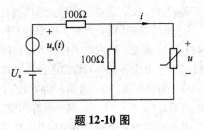

题 12-10 图

参考文献

[1] James W. Nilsson，Susan A. Riedel 电路[M]. 8 版. 北京：电子工业出版社，2009.

[2] 陈洪亮，张峰，田社平. 电路基础[M]. 北京：高等教育出版社，2007.

[3] 李玉玲. 电路原理学习指导与习题解析[M]. 北京：机械工业出版社，2010.

[4] 梁贵书，董华英，丁巧林，等. 电路复习指导与习题精解[M]. 北京：中国电力出版社，2004.

[5] 邱关源，罗先觉. 电路[M]. 5 版. 北京：高等教育出版社，2011.

[6] 唐文秀，孙丽萍. 模拟电子技术[M]. 北京：中国电力出版社，2008.

[7] 汪建. 电路原理学习指导与习题题解[M]. 北京：清华大学出版社，2010.

[8] 王松林，吴大正，李小平，等. 电路基础[M]. 西安：西安电子科技大学出版社，2008.

[9] 王仲奕，蔡理. 电路习题解析[M]. 西安：西安电子科技大学出版社，2007.

[10] 燕庆明. 电路分析教程[M]. 2 版. 北京：高等教育出版社，2007.

[11] 于歆杰，朱桂萍，陆文娟，等. 电路原理[M]. 北京：清华大学出版社，2007.

[12] 张永瑞，王松林，李小平. 电路分析[M]. 北京：高等教育出版社，2004.

[13] 周长源. 电路理论基础[M]. 2 版. 北京：高等教育出版社，1996.

[14] 朱桂萍，刘秀成，徐福媛. 电路原理学习指导与习题集[M]. 2 版. 北京：清华大学出版社，2012.

[15] 朱桂萍，于歆杰，陆文娟，等. 电路原理导学导教及习题解答[M]. 北京：清华大学出版社，2009.